"十二五"职业教育国家规划教材
经全国职业教育教材审定委员会审定

VISUAL FOXPRO CHENGXU SHEJI SHIXUN ZHIDAO YU SHITI JIEXI

Visual FoxPro 程序设计实训指导与试题解析

（第3版）

李珍香 主编
郭显娥 王莉 霍纬纲 副主编

高等教育出版社·北京

内容简介

本书是“十二五”职业教育国家规划教材。

本书是《Visual FoxPro 程序设计（第 3 版）》（李珍香）的配套实训教材，全书共分 4 个部分：第一部分为基础实训，结合主教材知识点，精心设计了 16 个同步实训，以帮助读者通过操作更好地理解掌握 Visual FoxPro 基础理论知识和基本操作；第二部分为综合实训，从整体的角度精心设计了 4 个实训，以帮助读者建立起知识之间的内在联系，同时培养分析理解与综合设计的能力；第三部分为项目实训，通过“图书管理系统”案例的实际开发，详细介绍了利用 Visual FoxPro 开发应用系统的全部过程和编程技术；第四部分为试题及试题解析，针对主教材的内容提炼了大量试题，并做了详细解析，本部分内容是计算机等级考试者的很好辅导资料。

本书集实训、案例和试题于一体，教学目标明确，构思新颖，实用性、可操作性强，有助于提高读者的动手操作能力和实际应用能力。本书的所有源程序代码均在 Visual FoxPro 6.0 环境中调试通过。本书可与主教材配套使用。另外，由于其内容全面且相对独立，所以也可单独作为各类 Visual FoxPro 相关考试或中小型系统开发的参考书。

图书在版编目（CIP）数据

Visual FoxPro 程序设计实训指导与试题解析 / 李珍香主编．--3 版．--北京：高等教育出版社，2014.8

ISBN 978-7-04-039767-3

Ⅰ．①V…　Ⅱ．①李…　Ⅲ．①关系数据库系统-程序设计-高等职业教育-教学参考资料　Ⅳ．①TP311.138

中国版本图书馆 CIP 数据核字（2014）第 095775 号

策划编辑　许兴瑜　　责任编辑　许兴瑜　　封面设计　张雨微　　版式设计　于　婕

插图绘制　宗小梅　　责任校对　刁丽丽　　责任印制　田　甜

出版发行	高等教育出版社	网　　址	http://www.hep.edu.cn
社　　址	北京市西城区德外大街 4 号		http://www.hep.com.cn
邮政编码	100120	网上订购	http://www.landraco.com
印　　刷	北京铭传印刷有限公司		http://www.landraco.com.cn
开　　本	787mm × 1092mm　1/16		
印　　张	13.25	版　　次	2003 年 5 月第 1 版
字　　数	320 千字		2014 年 8 月第 3 版
购书热线	010-58581118	印　　次	2014 年 8 月第 1 次印刷
咨询电话	400-810-0598	定　　价	21.80 元

物 料 号　39767-00

出版说明

教材是教学过程的重要载体，加强教材建设是深化职业教育教学改革的有效途径，推进人才培养模式改革的重要条件，也是推动中高职协调发展的基础性工程，对促进现代职业教育体系建设，切实提高职业教育人才培养质量具有十分重要的作用。

为了认真贯彻《教育部关于“十二五”职业教育教材建设的若干意见》（教职成〔2012〕9号），2012年12月，教育部职业教育与成人教育司启动了“十二五”职业教育国家规划教材（高等职业教育部分）的选题立项工作。作为全国最大的职业教育教材出版基地，我社按照“统筹规划，优化结构，锤炼精品，鼓励创新”的原则，完成了立项选题的论证遴选与申报工作。在教育部职业教育与成人教育司随后组织的选题评审中，由我社申报的1338种选题被确定为“十二五”职业教育国家规划教材立项选题。现在，这批选题相继完成了编写工作，并由全国职业教育教材审定委员会审定通过后，陆续出版。

这批规划教材中，部分为修订版，其前身多为普通高等教育“十一五”国家级规划教材（高职高专）或普通高等教育“十五”国家级规划教材（高职高专），在高等职业教育教学改革进程中不断吐故纳新，在长期的教学实践中接受检验并修改完善，是“锤炼精品”的基础与传承创新的硕果；部分为新编教材，反映了近年来高职院校教学内容与课程体系改革的成果，并对接新的职业标准和新的产业需求，反映新知识、新技术、新工艺和新方法，具有鲜明的时代特色和职教特色。无论是修订版，还是新编版，我社都将发挥自身在数字化教学资源建设方面的优势，为规划教材开发配备数字化教学资源，实现教材的一体化服务。

这批规划教材立项之时，也是国家职业教育专业教学资源库建设项目及国家精品资源共享课建设项目深入开展之际，而专业、课程、教材之间的紧密联系，无疑为融通教改项目、整合优质资源、打造精品力作奠定了基础。我社作为国家专业教学资源库平台建设和资源运营机构及国家精品开放课程项目组织实施单位，将建设成果以系列教材的形式成功申报立项，并在审定通过后陆续推出。这两个系列的规划教材，具有作者队伍强大、教改基础深厚、示范效应显著、配套资源丰富、纸质教材与在线资源一体化设计的鲜明特点，将是职业教育信息化条件下，扩展教学手段和范围，推动教学方式方法变革的重要媒介与典型代表。

教学改革无止境，精品教材永追求。我社将在今后一到两年内，集中优势力量，全力以赴，出版好、推广好这批规划教材，力促优质教材进校园、精品资源进课堂，从而更好地服务于高等职业教育教学改革，更好地服务于现代职教体系建设，更好地服务于青年成才。

高等教育出版社

2014年7月

第 3 版前言

Visual FoxPro 是数据库系统软件，提供了多种面向对象程序设计的开发工具，具有很强的实践性，读者需要充分操作练习才能掌握，因此，上机实验是十分重要的环节。本书正是为了方便读者上机操作而编写的，是与《Visual FoxPro 程序设计（第 3 版）》配套的实训教材。本书在《Visual FoxPro 程序设计实训指导（第 2 版）》的基础上，根据“教育部关于“十二五”职业教育教材建设的若干意见”，并结合读者使用后的反馈信息进行的修订，在内容方面做了进一步的补充、调整和完善。本书共包括以下 4 部分内容。

第一部分　基础实训。本部分结合主教材知识点精心设计了 16 个基础实训，涵盖了《Visual FoxPro 程序设计（第 3 版）》所有章节的知识点。该部分中的实训任务明确，重点突出。读者学习时，最好在完成每一个实训后，总结本次实训的收获与体会并写出实验报告。

第二部分　综合实训。本部分主要是为了使读者建立起程序设计的整体观念，并结合主教材内容安排设计了 4 个综合实训。其中，前 3 个给出了详尽的操作步骤，第 4 个以题目形式留给读者自己完成。通过这种具有针对性的综合实践操作，可以使读者具有一定的分析、理解与综合设计能力，为数据库应用系统开发打基础。为了达到理想的实践效果，读者上机操作前最好预习相关内容并准备好实训中用到的相关数据。

第三部分　项目实训。此部分主要是为培养读者的数据库应用系统开发能力而设计。通过“图书管理系统”这一实际数据库应用系统开发案例的设计与实现，让读者掌握应用系统开发的基本方法和步骤。作为教学案例，该系统功能相对简单，但很容易让读者接受和入门。

第四部分　试题及试题解析。本部分针对主教材的重点、难点，同时结合全国计算机等级考试（NCRE）2 级 VFP 的考试大纲，精心安排了选择、填空和操作等题型，并配备了答案及试题解析，力求使读者在掌握课程内容的同时能自我检测并顺利通过各种考试。

本书集实训、案例和试题于一体，内容丰富，实践性、实用性强，涵盖了主教材中的所有知识点。本书中的所有源程序都在 Visual FoxPro 6.0 环境下调试通过。通过本书的学习，读者能在提高实践能力的同时加深对理论知识的理解。对准备参加全国计算机等级考试 2 级 VFP 的读者来说，这是一本值得参考的辅导教材。本书配有电子资源，教师可发邮件至编辑邮箱 1548103297@qq.com 索取。

本书由李珍香主编，负责整体结构的设计和统稿工作，郭显娥、王莉和霍纬纲任副主编。具体分工如下：第一部分的实训 1～实训 11、第四部分的第 1 章～第 6 章由李珍香编写，第一部分的实训 12 由郭显娥编写，第一部分的实训 13～实训 16、第三部分和第四部分的第 8 章～第 12 章由王莉编写，第二部分、第四部分的第 7 章由霍纬纲编写。

在本书的编写过程中，尽管编者尽了最大努力，但也难免存在缺点和疏漏之处，诚请读者提出宝贵的意见和建议，以使本书质量得到不断提高。

编　者

2014 年 7 月

第 2 版前言

Visual FoxPro 作为市场上最灵活和功能最强大的数据库管理系统，在当前市场中的应用是十分广泛的。其简单易学、快速方便的数据处理和管理功能，非常适合中、小型企事业单位的数据处理、管理以及开发应用，其强大的性能、完整而丰富的工具、极其友好的界面以及完备的兼容性等特点，备受广大用户的青睐。

本书是 2003 年出版的《Visual FoxPro 6.0 程序设计》的第二版，是应读者的要求和建议、结合 Visual FoxPro 的最新版本 Visual FoxPro 9.0 以及作者近几年从事数据库应用教学的经验修订而成。本书在延续第一版编写风格的基础上，对全书内容精心做了修改和充实，增加了 SQL 的内容；强化了 Visual FoxPro 在网络方面的应用；补充了表、数据库及其他一些操作命令；书中各章均配有习题及上机实践。本书内容翔实，案例丰富，深入浅出，循序渐进，具有先进性、新颖性、实用性和可读性的特点。

本书已打造成立体化教学包，除了主教材之外，与本书配套的还有《Visual FoxPro 程序设计实训指导》（第二版）一书（配盘）、《Visual FoxPro 程序设计》电子教案、教学建议、网络课程、试题库系统和自测学习系统等教学资源。

全书共分 12 章，第 1 章主要介绍 Visual FoxPro 的启动和退出方法及其集成开发环境，主要包括“项目管理器”的界面组成及主要操作、菜单系统和“命令”窗口，并通过两个简单的例子初步引出 Visual FoxPro 程序设计。

第 2 章是 Visual FoxPro 编程基础，主要介绍 Visual FoxPro 所提供的数据类型、数据存储、运算符、表达式、常用函数和 Visual FoxPro 命令结构，流程控制的 3 种基本结构及相应语句，程序文件的创建、编辑与运行方法，过程文件和用户自定义函数的建立与使用方法等内容。

第 3 章和第 4 章主要介绍数据库和表的一些基本概念，包括：数据库和表的创建、打开、修改及关闭，表数据的输入方法，表索引的概念及建立方法，数据库中表的关联和连接操作，数据库的域完整性、实体完整性和参照完整性的概念及设置方法，工作区的概念及应用。

第 5 章查询与视图，主要介绍使用“查询向导”和“查询设计器”创建查询的方法，利用“视图设计器”创建视图以及通过视图更新源表数据的方法。

第 6 章关系数据库标准语言 SQL，主要介绍 SQL 的数据查询命令、数据操纵命令和数据定义命令。

第 7 章介绍报表文件的几种创建方法，结合实例着重介绍利用“报表设计器”设计和修改报表的过程和方法。

第 8 章介绍面向对象程序设计的一些基本概念，创建子类及将子类加入表单的方法以及在 Visual FoxPro 中引用对象、编写过程代码的方法。

第 9 章介绍表单的相关概念和设计方法，结合实例重点介绍各种常用控件的使用。

第 10 章介绍菜单的概念和利用“菜单设计器”设计菜单的方法。

第 11 章结合“高校学生收费管理系统”介绍利用 Visual FoxPro 开发数据库应用系统的过程和方法。

第 12 章介绍 Visual FoxPro 在网络中的应用，重点是 Visual FoxPro 的 Web 应用。本章内容涉及网络中的许多知识，但只是从 Visual FoxPro 编程应用的角度展开介绍。本章内容是可选的，有条件的读者可以深入学习。

本书的 12 章内容以 Visual FoxPro 6.0 和 9.0 版为背景（前者用户群体广泛，后者的新特点全部兼容前者）进行介绍，所有的源程序设计实例都经实际运行并检验通过（第 12 章的部分内容在 9.0 版中通过）。建议有条件的读者最好在 Visual FoxPro 9.0 环境下学习。

本书的第 1 章～第 3 章、第 8 章～第 12 章由李珍香编写，杜红兵编写第 4 章和第 5 章，李利平编写第 6 章，李国编写第 7 章。刘甫迎和刘瑞挺教授在百忙当中抽时间审阅了书稿并提出了许多宝贵的意见，在此表示衷心的感谢！

尽管编者在编写本书的过程中已经尽了最大的努力，但书中还是难免存在缺点和疏漏之处，诚请读者不吝批评、指正。

编　者

2007 年 4 月

第 1 版前言

随着计算机技术的发展和普及，各行各业的管理机构需要由计算机处理大量的数据，而处理大量数据的最好方法是使用数据库进行管理。Visual FoxPro 6.0 是微软公司在 dBASE 基础上发展起来的一种功能强大的关系型数据库管理系统。Visual FoxPro 6.0 使用了面向对象的编程技术，它不仅适用于单机，而且具有很好的安全性和较强的网络功能，能够实现数据的远程访问和存储加工。它可以直接访问 Access、Paradox、dBASE 等源文件中的数据而不需要任何转换，同时它还为使用者提供了强大的向导工具。作为一种完整的编程语言，Visual FoxPro 6.0 既提供交互式的运行环境，又支持编译运行环境，是数据库应用领域使用较为广泛的软件。

本书为教育部普通高等教育“十五”国家级规划教材，具有以下几个特点：

（1）本书结构安排新颖、合理。为方便教学使用，本教材还配有一本上机实训与实验指导书（每一实验就是一技能点，实验中引入了看得见、摸得着的实例，每一实验有详尽的操作过程和操作结果，有利于学生对理论知识的学习和掌握）；两个完整的应用系统（高校学生收费管理系统和财务管理系统）；免费电子教案（电子教案采用超链接技术，可以修改）。

（2）本书在保持知识系统性的同时，注重内容的实用性和实践性。全书通过大量精心设计的实例简明扼要、深入浅出地介绍了 Visual FoxPro 6.0 中最基本、最实用、最新颖、最关键的技术，以满足学生学习和解决工作中出现的实际问题。本书入门容易，通俗易懂。

（3）采用“问题（任务）驱动”的编写方式，引入案例教学和启发式教学方法，以培养学生解决问题的能力。全书以“高校学生收费管理系统”为主线融会各知识点，并且每章节也尽量以问题为中心来设计和组织教学内容。除上述两个应用系统外，实践部分和实验部分也是结构完整的应用小系统，即读者在做完全部的实践和实验以后，也就生成了两个应用小系统。所有系统、实例的源代码、源界面都在光盘中提供给读者，可引导和启发读者开发小型的实际应用系统。

（4）全书实例都与学生的学习、生活结合紧密，而且有的例子还有一定的趣味性，有助于提高学生的学习兴趣、培养学生的想象能力和思维能力。全书语言精练，图文并茂，大部分插图都有明确的标注，直观性强，便于理解、掌握和自学。

（5）为了适应职业岗位和技术的最新要求，教材中引入了最新的知识和相关技术。本书标有*的部分为提高部分，提供了网络及其他方面的知识应用，有利于学生综合应用能力、创新能力的提高，以满足不同层次的需要。

本书由李珍香担任主编，负责整体结构的设计，由李存斌和杜红兵担任副主编。李珍香编写了本书第 3 章、第 6 章、第 7 章、第 8 章、第 9 章和第 11 章，李存斌编写了第 1 章、第 2 章，杜红兵编写了第 4 章、第 5 章，李耀辉编写了第 10 章，刘红梅和李珍香负责本书 CAI 课件的制作。张基温教授在百忙中审阅了本书的初稿，并提出了修改意见，在此表示衷心的感谢!

尽管在编写中作者尽了最大的努力，但由于水平有限，书中难免存有不足和疏漏之处，诚请读者批评指正。

李珍香

2003 年 1 月

目　录

第一部分 基础实训

内容导学

Visual FoxPro 是实践性很强的课程，只有通过多上机实践，才能掌握程序设计技巧并达到较高水平。所以，实训是教学当中的一个很重要环节，也是检验学生的学习效果、提高动手操作能力与学习兴趣的一种重要方式，对理解课堂内容有很大帮助。本部分结合主教材内容精选了 16 个具有代表性、典型性和实用性的基础实训，通过这些内容的实际操作及训练，可引导学生理解各知识点，并熟练掌握 Visual FoxPro 的操作和应用内容，做到运用自如、举一反三。

实训 1 Visual FoxPro 集成环境和项目的基本操作

一、实训目的与要求

1．熟悉 Visual FoxPro 的安装过程；熟悉 Visual FoxPro 的启动与退出方法。

2．熟悉 Visual FoxPro 集成环境（系统的主窗口、菜单，特别是向导和设计器、工具栏和命令窗口）。

3．掌握项目的各种操作，包括新建项目、打开和关闭项目管理器的方法，查看、修改项目管理器中的内容，改变项目管理器的外观及使用快捷菜单；了解项目管理器中各选项卡及按钮的功能。

4．了解“命令”窗口的功能；掌握在“命令”窗口中输入命令的方法；熟悉“命令”窗口的显示和隐藏操作。

二、实训内容与操作步骤

1．通过 CD-ROM 安装 Visual FoxPro 6.0。

① 将 Visual FoxPro 6.0 系统光盘放入 CD-ROM 驱动器，光盘上的 AutoRun 程序会自动运行；或者右键单击光盘驱动器图标，在弹出的快捷菜单中选择【打开】命令，进入光盘目录后，双击其根目录中的 setup.exe。

② 根据 Visual FoxPro 6.0 安装向导的中文提示信息逐步安装。安装时需注意默认路径，系统会把所有的系统文件装入其中。也可在安装过程中，在所打开的“Visual FoxPro 6.0 安装程序”窗口中通过单击“更改文件夹”按钮，重新选择安装路径。安装完毕后，重新启动计算机，系统完成有关参数设置后，即可启动 Visual FoxPro 6.0。

2．启动和关闭 Visual FoxPro 6.0。

（1）启动 Visual FoxPro 6.0 的方法。

① 从“开始”菜单启动 Visual FoxPro 6.0。

② 双击桌面上的 Visual FoxPro 6.0 快捷方式图标。

③ 从 Visual FoxPro 6.0 安装后的文件夹中双击其启动程序“VFP6.EXE”。

（2）关闭 Visual FoxPro 6.0 的方法。

① 在 Visual FoxPro 6.0 系统主窗口中选择【文件】→【退出】菜单命令。

② 单击主窗口左上角的图标，在弹出的控制菜单中选择【关闭】命令。

③ 在“命令”窗口中输入“QUIT”命令。

④ 按 Alt+F4 组合键。

3．Visual FoxPro 6.0 系统主窗口的组成元素、菜单和工具栏的操作。

（1）菜单和“常用”工具栏的操作。

① 单击 Visual FoxPro 6.0 系统菜单栏上的菜单，弹出相应的下拉菜单，选择所需的命令，则触发与之相关的操作。注意此时菜单项的标志，其中省略号（...）表示打开一个对话框；表示弹出下一级菜单；颜色暗淡的选项表示当前状态下无效。也可通过键盘的按键执行以上操作。

② 单击“常用”工具栏上的活动按钮，系统也会执行相应的与菜单功能相同的操作。

（2）工具栏的操作。

工具栏会随着某一种类型文件的打开而自动打开。用户也可以根据需要在任何时候显示或隐藏工具栏。显示工具栏有两种方法。一种方法是通过选择【显示】→【工具栏】菜单命令，在弹出的“工具栏”对话框中选择相应的工具选项，然后单击“确定”按钮，如图 1.1.1 所示。另一种方法是在工具栏区域单击鼠标右键，会弹出如图 1.1.2 所示的工具栏快捷菜单，在此菜单中进行选择即可。

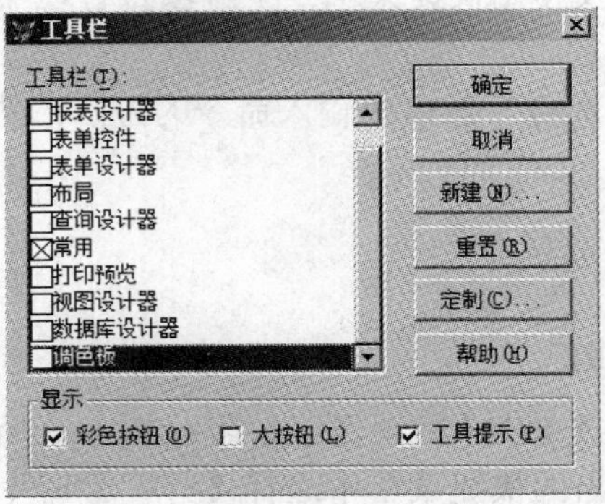

图 1.1.1 “工具栏”对话框

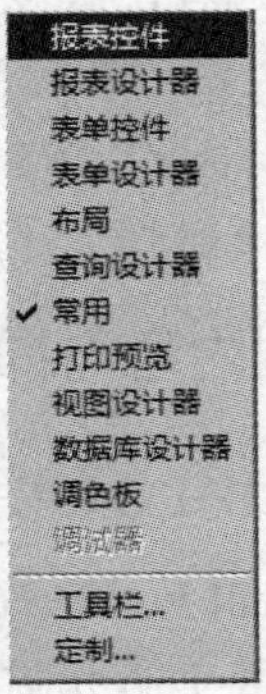

图 1.1.2 工具栏快捷菜单

① 改变工具栏按钮的外观及查看其功能。在“工具栏”对话框中，在“显示”选项组，选中“彩色按钮”复选框，则系统中的工具栏按钮会变成彩色的；否则为黑白色。系统默认为彩色按钮。选择“大按钮”复选框，则系统中的工具栏按钮会放大一倍，否则为小按钮，系统默认为小按钮。选择“工具提示”复选框，则将鼠标指针移至某工具栏按钮上时，系统会自动显示该按钮的功能提示信息；否则不显示。系统默认为显示工具提示。

② 改变工具栏的位置。启动 Visual FoxPro 6.0 后，系统默认将“常用”工具栏置于主窗口的顶部。将鼠标指针指向工具栏的非按钮处，按住鼠标左键不放并拖曳，可将工具栏拖动至任意位置。工具栏可停留在主窗口的四周，也可以以窗口形式悬浮在主窗口中央。拖放工具栏窗口的边线或四角可改变其形状，双击工具栏窗口标题栏即可恢复到顶部。

4．“命令”窗口的使用。

启动 Visual FoxPro 6.0 后，“命令”窗口默认处于打开状态，输入命令后可执行相应操作。

（1）显示“命令”窗口的方法。

① 单击“常用”工具栏上的“命令窗口”按钮。

② 选择【窗口】→【命令窗口】菜单命令。

③ 使用快捷键 Ctrl+F2。

（2）隐藏“命令”窗口的方法。

① 单击“命令”窗口右上角的“关闭”按钮。

② 单击“常用”工具栏上的“命令窗口”按钮。

③ 选择【窗口】→【隐藏】菜单命令。

④ 使用快捷键 Ctrl+F4。

试一试

对“命令”窗口进行移动、放大、缩小、滑动等操作。

5．设置 Visual FoxPro 6.0 的系统环境。

设置 Visual FoxPro 6.0 的系统环境有两种方法。

方法一：选择【工具】→【选项】菜单命令，打开“选项”对话框，如图 1.1.3 所示。选择该对话框中的各个选项卡可进行系统配置并保存。

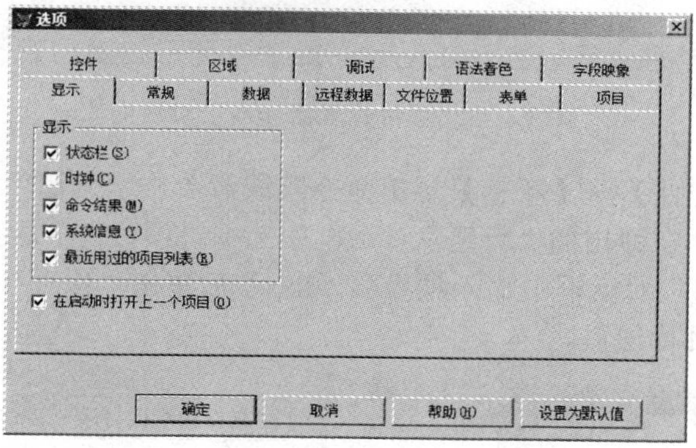

图 1.1.3 “选项”对话框

注意

“选项”对话框的下侧有 4 个按钮，其中，单击“确定”按钮只能暂存系统配置，重新启动 Visual FoxPro 系统后会恢复原始配置。单击“设置为默认值”按钮能永久保存系统配置。

方法二：通过一系列的 SET 命令修改系统配置。例如，以下命令可设置日期显示格式与默认目录：

```
SET DATE TO YMD                 && 设置日期显示格式为 YY-MM-DD
? DATE()                        && 显示系统当前日期
SET DAFAULT TO E:\myvfp         && 设置系统默认目录为 E:\myvfp
```

注意

设置默认目录之前，要先在合适位置创建文件夹，方法二中需要在 E 盘根目录中建立一个名为 myvfp 的文件夹。

6．“项目管理器”的使用。

（1）创建项目。

在默认目录 E:\myvfp 中建立一个名为“lizx”的项目。

方法一：在“命令”窗口中输入“CREATE PROJECT lizx”命令后按 Enter 键，即可创建项目并打开项目管理器，“项目管理器-lizx”对话框如图 1.1.4 所示。

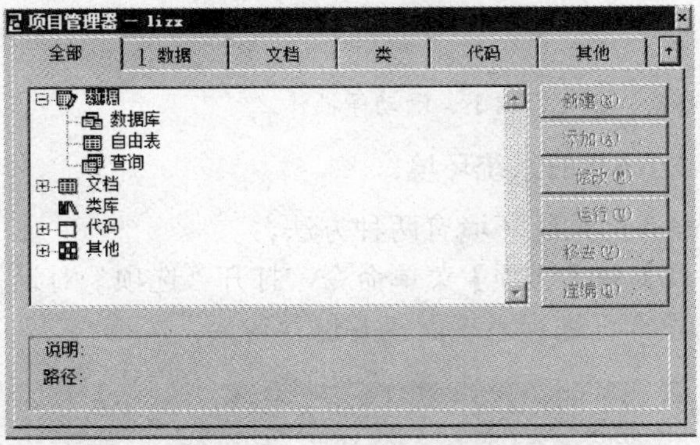

图 1.1.4 “项目管理器-lizx”对话框

方法二：选择【文件】→【新建】菜单命令，或者单击“常用”工具栏上的按钮，或者使用快捷键 Ctrl+N，在弹出的“新建”对话框中选择“项目”单选按钮，单击“新建文件”按钮，在弹出的“创建”对话框中输入项目名“lizx”后单击“保存”按钮，如图 1.1.5 所示，可创建项目并打开项目管理器。

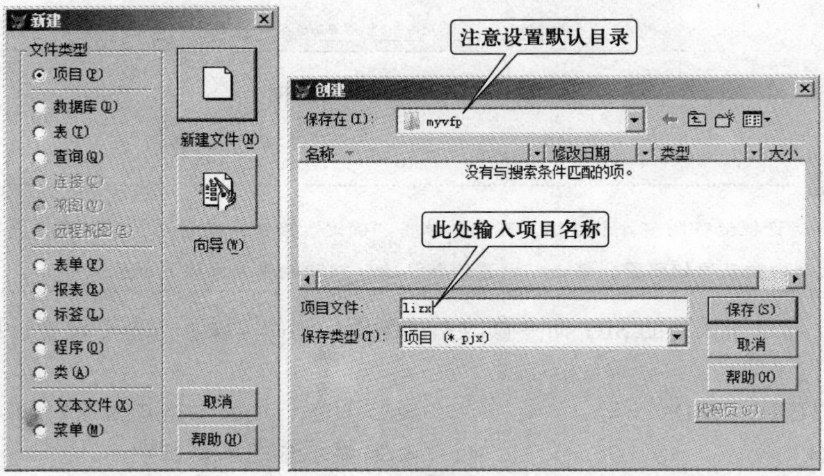

图 1.1.5 通过菜单方式创建项目

（2）了解项目管理器中各个选项卡所包含的文件类型。

选择项目管理器中的各个选项卡，了解其所包含的文件类型。选择不同类型的文件，观察项目管理器右侧 6 个按钮的显示情况（黑色或灰色），并尝试单击，了解各个按钮的功能。

记一记

项目管理器中的6个选项卡所包含的文件类型是计算机等级考试二级VFP中的重点。

（3）练习项目管理器的移动和窗口大小变化。

将鼠标指针置于项目管理器标题栏上，拖曳鼠标即可移动项目管理器。将鼠标指针指向项目管理器的边线及四角上，拖动鼠标观察窗口的大小变化。

（4）了解项目管理器折叠和展开时的状态。

通过单击项目管理器右上角的↑和↓按钮，可将项目管理器折叠和展开。在折叠状态下，选定一个选项卡，将它拖离项目管理器，可使选项卡处于浮动状态，如图1.1.6所示。单击每个浮动选项卡上方的“关闭”按钮☒，或拖曳每个浮动选项卡的标题栏至对应选项卡处，可以关闭其浮动状态。

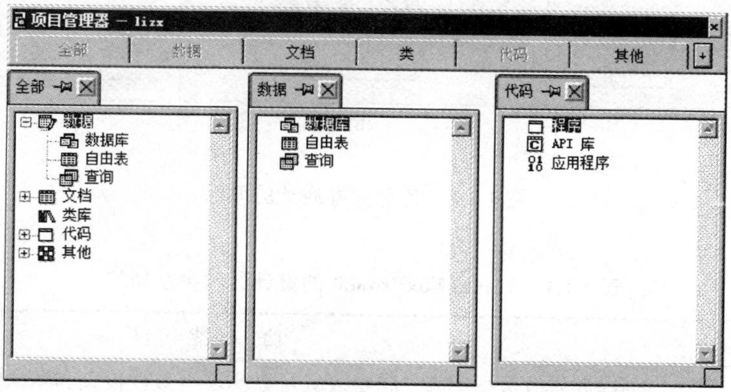

图1.1.6 拆分选项卡

7. 向导和设计器的操作。

（1）启动向导的方法。

① 选择【文件】→【新建】菜单命令，在弹出的“新建”对话框中选择待创建文件的类型，然后单击相应的“向导”按钮。

② 在项目管理器中选择某种文件类型后，单击“新建”按钮，然后单击相应的向导按钮。

③ 选择【工具】→【向导】菜单命令，可直接访问大多数的向导。

④ 通过“常用”工具栏可启动部分相应向导。如图1.1.7所示为用不同方法启动向导的界面。

（2）启动设计器的方法。

① 在项目管理器中选择某种文件类型后，单击“新建”按钮，在弹出的“新建××”对话框中单击【新建】按钮，在打开“××”的同时即可打开相应的设计器。

② 选择【文件】→【新建】菜单命令，在“新建”对话框中选择待创建文件的类型，然后单击“新建”按钮，系统将自动打开相应的设计器。

③ 当已打开某种类型的文件时，从“显示”菜单可打开相应的设计器选项。表1.1.1列出了Visual FoxPro 6.0系统提供的设计器种类及功能。

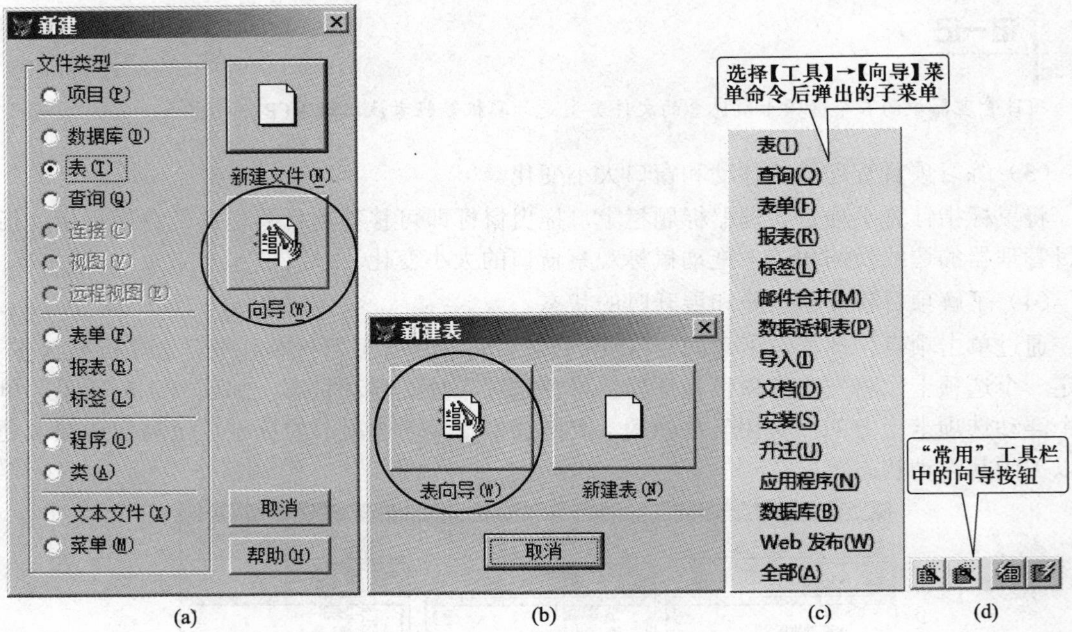

图 1.1.7　各种向导启动的界面

表 1.1.1　Visual FoxPro 6.0 的设计器种类及功能

设计器名称	功　能
表设计器	创建并修改数据库表、自由表。可以实现有效性检查和默认值设置等高级功能
数据库设计器	管理数据库中包含的全部表、查询、视图和关系。当该窗口处于活动状态时，显示"数据库"菜单和"数据库设计器"工具栏
报表设计器	创建和修改打印数据的报表，当该设计器窗口处于活动状态时，显示"报表"菜单和"报表控件"工具栏
查询设计器	创建和修改在本地表中运行的查询。当该设计器窗口处于活动状态时，将显示"查询"菜单和"查询设计器"工具栏
视图设计器	在远程数据源上运行查询，创建视图。当该设计器窗口处于活动状态时，将显示"视图设计器"工具栏
表单设计器	创建并修改表单和表单集。当该窗口处于活动状态时，将显示"表单"菜单、"表单控件"工具栏、"表单设计器"工具栏和"属性"窗口
菜单设计器	创建菜单栏或弹出式子菜单
数据环境设计器	数据环境定义了表单或报表使用的数据源，包括表、视图和关系，可以通过"数据环境设计器"来修改数据源
连接设计器	为远程视图创建并修改命名连接，因为连接是作为数据库的一部分存储的，所以仅当有打开的数据库时才能使用"连接设计器"

实训 2　自由表的建立与基本操作

一、实训目的与要求

1．掌握表设计方法，了解表结构与表内容的概念。
2．熟练掌握创建与维护自由表的方法。
3．熟练掌握表文件的打开、浏览、保存操作，以及记录的添加、修改和删除操作。
4．掌握表中数据的排序与索引以及数据记录的查询。
5．掌握表的各种统计操作方法。

二、实训内容与操作步骤

1．在 E:\myvfp 中建立一个名为“学生”的自由表文件，内容如表 1.2.1 所示。

表 1.2.1　“学生”表内容

学　号	姓　名	性　别	年　龄	是否团员	籍　贯	备　注
20110101	张小燕	女	20	否	山西	
20110102	李兴	男	20	是	陕西	
20110103	李小平	男	19	是	北京	
20110104	王强	男	21	否	上海	
20110105	刘雪梅	女	20	是	南京	
20110201	王浩	男	19	是	陕西	
20110202	董一楠	女	20	否	山西	
20120101	安沁	女	18	是	北京	奥数一等奖
20120102	陈雪	女	19	是	山西	

下面设计表结构，“学生”表的结构如下：

学号（C，8），姓名（C，8），性别（C，2），年龄（N，3），是否团员 L，籍贯（C，4），备注 M。

启动 Visual FoxPro，将默认目录永久设置为 E:\myvfp。打开“实训 1”中建立的项目“lizx.pjx”，选择“数据”选项卡，再选择“自由表”选项，然后单击“新建”按钮，在弹出的“新建表”对话框中单击“新建表”按钮。在弹出的“创建”对话框中输入表名“学生”，单击“保存”按钮，便打开了如图 1.2.1 所示的创建表结构的“表设计器”。也可通过命令“CREATE 学生”创建表。

完成学生表结构的创建后，单击“确定”按钮，在随后弹出的提示对话框中单击“是”按钮，开始输入表 1.2.1 所示的数据。全部输入完成后，按 Ctrl+W 组合键保存并退出数据输入。

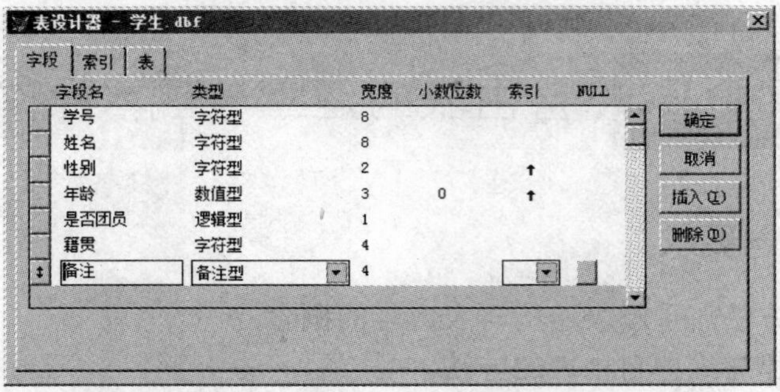

图 1.2.1 创建“学生”表结构的表设计器

注意

① 在输入数据的过程中，注意备注型数据的输入。如有备注，需要单击备注单元格中的“memo”字样，在随后打开的窗口中输入备注内容后关闭，注意，“memo”会变为“Memo”。

② 按 Ctrl+W 组合键退出数据输入后只是不显示数据，并不是关闭表。用户可以在“命令”窗口中输入“USE”命令彻底关闭表。

③ 如果有备注型和通用型字段，要特别注意它们的数据输入方法。

说明

本部分的每个实训都是将默认目录永久设置为 E:\myvfp，后面不再重复说明。

2．打开“学生”表，浏览、修改、添加及删除记录，修改表结构。

① 浏览表内容。启动 Visual FoxPro，打开项目“lizx.pjx”，在“命令”窗口中输入命令“USE 学生 EXCLUSIVE”，以独占方式打开“学生”表。通过在“命令”窗口中输入命令“BROWSE”浏览表内容，如图 1.2.2 所示。

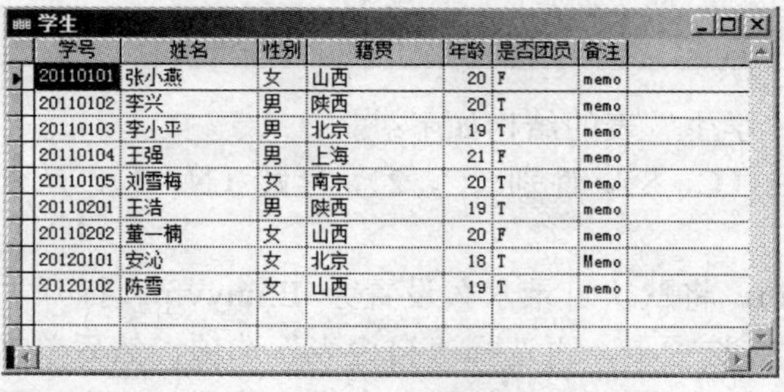

图 1.2.2 “学生”表记录内容

② 给全体女生的年龄加上 5 岁。在“学生”表浏览状态下，在“命令”窗口中输入命令“REPLACE ALL 年龄 WITH 年龄+5 FOR 性别='女'”。

也可以在浏览窗口中修改对应单元格中的内容，但仅限于需要修改的内容较少的情况下。

③ 在“学生”表中追加两条记录。在“学生”表浏览状态下，选择【表】→【追加新记

录】菜单命令或【显示】→【追加方式】菜单命令，如图 1.2.3 和图 1.2.4 所示，或通过输入命令“APPEND”追加所要求的记录内容。观察命令方式与菜单方式在输入新记录时的区别。如图 1.2.5 所示为追加两条记录后的“学生”表内容。

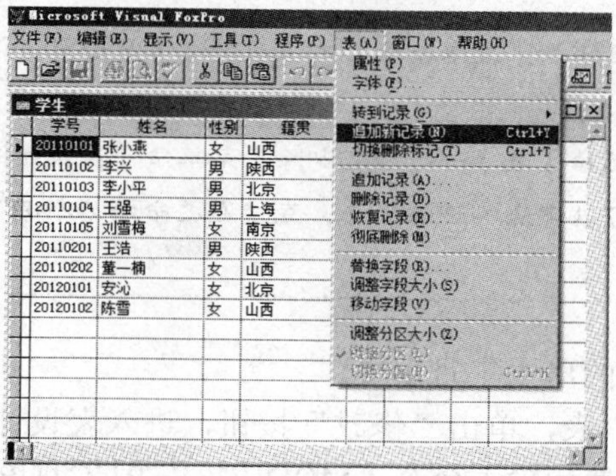

图 1.2.3　追加新记录方法（1）

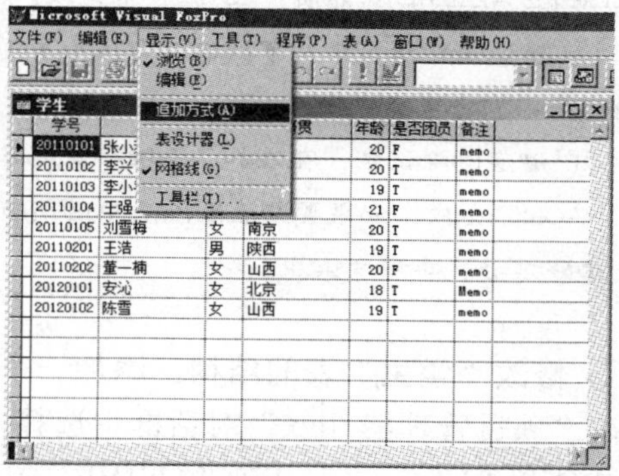

图 1.2.4　追加新记录方法（2）

学号	姓名	性别	籍贯	年龄	是否团员	备注
20110101	张小燕	女	山西	20	F	memo
20110102	李兴	男	陕西	20	T	memo
20110103	李小平	男	北京	19	T	memo
20110104	王强	男	上海	21	F	memo
20110105	刘雪梅	女	南京	20	T	memo
20110201	王浩	男	陕西	19	T	memo
20110202	董一楠	女	山西	20	F	memo
20120101	安沁	女	北京	18	T	Memo
20120102	陈雪	女	山西	19	T	memo
20120103	王丽	女	上海	20	F	memo
20120104	李晓	男	北京	19	T	memo

图 1.2.5　追加两条记录后的学生表

④ 删除所有山西籍学生的记录。在“学生”表浏览状态下，选择【表】→【删除记录】菜单命令，在弹出的“删除”对话框中，选择“作用范围”为“ALL”，再单击“For”后面的“...”按钮，弹出“表达式生成器”对话框，在“表达式”文本框中建立如下表达式：

学生.籍贯="山西"

注意，此处的双引号为在半角下输入的，如图 1.2.6 所示。

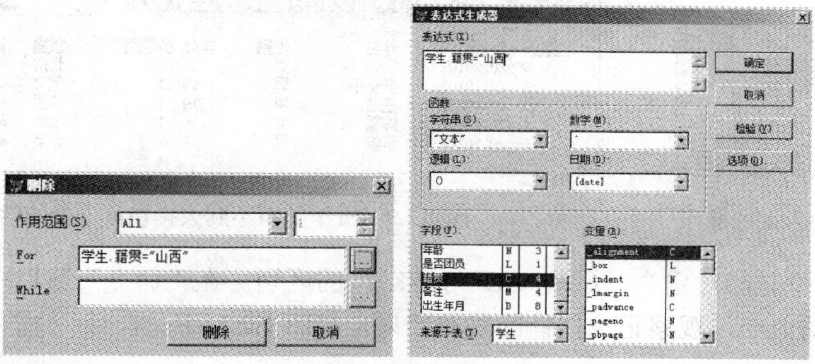

图 1.2.6　删除记录菜单方法

注意

① 上述操作称为逻辑删除，即在表中对满足条件的记录上添加了删除标记，该操作也可通过命令“DELETE ALL FOR 籍贯="山西"”来完成。

② 要取消删除标记，可以通过选择【表】→【恢复记录】菜单命令，方法与删除记录类似，读者可自行练习，也可通过命令“RECALL ALL”完成。

③ 彻底删除记录，在添加了删除标记的基础上，选择【表】→【彻底删除】菜单命令，或通过命令“PACK”完成。如果要彻底删除表中的所有记录，可以不添加删除标记，直接通过命令“ZAP”完成。提醒读者，此命令慎用。

⑤ 修改“学生”表的结构，添加一个日期型的出生年月字段。

在“项目管理器-lizx”对话框中选择“学生”表，单击“修改”按钮，进入表设计器；或通过命令“USE 学生 EXCLUSIVE”打开表，然后输入命令“MODIFY STRUCTURE”，也可以进入“表设计器”。输入如图 1.2.7 所示的内容，然后单击“确定”按钮。

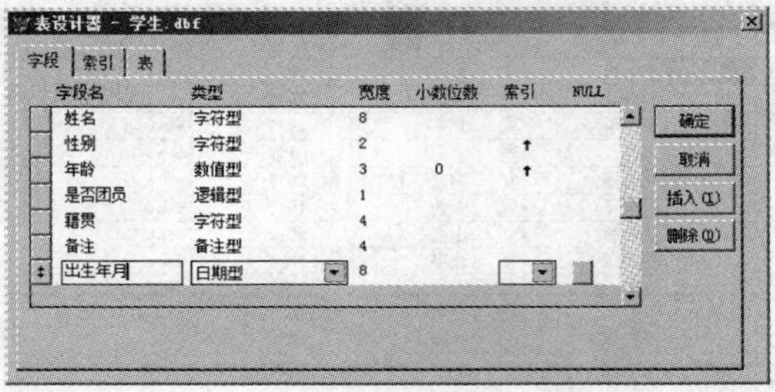

图 1.2.7 修改表结构界面

3．打开“学生”表，对表中数据进行建立索引排序、查询定位及各种数据统计操作。

① 显示按年龄由小到大排在前五位的学生记录。启动 Visual FoxPro 系统，在“命令”窗口中输入如图 1.2.8 所示的命令，显示结果如图 1.2.9 所示。

图 1.2.8 输入命令操作

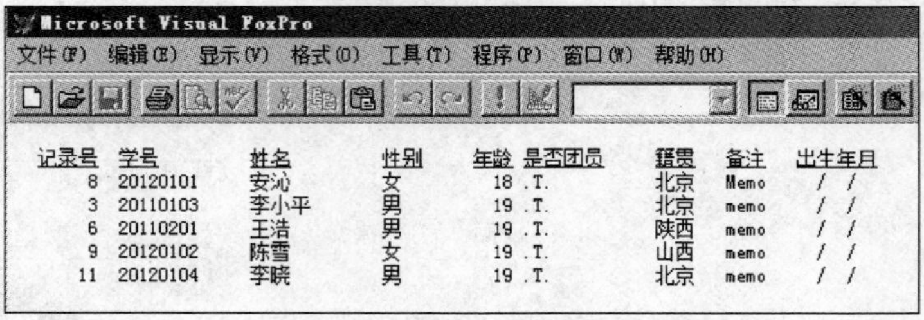

图 1.2.9 按年龄由小到大排在前五位的学生

② 绝对定位与相对定位，比较 GO 与 SKIP 的区别。在“命令”窗口中输入并执行如图 1.2.10 所示的命令，观察记录指针的移动结果，如图 1.2.11 所示。

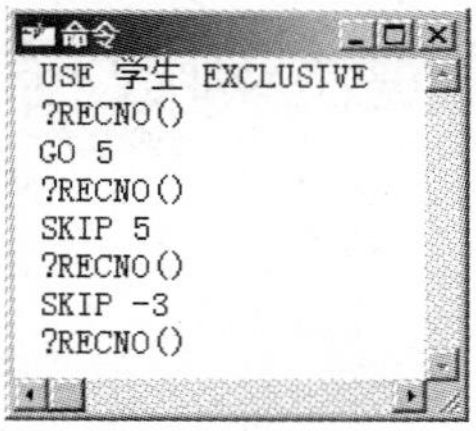

图 1.2.10　输入 GO 与 SKIP 命令

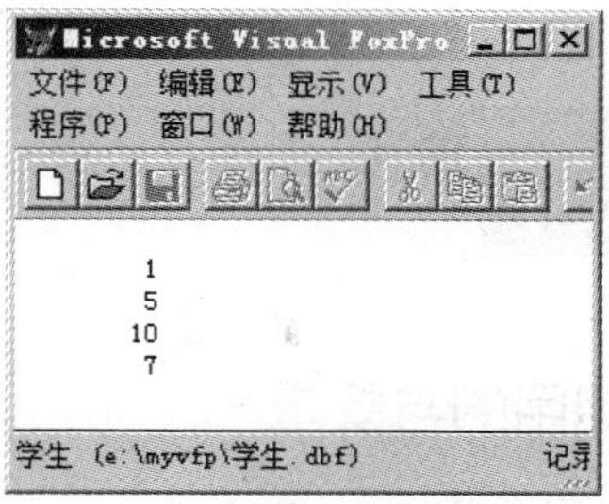

图 1.2.11　当前记录号的显示结果

③ 查询定位，查找所有年龄为 20 岁的学生。

未建立年龄索引前，通过命令“LOCATE ALL FOR 年龄=20”与“CONTINUE”可以完成；建立年龄索引后，可通过命令“SEEK 20”及“SKIP”完成。命令比较及执行结果如图 1.2.12 所示。

(a) LOCATE 与 CONTINUE 命令　　(b) SEEK 与 SKIP 命令　　(c) 执行结果

图 1.2.12　LOCATE 与 SEEK 命令比较及执行结果

注意

SKIP 命令只能相对当前记录往后移动一条，不会判断查询条件。

④ 数据统计。统计“学生”表中所有山西籍的团员人数；求男女学生的平均年龄；按性别对年龄汇总。

在“命令”窗口中输入如图 1.2.13 所示的命令，执行结果如图 1.2.14 所示。

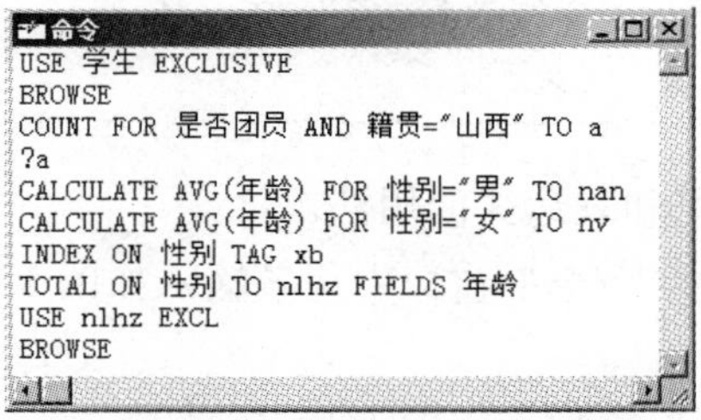

图 1.2.13　输入的命令

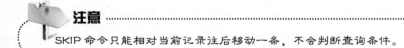

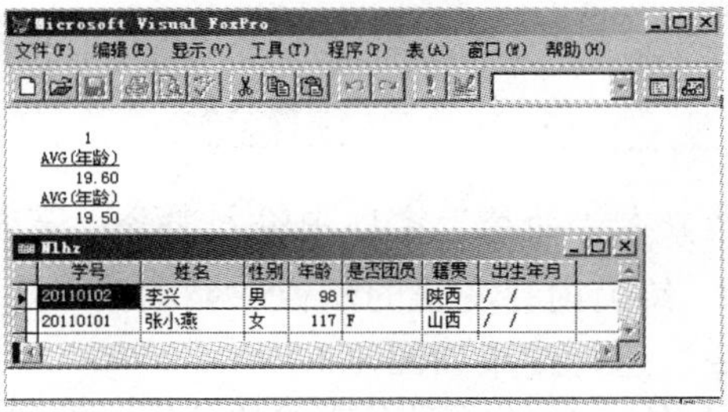

图 1.2.14　执行结果

实训 3 Visual FoxPro 程序文件的建立和数据操作

一、实训目的与要求

1. 掌握常量、变量和表达式的使用。

2. 掌握输入/输出命令的使用，熟记命令的一般语法格式和书写规则。

3. 会在“命令”窗口中建立和运行程序文件。

二、实训内容与操作步骤

1. 在 Visual FoxPro 系统的“命令”窗口中，练习常量、变量和表达式的使用。

（1）在“命令”窗口中输入命令，练习 6 种基本常量的用法。

打开“命令”窗口，在其中逐条输入如图 1.3.1 所示的命令，运行结果如图 1.3.2 所示。

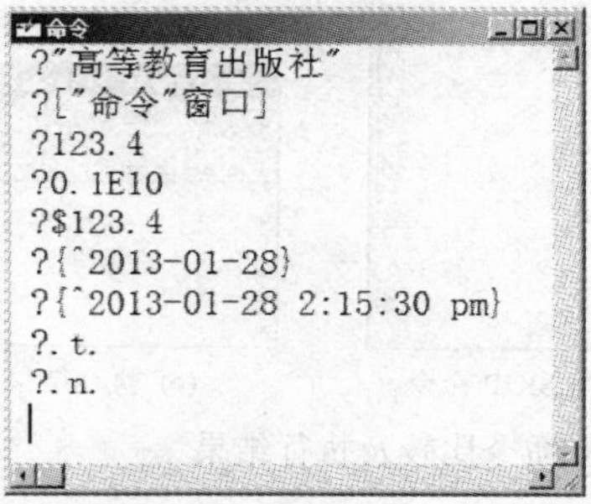

图 1.3.1　6 种基本常量练习

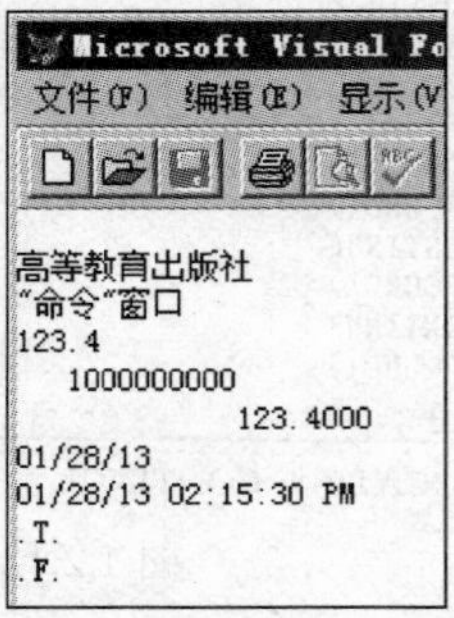

图 1.3.2　命令的相应执行结果

注意

① 字符型常量有 3 种定界符，分别是双撇号、单撇号和方括号。若其中的某一种已作为字符型常量的内容显示，则定界符须选用另外两种。

② 对于有效位数不太长的数值可以使用指数形式，指数形式中的阶码即 E 右面必须是整数。

③ 逻辑型常量“真”可以写成.t.、.T.、.y.、.Y.，“假”可以写成.f.、.F.、.n.、.N.。

④ 在“命令”窗口中每输入完一条命令，必须按 Enter 键以执行。

（2）在“命令”窗口中输入命令，掌握内存变量和表达式的用法。

① 练习内存变量的赋值、显示及清除操作。在“命令”窗口中逐条输入如图 1.3.3 所示的命令，运行结果如图 1.3.4 所示。

② 练习各种类型表达式的使用。在“命令”窗口中输入如图 1.3.5 所示的命令，运行结果如图 1.3.6 所示。

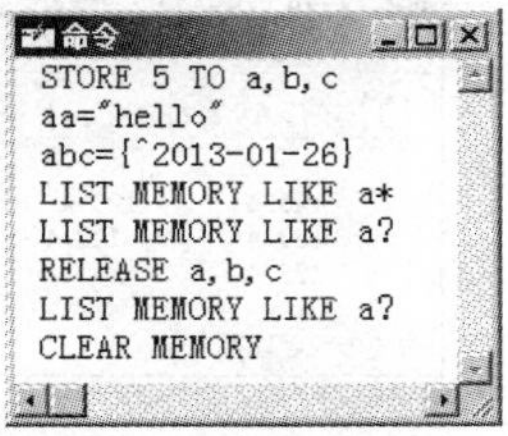

图 1.3.3 内存变量的赋值、显示及清除操作

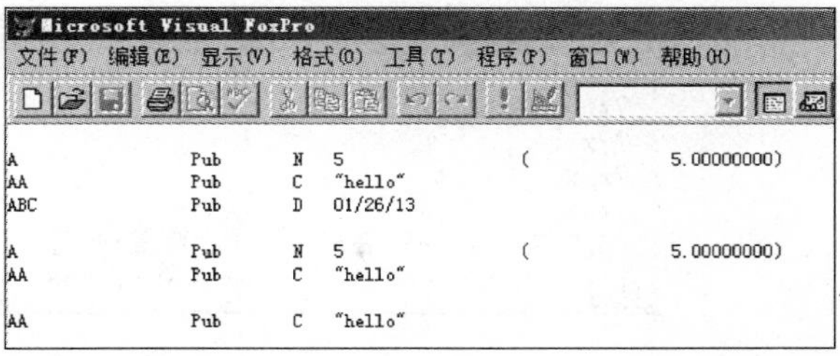

图 1.3.4 命令的相应执行结果

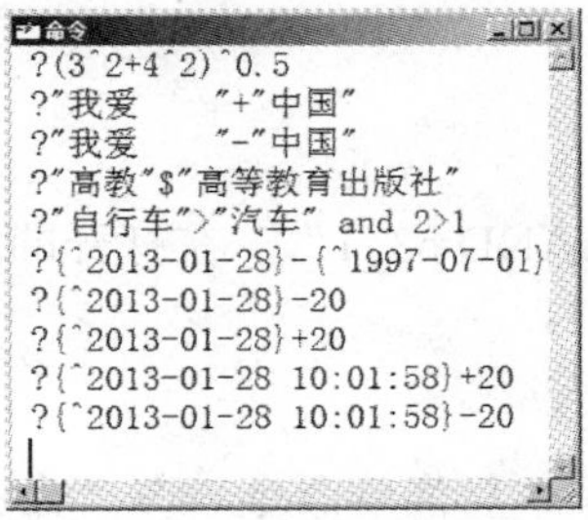

图 1.3.5 各种类型表达式的练习

图 1.3.6 命令的相应执行结果

想一想

① 思考赋值命令“STORE…TO…”与“=”的区别。

② 思考关系运算符“=”和“==”的区别。

2．练习 Visual FoxPro 中的输入/输出命令。

（1）输入命令。

在“命令”窗口中逐条输入如图 1.3.7 所示的命令，比较输入命令“INPUT”、“ACCEPT”、“WAIT”及格式输入命令的不同，运行结果如图 1.3.8 所示。

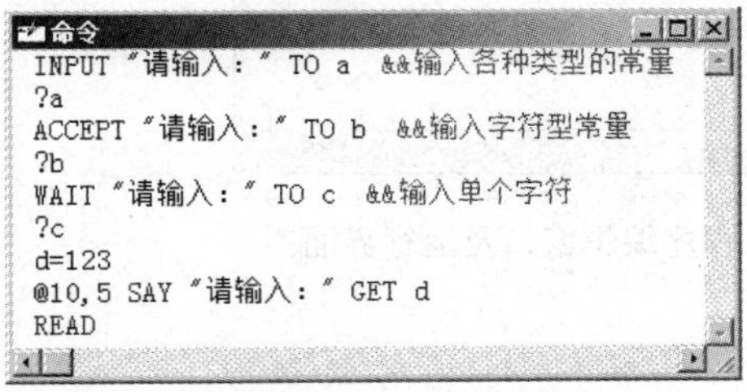

图 1.3.7 INPUT、ACCEPT 和 WAIT 命令

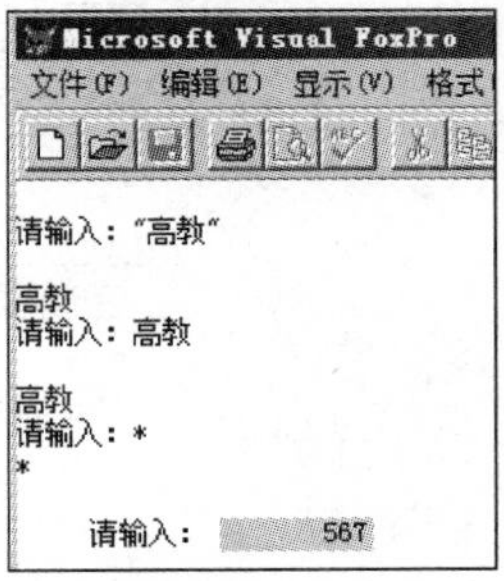

图 1.3.8 命令的相应执行结果

（2）输出命令。

在“命令”窗口中逐条输入如图 1.3.9 所示的命令，观察命令“?”、“??”及格式输出命令的不同，运行结果如图 1.3.10 所示。

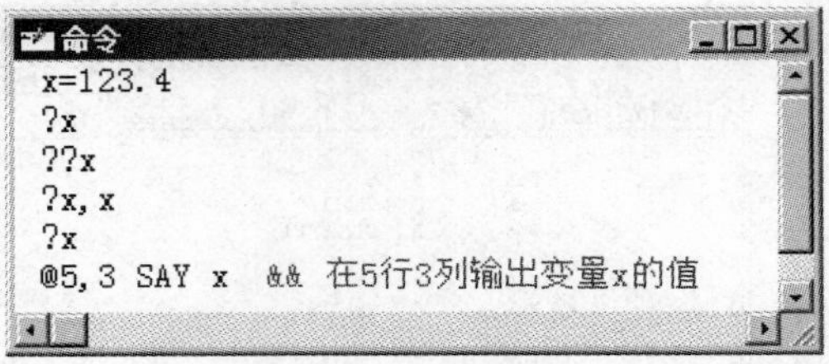

图 1.3.9 “?”、“??”及格式输出命令操作

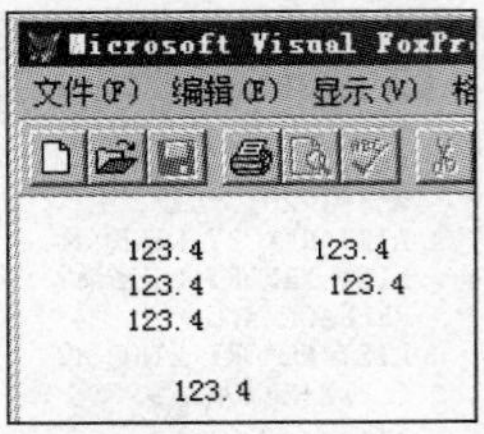

图 1.3.10 命令的相应执行结果

3．练习程序文件的建立和运行方法。

计算并显示 1～100 之间的全部奇数之和。

（1）创建程序文件。

在“命令”窗口中输入命令“MODIFY COMMAND p3_1”，在打开的程序文件 p3_1.prg 窗口中输入相关程序。

（2）运行程序 p3_1.prg。

在程序窗口中编辑完成后选择【文件】→【保存】菜单命令，在“命令”窗口中输入命令“DO p3_1”，程序代码及运行结果如图 1.3.11 所示。

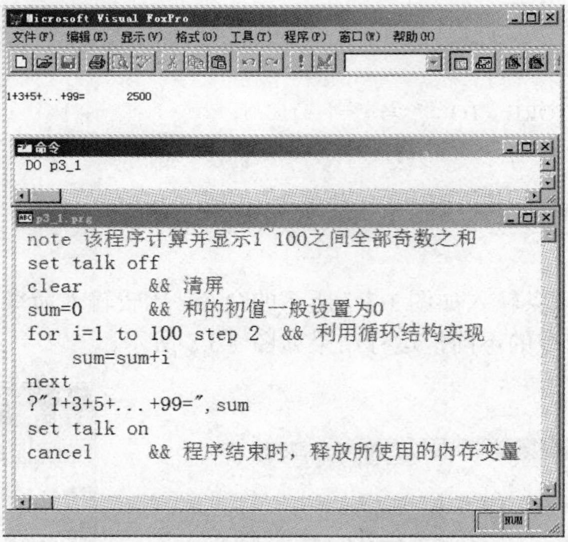

图 1.3.11 p3_1.prg 程序编辑窗口及运行界面

实训 4　数组和函数的使用

一、实训目的与要求

1．了解数组的概念。

2．掌握数组的定义、数组的赋值与数组元素的引用。

3．掌握常用函数的功能及操作。

二、实训内容与操作步骤

1．在 Visual FoxPro 系统中，练习数组的基本操作。

在“命令”窗口中逐条输入如图 1.4.1 所示的命令，完成数组的定义、赋值及数组元素的引用，运行结果如图 1.4.2 所示。

图 1.4.1　数组的相关命令

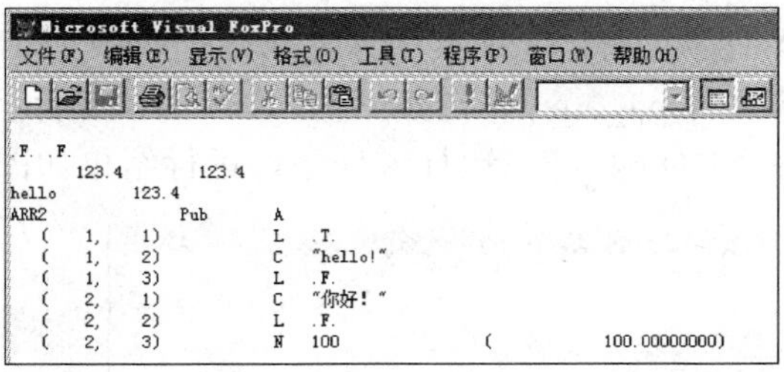

图 1.4.2　执行命令后的相应结果

想一想

① 数组元素的初值是什么？

② 对于多维数组，其在内存中是怎样存放的？能否在引用中用一维数组替代？

③ 数组名能否被引用？

2．在 Visual FoxPro 系统中，通过完成以下两个程序进行数组的综合练习。

（1）设计一个名为 p4_1.prg 的程序，程序的功能是打印杨辉三角形。

在“命令”窗口中输入命令“MODIFY COMMAND p4_1”，按 Enter 键后创建并打开程序文件 p4_1.prg，在其中输入如图 1.4.3 所示的程序，保存程序后，在“命令”窗口中输入命令“DO p4_1”并运行该程序，运行结果如图 1.4.4 所示。

想一想

在 p4_1.prg 程序中，为什么要把二维数组的初值赋为 0？

还有其他什么方法可将数组的所有元素赋值为一个相同的值？

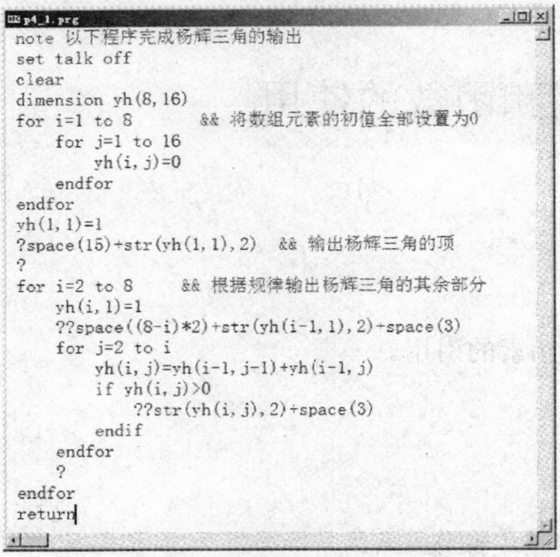

p4_1.prg
note 以下程序完成杨辉三角的输出
set talk off
clear
?"原来的矩阵："
dimension yh(8,16)
for i=1 to 8 && 将数组元素的初值全部设置为0
for j=1 to 16
yh(i,j)=0
endfor
endfor
yh(1,1)=1
?space(15)+str(yh(1,1),2) && 输出杨辉三角的顶
?
for i=2 to 8 && 根据规律输出杨辉三角的其余部分
yh(i,1)=1
??space((8-i)*2)+str(yh(i-1,1),2)+space(3)
for j=2 to i
yh(i,j)=yh(i-1,j-1)+yh(i-1,j)
if yh(i,j)>0
??str(yh(i,j),2)+space(3)
for i=1 to 3 &&完成转置
for j=1 to 3
if i!=j and i<j
jz(i,j)=jz(j,i)
endif
endfor
?
endfor
return

图 1.4.3 p4_1.prg 程序文件

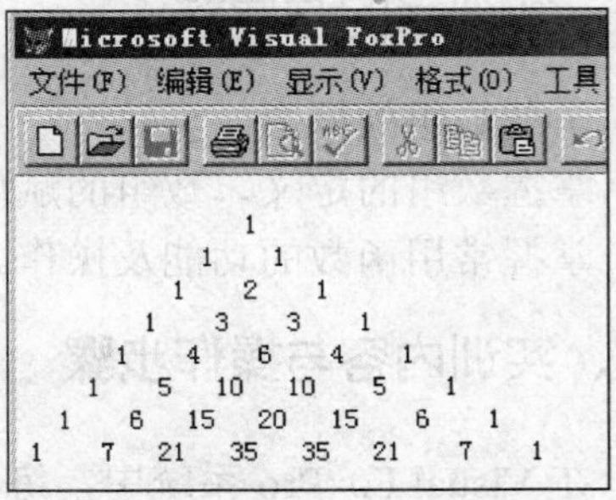

图 1.4.4 p4_1.prg 运行结果

（2）设计一个程序，文件名为 p4_2.prg，程序的功能是完成矩阵的转置。

打开“命令”窗口，在其中输入命令“MODIFY COMMAND p4_2”，按 Enter 键后创建并打开程序文件 p4_2.prg，在其中输入如图 1.4.5 所示的程序，程序保存后，在“命令”窗口中输入命令“DO p4_2”，运行该程序，运行结果如图 1.4.6 所示。

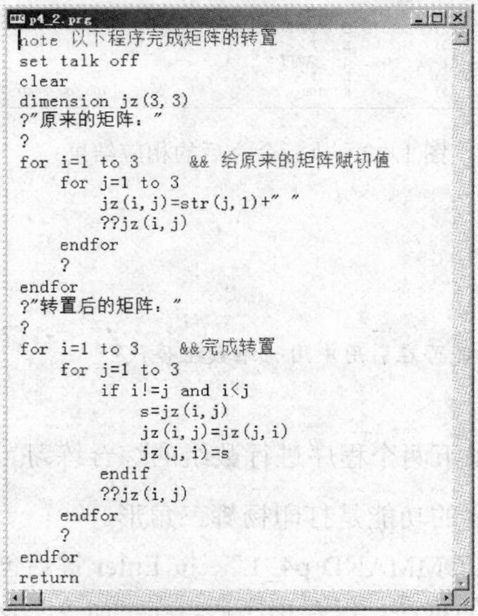

for j=1 to 3
jz(i,j)=str(j,1)+" "

?"转置后的矩阵："

图 1.4.5 p4_2.prg 程序文件

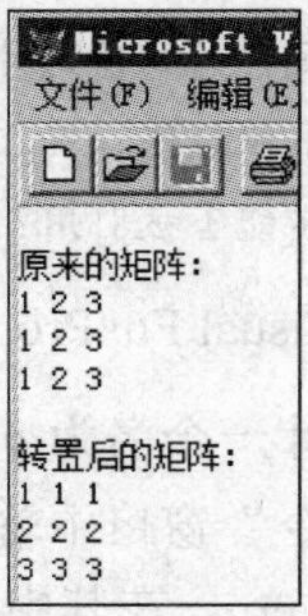

原来的矩阵:

转置后的矩阵:

图 1.4.6 p4_2.prg 运行结果

3．在 Visual FoxPro 系统中，熟悉常用函数的功能。

（1）掌握常用字符函数的功能。

在“命令”窗口中逐条输入如图 1.4.7 所示的函数，运行结果如图 1.4.8 所示。

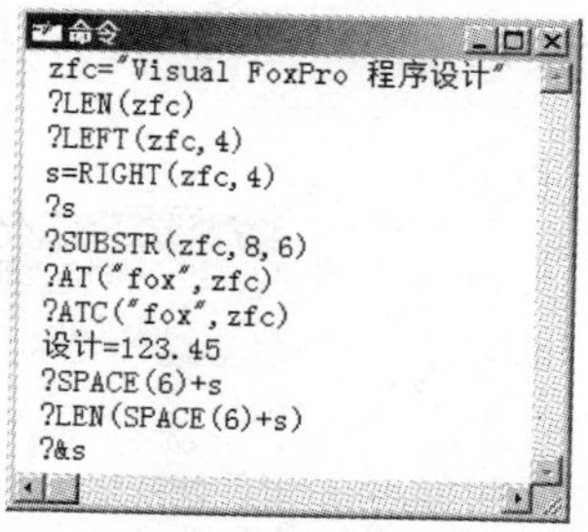

图 1.4.7 字符函数练习

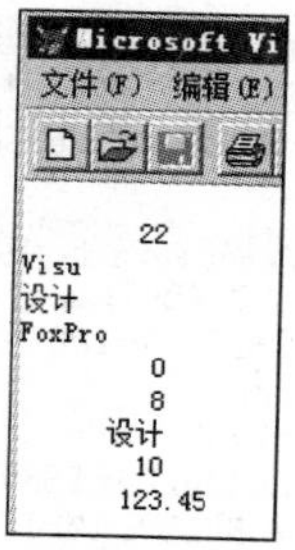

图 1.4.8 执行函数后的相应结果

（2）掌握常用数值函数的功能。

在“命令”窗口中逐条输入如图 1.4.9 所示的函数，运行结果如图 1.4.10 所示。

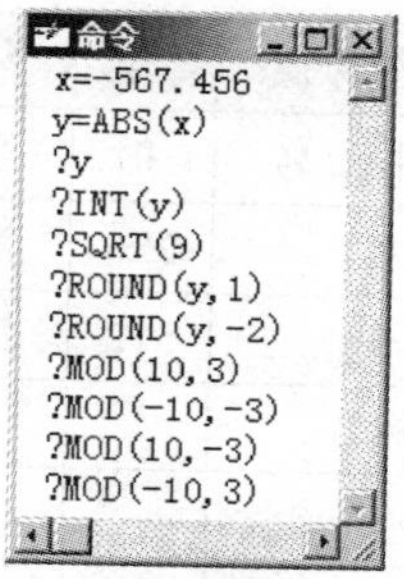

图 1.4.9 数值函数练习

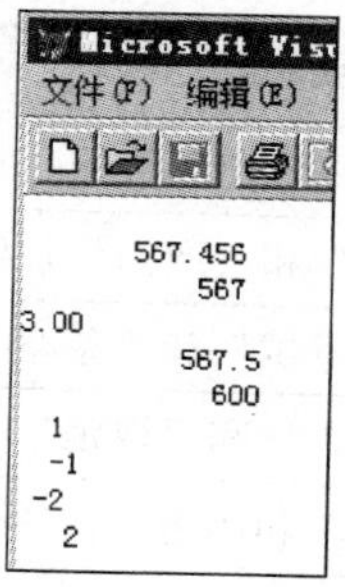

图 1.4.10 执行数值函数后的相应结果

（3）掌握常用日期/日期时间型函数的功能。

在“命令”窗口中逐条输入如图 1.4.11 所示的函数，运行结果如图 1.4.12 所示。

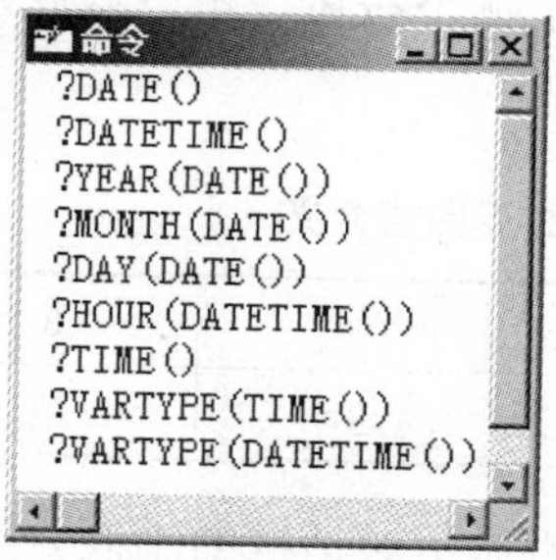

图 1.4.11 日期/日期时间型函数练习

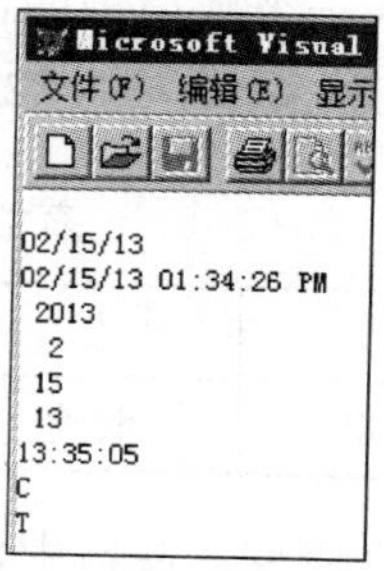

图 1.4.12 执行日期/日期时间型函数后的相应结果

（4）掌握其他常用函数的功能。

在“命令”窗口中逐条输入如图 1.4.13 所示的函数，运行结果如图 1.4.14 所示。

（5）MESSAGEBOX()函数

MESSAGEBOX()函数是全国计算机等级考试二级 Visual FoxPro 的重点考试内容，可以显示一个自定义的对话框。语法格式为：

MESSAGEBOX(提示信息[,对话框的属性[,对话框窗口标题]])

其中，“提示信息”用来设置对话框中所显示的提示文字，为字符型。“对话框的属型”

用于确定对话框中按钮、图标等的属性，由 3 项数字（相加）组成，各项含义如表 1.4.1 所示。当省略该项时，等同于值为 0。

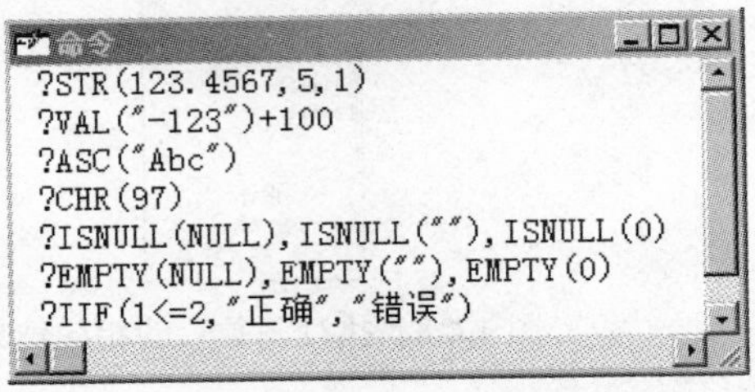

图 1.4.13　其他常用函数练习

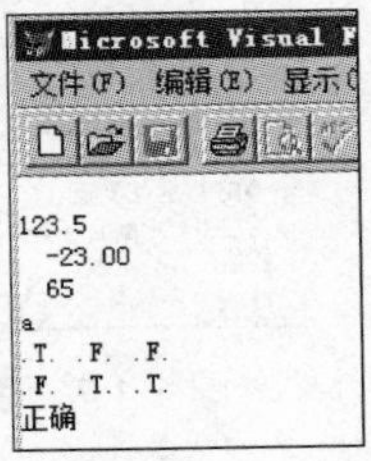

图 1.4.14　执行其他常用函数后的相应结果

表 1.4.1　MESSAGEBOX ( )函数中的参数“对话框的属型”的数字含义

第 1 个数字表示按钮值		第 2 个数字表示图标值		第 3 个数字表示默认按钮	
0	只有“确定”按钮	16	红色停止图标 ×	0	第 1 个按钮获得焦点
1	有“确定”和“取消”按钮	32	问号 ?	256	第 2 个按钮获得焦点
2	有“终止”、“重试”和“忽略”按钮	48	感叹号 !	512	第 3 个按钮获得焦点
3	有“是”、“否”和“取消”按钮	64	信息图标 i		
4	有“是”和“否”按钮				
5	有“重试”和“取消”按钮				

“对话框窗口标题”用于指定对话框窗口标题栏中的文本。若省略，标题栏中将显示“Microsoft Visual FoxPro”。

该函数返回一个数值型的值，其值代表用户选取了哪个按钮，可以据此决定下一步该做什么。键值对应关系如表 1.4.2 所示。

表 1.4.2　MESSAGEBOX( )函数返回值含义

返回值	1	2	3	4	5	6	7
按钮	确定	取消	终止	重试	忽略	是	否

举例：在“命令”窗口中设置不同的参数，观察所显示对话框的不同。第 2 个参数为 16 时的运行结果如图 1.4.15 所示；第 2 个参数为“16+3+512”时的运行结果如图 1.4.16 所示。

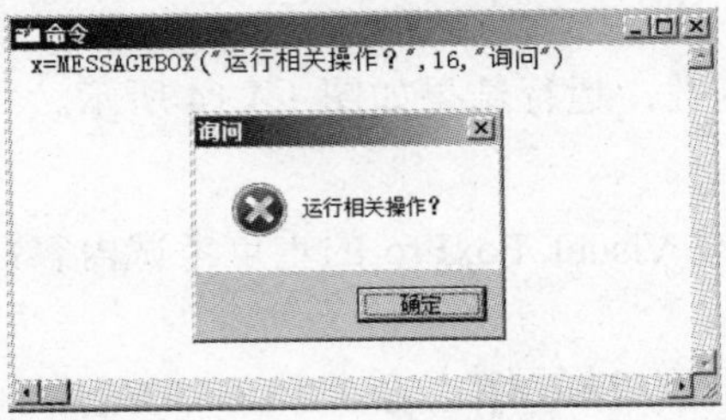

图 1.4.15　第 2 个参数为 16 时的运行结果

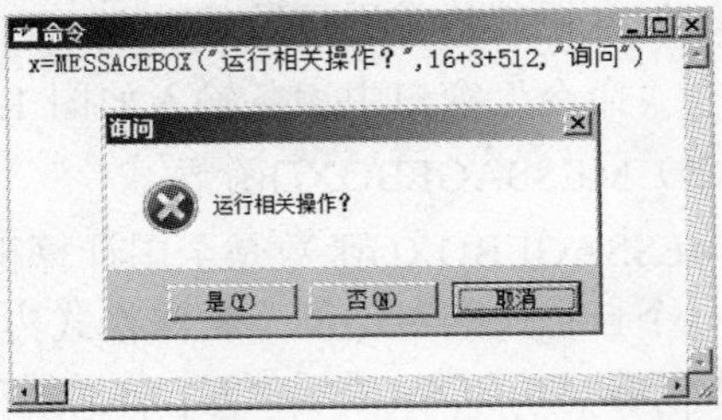

图 1.4.16　第 2 个参数为“16+3+512”时的运行结果

实训 5　数据库的创建与数据库表的基本操作

一、实训目的与要求

1．熟练掌握数据库的建立、打开、关闭等操作。

2．掌握数据库表之间永久关系的创建和编辑方法。

3．了解表、字段与记录属性的设置。

4．理解参照完整性的概念与操作。

二、实训内容与操作步骤

1．在 E:\myvfp 中创建一个名为“学生管理”的数据库。

启动 Visual FoxPro，打开“实训 1”中建立的项目“lizx.pjx”，选择“数据”选项卡，再选择“数据库”，然后单击“新建”按钮，在弹出的“新建数据库”对话框中单击“新建数据库”按钮，或在“命令”窗口中输入命令“CREATE DATABASE”，在弹出的“创建”对话框中输入数据库名“学生管理”，单击“保存”按钮，进入“数据库设计器”。

2．在数据库“学生管理.dbc”中建立 3 个数据库表，表的结构分别如下，表的内容如图 1.5.1 所示，并浏览 3 个表的内容。

学生信息.dbf：学号（C，8），姓名（C，8），性别（C，2），年龄（N，3），年级（C，6），班级（C，8）。

课程.dbf：课程号（C，4），课程名（C，14）。

成绩.dbf：学号（C，8），课程号（C，4），成绩（N，3）。

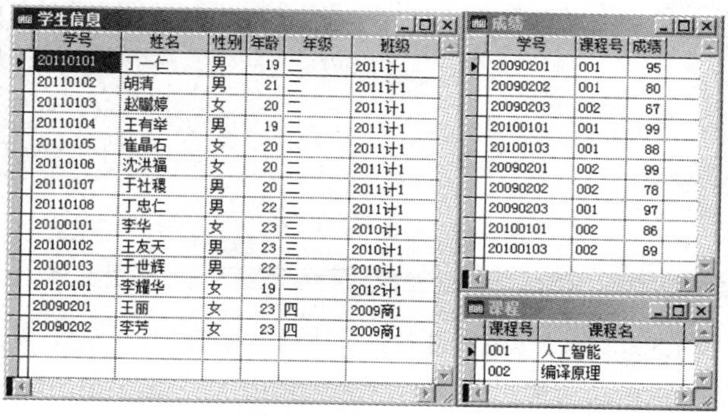

学生信息

学号	姓名	性别	年龄	年级	班级
20110101	丁一仁	男	19	二	2011计1
20110102	胡清	男	21	二	2011计1
20110103	赵鹂婷	女	20	二	2011计1
20110104	王有举	男	19	二	2011计1
20110105	崔晶石	女	20	二	2011计1
20110106	沈洪福	女	20	二	2011计1
20110107	于社稷	男	20	二	2011计1
20110108	丁忠仁	男	22	二	2011计1
20100101	李华	女	23	三	2010计1
20100102	王友天	男	23	三	2010计1
20100103	于世辉	男	22	三	2010计1
20120101	李耀华	女	19	一	2012计1
20090201	王丽	女	23	四	2009商1
20090202	李芳	女	23	四	2009商1

成绩

学号	课程号	成绩
20090201	001	95
20090202	001	80
20090203	002	67
20100101	001	99
20100103	001	88
20090201	002	99
20090202	002	78
20090203	001	97
20100101	002	86
20100103	002	69

课程

课程号	课程名
001	人工智能
002	编译原理

图 1.5.1　“学生管理”数据库中各表的内容

在“数据库设计器”的空白区域单击鼠标右键，在弹出的快捷菜单中选择【新建表】命令，或在“项目管理器-lizx”对话框中展开数据库“学生管理”，然后选择“表”选项，单击“新建”按钮，或在“命令”窗口中输入命令“CREATE”，在弹出的“创建”对话框中输入表名“学生信息”，单击“保存“按钮，进入“表设计器”设计表。采用同样的方法在“数据库设计器-学生管理”窗口中创建另外两个表“课程”和“成绩”，如图 1.5.2 所示。

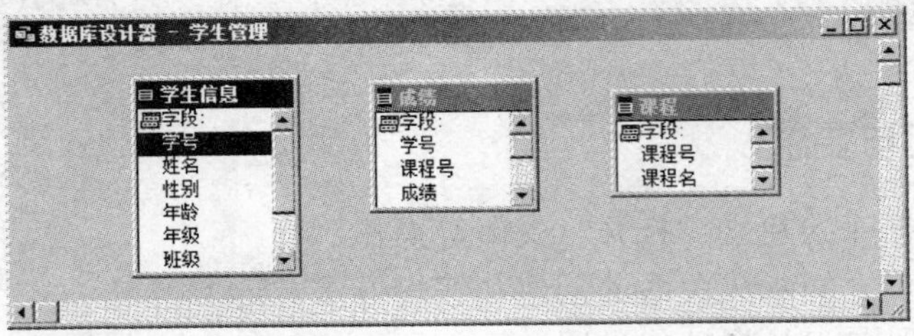

图 1.5.2　3 个数据库表

3．建立“学生信息”表和“成绩”表之间的联系以及“课程”表和“成绩”表之间的联系。

（1）建立索引。

打开“数据库设计器-学生管理”窗口，在“学生信息”表的任意位置单击鼠标右键，在弹出的快捷菜单中选择【修改】命令，打开“学生信息”表设计器，在“索引”选项卡中以“学号”字段建立同名的主索引，如图 1.5.3 所示。以同样的方法在“课程”表中以“课程号”字段建立同名的主索引；在“成绩”表中分别以“学号”与“课程号”字段建立两个普通索引。

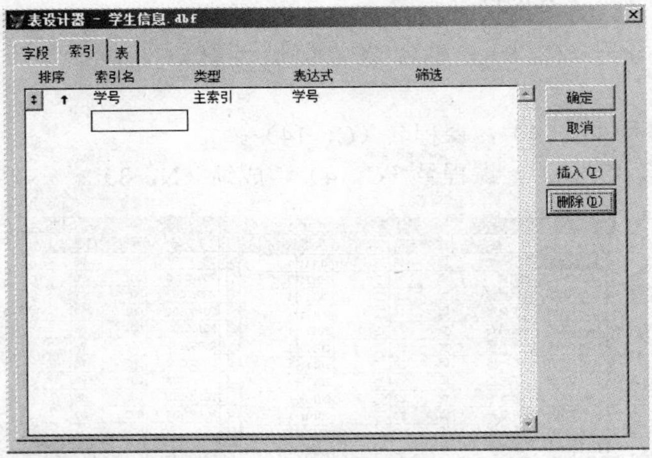

图 1.5.3　在“学生信息”表设计器中建立“学号”主索引

（2）建立关系。

在“数据库设计器-学生管理”窗口中选择表“学生信息”索引字段中的“学号”，并将其拖曳至表“成绩”索引字段中的“学号”处释放鼠标；选择表“课程”索引字段中的“课程号”，并将其拖曳至表“成绩”索引字段中“课程号”处释放鼠标。至此，3 个表间的永久关系就建立起来了，如图 1.5.4 所示。

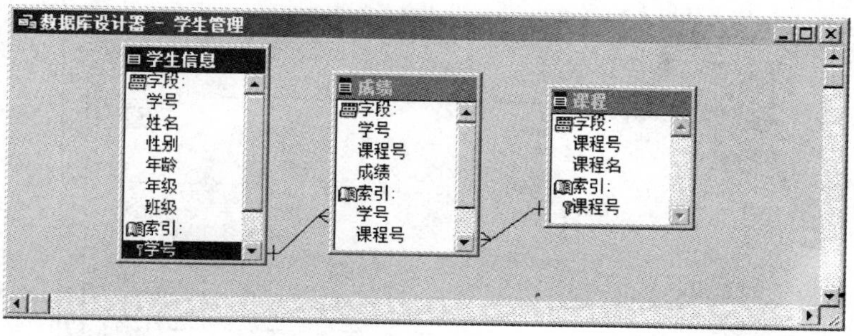

图 1.5.4　建立表之间的关联

4. 定义“学生信息”表和“成绩”表之间的参照完整性规则，定义删除规则为“级联”，定义更新规则和插入规则为“限制”。

打开“数据库设计器-学生管理”窗口，将鼠标指针指向表“学生信息”与表“成绩”之间的连线，并单击鼠标右键，在弹出的快捷菜单中选择【编辑参照完整性】命令，在“参照完整性生成器”对话框的“插入规则”选项卡中，选择父表为“学生信息”，子表为“成绩”所在的行，选择“更新”为“限制”，选择“删除”为“级联”，选择“插入”为“限制”，如图 1.5.5 所示。

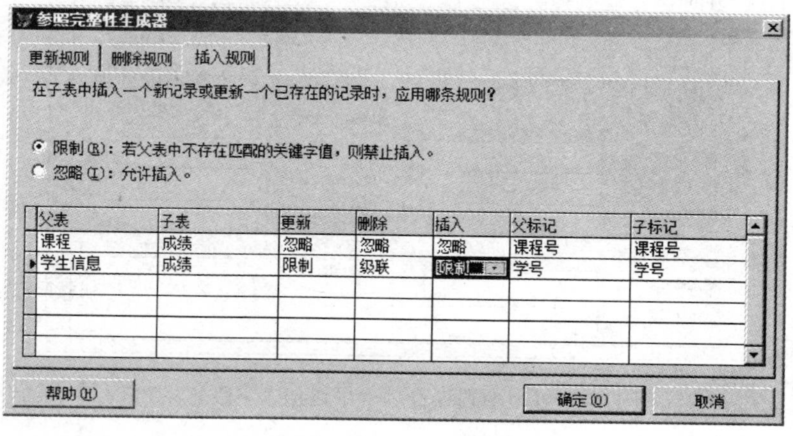

图 1.5.5　设置表之间的参照完整性

5. 给数据库“学生管理”中的“课程”表添加注释“学校所有课程表”，为“课程”表的字段“课程名”添加注释“每门课程的全称”。

① 打开“项目管理器-lizx”对话框，展开“数据库”，选择数据库“学生管理”并将其展开，选择“课程”表，单击“修改”按钮，进入“表设计器-课程.dbf”对话框。选择其中的“表”选项卡，在“表注释”文本框中输入“学校所有课程表”，如图 1.5.6 所示。

② 在图 1.5.6 中，选择“字段”选项卡，选择“课程名”字段，在“字段注释”文本框中输入“每门课程的全称”，如图 1.5.7 所示。

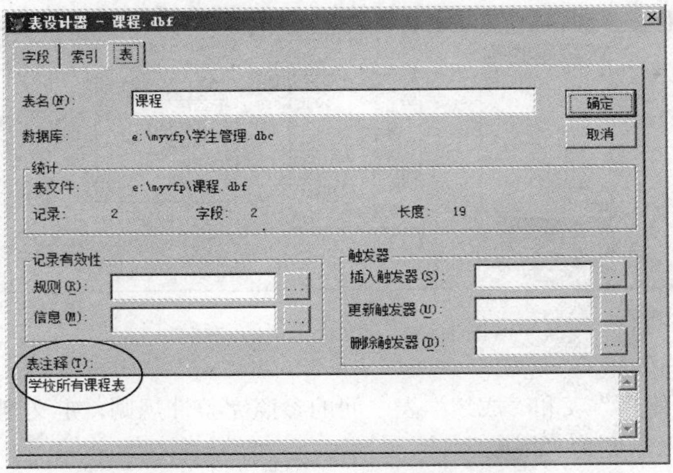

图 1.5.6　在“表”选项卡中添加“表注释”

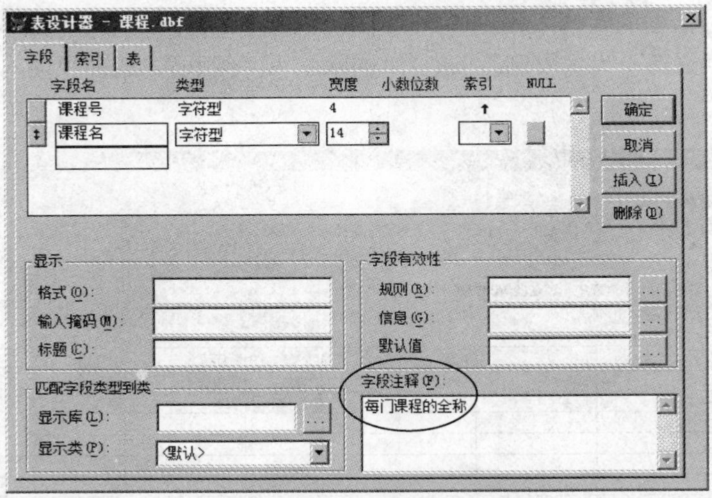

图 1.5.7　在“字段”选项卡中添加“字段注释”

6．为数据库表“成绩”建立字段有效性规则“成绩>=0 .and. 成绩<=100”，错误提示信息为“120”。设置完成后，修改“成绩”表中任一记录的“成绩”字段，观察执行情况。

打开“项目管理器-lizx”对话框，在“数据库”列表中选择“成绩”表，单击“修改”按钮。在打开的“表设计器-成绩.dbf”对话框中选择要建立规则的字段名“成绩”，单击“字段有效性”选项组中的“规则”文本框右侧的按钮，在随后打开的“表达式生成器”对话框中设置有效性表达式为“成绩>=0 .AND. 成绩<=100”，单击“确定”按钮，在“信息”文本框中输入"120"，单击“确定”按钮，如图 1.5.8 所示。

打开“成绩”表的浏览界面，修改任一记录中“成绩”字段的值为“101”，按 Ctrl+W 组合键，这时会看到如图 1.5.9 所示的提示信息框。

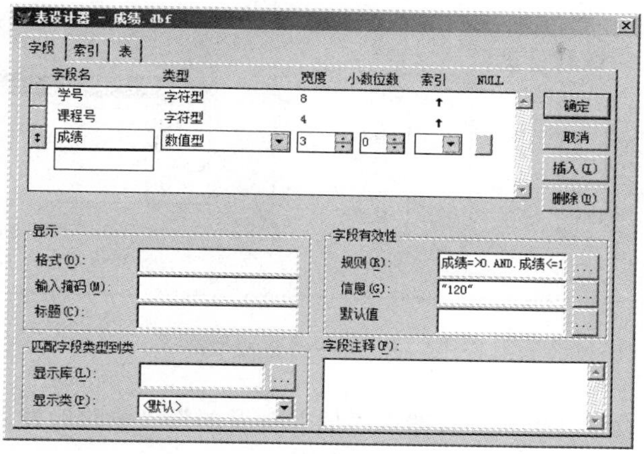

图 1.5.8　设置字段有效性规则

图 1.5.9　提示信息框

7．将数据库表“课程”重命名为“本科学生 2012 年课程表”。

在“数据库设计器-学生管理”窗口中选择“课程”表，在其上单击鼠标右键，在弹出的快捷菜单中选择【修改】命令，进入“表设计器-课程.dbf”对话框。选择“表”选项卡，在“表名”文本框中输入“本科学生 2012 年课程表”，如图 1.5.10 所示。单击“确定”按钮。返回“数据库设计器-学生管理”窗口，观察“课程”表的表名，此时变为长表名“本科学生 2012 年课程表”，如图 1.5.11 所示。

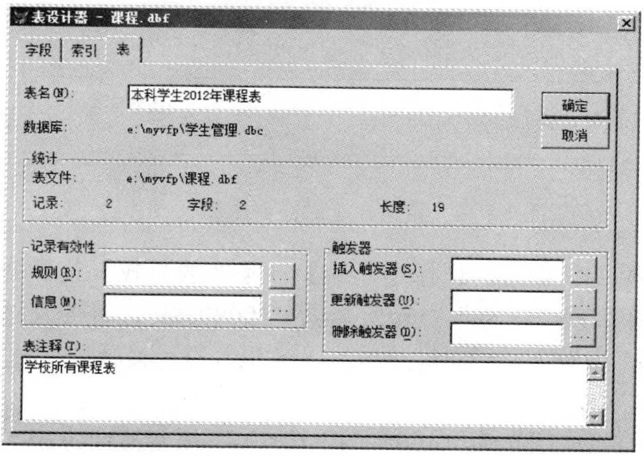

图 1.5.10　重命名表名

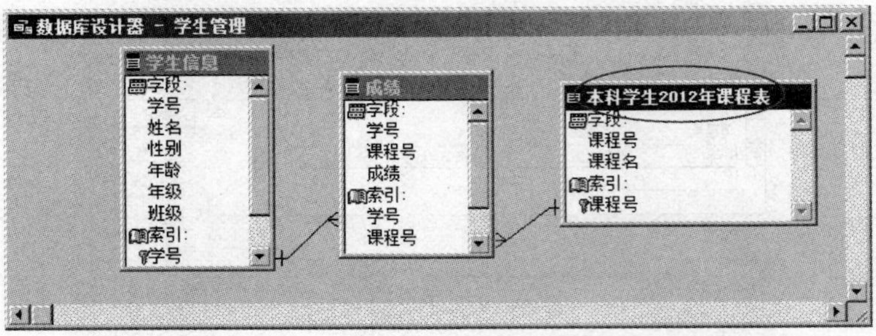

图 1.5.11　重命名表名后的表

8. 为“成绩”表设置“更新触发器”、“插入触发器”、“删除触发器”的逻辑表达式，然后修改“成绩”表中的数据，理解触发器的作用。

在“数据库设计器-学生管理”窗口中，用鼠标右键单击“成绩”表，在弹出的快捷菜单中选择【修改】命令，启动“表设计器-成绩.dbf”对话框。在“表”选项卡中，单击“触发器“选项组中的“插入触发器”文本框右侧的按钮...，弹出“表达式生成器”对话框。定义表达式为“课程号<="004"”，单击“确定”按钮。按照上述方法定义“更新触发器”的表达式为“.f.”，定义“删除触发器”的表达式为“.F.”，定义 3 个触发器后的表设计器如图 1.5.12 所示。单击“确定”按钮，再单击随后弹出的询问框中的“是”按钮，返回“数据库设计器-学生管理”窗口。

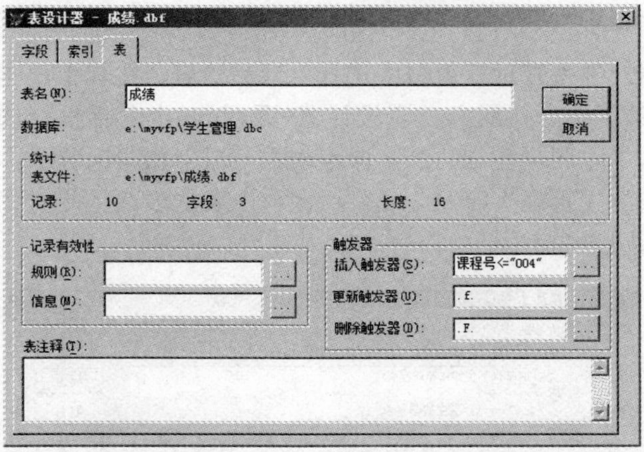

图 1.5.12　定义 3 个触发器后的表设计器

打开“成绩”表的浏览界面，选择【显示】→【追加方式】菜单命令，在“成绩”表的末尾追加一条记录。在字段“学号”中输入数据“20090109”，在字段“课程号”中输入数值“005”，在字段“成绩”中输入数值 88，按 Ctrl+W 组合键，会弹出“触发器失败”的消息框，如图 1.5.13 所示。

修改第一条记录的“成绩”为“100”，按 Ctrl+W 组合键会弹出“触发器失败”的消息框，同时会看到第一条记录的“成绩”仍为原来的“95”。

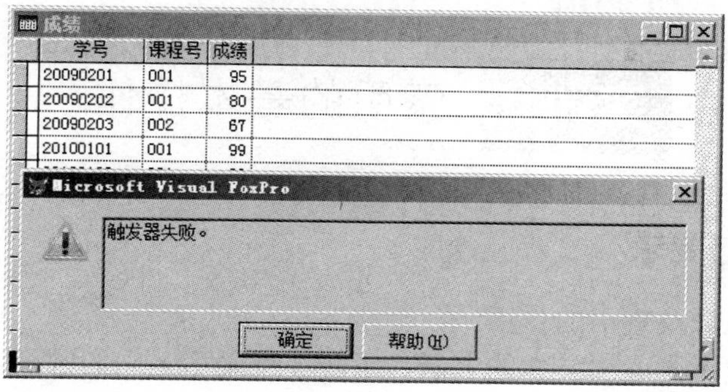

图 1.5.13 插入记录后显示的“触发器失败”消息框

要删除第一条记录，按 Ctrl+W 组合键会弹出“触发器失败”的消息框，同时会看到第一条记录不能被删除。单击“确定”按钮，可返回“数据库设计器-学生管理”窗口。

要关闭数据库，在“命令”窗口中输入“CLOSE DATABASE”，按 Enter 键即可。

注意

数据库与表之间的关系，数据库中的表与自由表之间的差异。

实训 6　索引的基本操作

一、实训目的与要求

1．理解索引的概念及索引的作用。

2．熟练掌握创建不同索引文件的方法，了解 4 种索引之间的区别。

3．熟练掌握索引文件的打开和关闭方法。

二、实训内容与操作步骤

1．以“学号”、“课程号”分别为主关键字、次关键字，在“成绩”表中建立单索引文件。

① 在“命令”窗口中输入命令“USE 成绩.dbf”。

② 在“命令”窗口中接着输入命令“LIST”，显示建立索引前表中记录的排列情况，如图 1.6.1 所示。

③ 在“命令”窗口中输入命令“INDEX ON 学号+课程号 TO xhkchidx”。

④ 输入命令“LIST”，按 Enter 键，运行结果如图 1.6.2 所示。

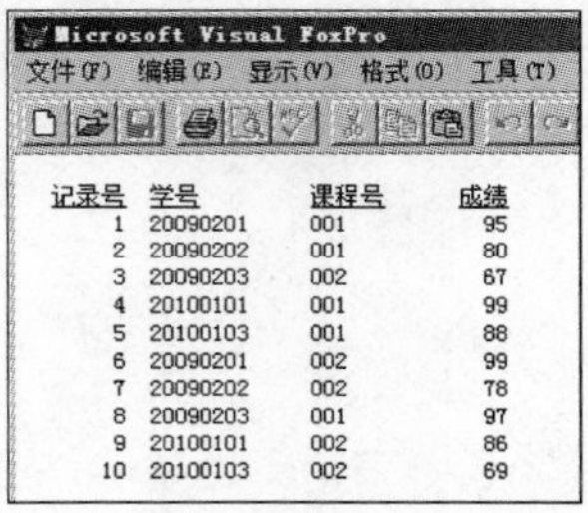

图 1.6.1　建立索引前“成绩”表中的记录排列

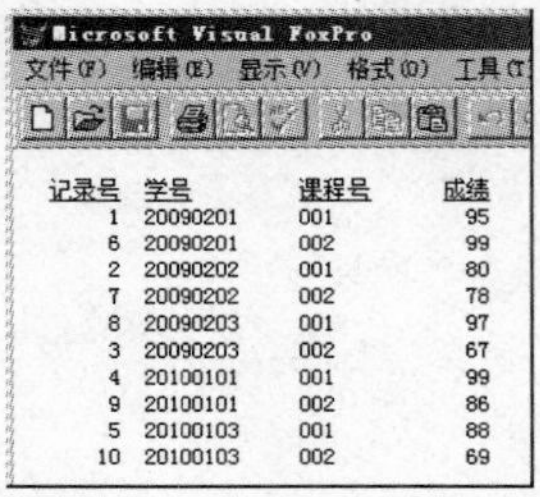

图 1.6.2　以“学号+课程号”索引后的运行结果

⑤ 在“命令”窗口中输入命令“INDEX ON -成绩 TO cjidx”。

⑥ 接着输入命令“LIST”并按 Enter 键，运行结果如图 1.6.3 所示。

在“命令”窗口中建立索引所输入的命令序列如图 1.6.4 所示。

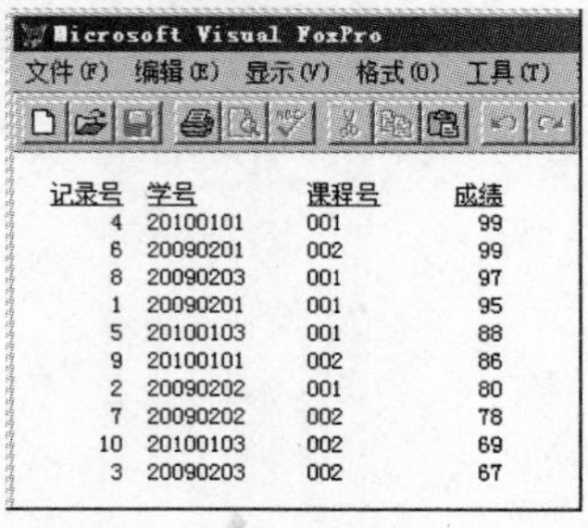

图 1.6.3　按“成绩”降序排列后的索引文件的记录排列

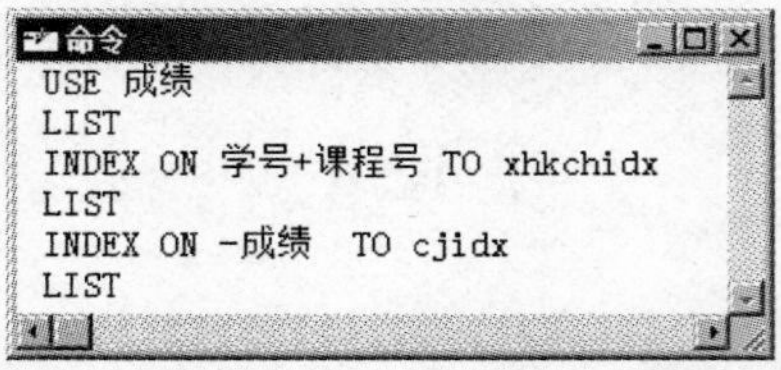

图 1.6.4　建立单索引文件的命令序列

注意

单索引文件不能降序排列。

2．为“成绩”表建立一个结构化复合索引文件，其中包含 3 个索引：以“学号”为升序建立普通索引；以“学号”升序排列，在“学号”相同的情况下再按照“成绩”升序排列建立普通索引；以“学号”降序排列，在“学号”相同的情况下再按“成绩”升序排列建立普通索引。建立另一个结构化复合索引，以“学号+课程号”作为索引表达式，以“xh_kc”作为索引标记。具体操作步骤如下。

① 在“命令”窗口中输入命令“USE 成绩.dbf”，打开“成绩”表。

② 在“命令”窗口中输入命令“INDEX ON 学号 TAG XH ASCENDING”，按 Enter 键后，再输入命令“LIST”，观察显示结果。

③ 在“命令”窗口中输入命令“INDEX ON 学号+STR(成绩,5,2) TAG ghdwje”，按 Enter 键后，再输入命令“LIST”，观察显示结果。

④ 在“命令”窗口中输入命令“INDEX ON 学号-STR(成绩,5,1) TAG XHCJ DESCENDING”，按 Enter 键后，再输入命令“LIST”，观察显示结果。

⑤ 在“命令”窗口内输入命令“INDEX ON 学号+课程号 TAG xh_kc”，建立索引。

⑥ 选择【显示】→【表设计器】菜单命令，在打开的“表设计器-成绩.dbf”对话框中选择“索引”选项卡，可看到通过以上命令所建立的 4 个索引，如图 1.6.5 所示。

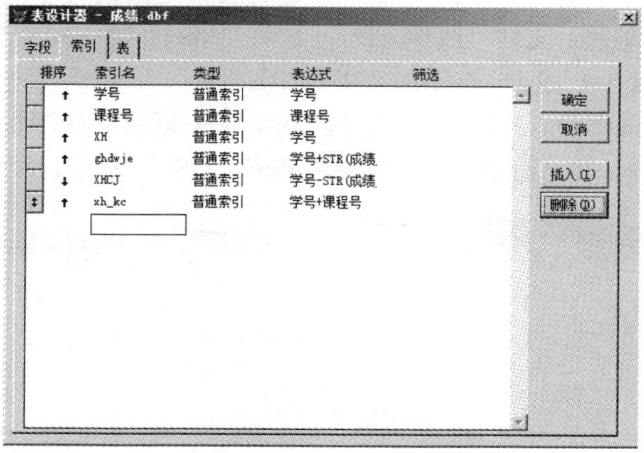

图 1.6.5　为“成绩”表建立的 4 个索引

3．在“成绩”表中删除“ghdwje”索引标记；练习调整索引标记的位置；修改“xh_kc”索引标记为“xhkc”，并将其索引类型修改为“主索引”。

① 打开“表设计器-成绩.dbf”对话框，选择“索引”选项卡。

② 选择“索引名”栏中的“ghdwje”，单击右侧的“删除”按钮。

③ 将鼠标指针移至“XH”索引名所在行的左边的移动按钮上，当鼠标指针形状变成↕时，

按住鼠标左键向上拖曳至“学号”索引标记处，释放鼠标，即可完成调整。

④ 选择“xh_kc”索引名，将索引名改为“xhkc”，修改其索引类型为“主索引”，单击“确定”按钮。

4. 练习打开索引文件的两种方法：打开表的同时打开索引文件；打开表后再打开索引文件。

（1）打开表的同时打开索引文件。打开本实训所建立的单索引文件“xhkchidx.idx”、“cjidx.idx”和“成绩.cdx”，并将“xhkchidx”设置为主控索引。以独占方式打开“成绩”表，同时打开单索引文件。

① 在“命令”窗口中输入“USE 成绩 INDEX xhkchidx,cjidx EXCLUSIVE”，接着输入“LIST”命令，查看表中记录的排序情况。

② 以独占方式打开“成绩”表，同时打开结构化复合索引文件“成绩.cdx”，将其中的“xh”索引标记设置为主控索引。在“命令”窗口中输入命令“USE 成绩.dbf INDEX 成绩.cdx ORDER xh EXCLUSIVE”，接着输入“LIST”命令，查看表中记录的排序情况。最后输入“USE”关闭“成绩”表。命令序列如图 1.6.6 所示。

（2）打开表后再打开索引文件。打开本实训所建立的单索引文件“xhkchidx”、“cjidx”和“成绩.cdx”，并将“xhkchidx”设置为主控索引。

① 以独占方式打开“成绩”表。在“命令”窗口中输入“USE 成绩 EXCLUSIVE”命令。

② 打开单索引文件“xhkchidx”和“cjidx”。在“命令”窗口中输入“SET INDEX TO xhkchidx,cjidx ORDER cjidx”命令。

③ 在“命令”窗口中输入“LIST”命令，查看表中记录的排序情况。

④ 打开结构化复合索引文件“成绩.cdx”，设置“xhcj”为主控索引。在“命令”窗口中输入命令“SET INDEX TO 成绩.cdx ORDER xhcj”。

⑤ 在“命令”窗口中输入“LIST”命令，观察表中记录的排序情况。

⑥ 关闭“成绩”表。在“命令”窗口中接着输入“USE”命令。命令序列如图 1.6.7 所示。

```
命令
USE 成绩 INDEX xhkchidx,cjidx EXCLUSIVE
LIST
USE
USE 成绩 INDEX 成绩.cdx ORDER xh EXCLUSIVE
MODIFY STRUCTURE
LIST
USE
```

图 1.6.6 打开表的同时打开索引文件的命令序列

```
命令
USE 成绩 EXCLUSIVE
SET INDEX TO xhkchidx,cjidx ORDER cjidx
LIST
SET INDEX TO 成绩.cdx ORDER xhcj
LIST
USE
```

图 1.6.7 打开表后打开索引文件的命令序列

5. 以独占方式打开“成绩”表，并将“xhcj”设置为主控索引。将表中学号为“20090202”学生的“成绩”值“78”改为“98”，保存所做修改后浏览表，观察表中记录的位置变化；然后将“成绩”值“98”改回原来的“78”，保存所做修改后再浏览，观察该记录的位置变化情况。

① 在“命令”窗口中输入命令“USE 成绩.dbf EXCLUSIVE”，打开表。

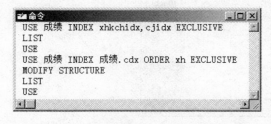

② 设置索引标记“xhcj”为主控索引。在“命令”窗口中输入命令“SET ORDER TO TAG xhcj”。

③ 浏览表中的数据。在“命令”窗口中输入“BROWSE”命令，结果如图 1.6.8 所示。

④ 在浏览窗口中，将学号为“20090202”学生的“成绩”值“78”改为“98”，按 Ctrl+W 组合键存盘。

⑤ 在“命令”窗口中输入命令“BROWSE”，结果如图 1.6.9 所示。记录位置已发生变化。

⑥ 在浏览窗口中，将学号为“20090202”学生的“成绩”值“98”改为“78”，按 Ctrl+W 组合键存盘。

⑦ 在“命令”窗口中，输入命令“BROWSE”，结果如图 1.6.8 所示。

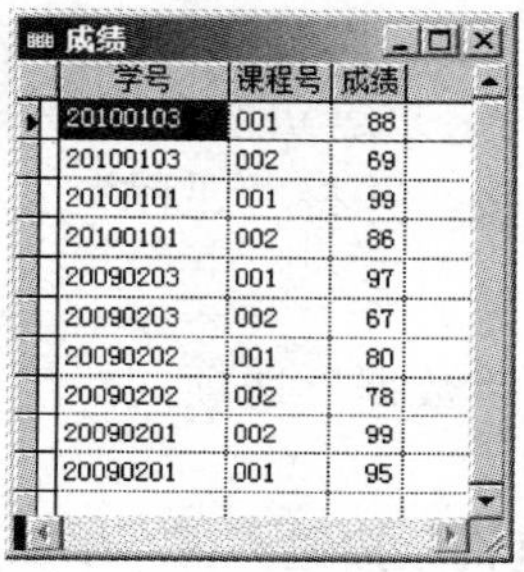

学号	课程号	成绩
20100103	001	88
20100103	002	69
20100101	001	99
20100101	002	86
20090203	001	97
20090203	002	67
20090202	001	80
20090202	002	78
20090201	002	99
20090201	001	95

图 1.6.8 修改前的表记录排序

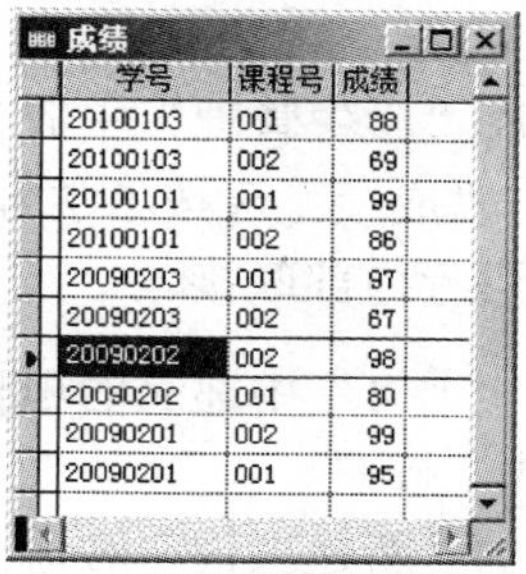

学号	课程号	成绩
20100103	001	88
20100103	002	69
20100101	001	99
20100101	002	86
20090203	001	97
20090203	002	67
20090202	002	98
20090202	001	80
20090201	002	99
20090201	001	95

图 1.6.9 修改后的表记录排序

实训 7　查询设计器的操作

一、实训目的与要求

1. 了解查询的作用。
2. 熟练掌握用“查询设计器”建立查询的方法。
3. 了解查询的输出去向。

二、实训内容与操作步骤

1. 对数据库“学生管理”中的 3 个表进行联接查询，并建立查询文件，命名为查询 1。将“学生”表与“成绩”表按“学号”字段进行内部联接，并将“课程”表与“成绩”表按“课程号”字段进行内部联接。

① 打开“实训 1”中建立的项目“lizx.pjx”，展开“数据”选项，然后选择“查询”选项，单击“新建”按钮。

② 在弹出的“新建查询”对话框中，单击“新建查询”按钮。在“添加表或视图”对话框中，选择“学生管理”数据库，分别选择“数据库中的表”列表框中的表“学生信息”、“成绩”与“课程”，然后分别单击“添加”按钮，最后单击“关闭”按钮打开如图 1.7.1 所示的查询设计器。

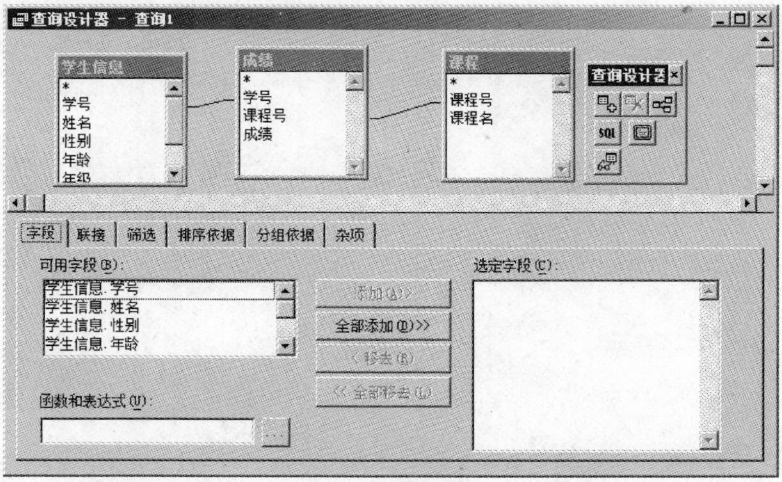

图 1.7.1 “查询 1”查询设计器

③ 双击“学生信息”表和“成绩”表之间的连线，在弹出的“联接条件”对话框中确认是否已经默认设置联接类型为“内部联接”，如无误，单击“确定”按钮，如图 1.7.2 所示。用同样的方法确认“课程”表和“成绩”表之间的联接类型。

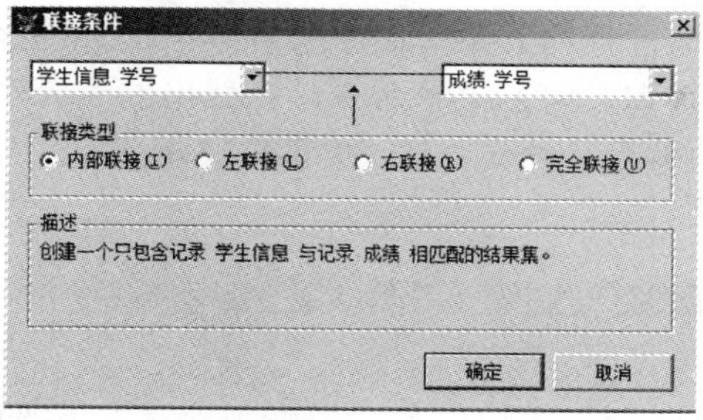

图 1.7.2　在“联接条件”对话框中确认联接类型

2．显示所有课程号为“001”且成绩在 90 分以上（包括 90 分）的学生的学号、姓名、班级、课程名、成绩，并且按“成绩”字段降序排序。将查询结果保存为“结果 1.dbf”，并添加到项目 lizx 的自由表中。

① 在查询设计器中选择“字段”选项卡，在“可用字段”列表框中按住 Ctrl 键的同时选择下列字段：学生信息.学号、学生信息.姓名、学生信息.班级、课程.课程名、成绩.成绩。单击“添加”按钮，将选定字段添加到右侧的“选定字段”列表框中。

② 选择“筛选”选项卡，选定第一条记录的字段名，在下拉列表中选择字段“课程.课程号”；在“条件”下拉列表中选定“=”选项；单击“实例”输入框，输入字符“"001"”，在“逻辑”下拉列表中选择“AND”选项。以同样的方法设置条件：成绩>=90。参数设置如图 1.7.3 所示。

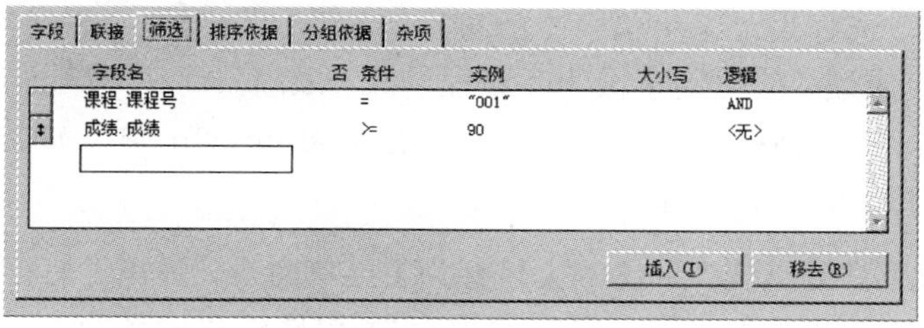

图 1.7.3　设置筛选条件

③ 选择“排序依据”选项卡，选择“选定字段”列表框中的“成绩.成绩”，单击“添加”按钮，设置排序选项为“降序”，如图 1.7.4 所示。

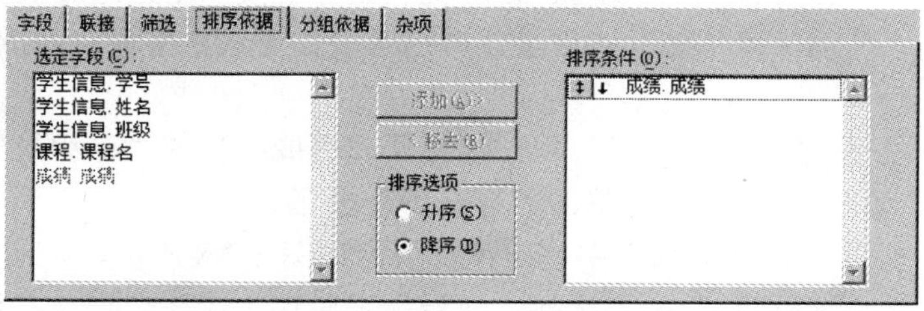

图 1.7.4　设置排序依据

④ 选择【查询】→【运行查询】菜单命令或者单击工具栏上的!按钮，浏览查询结果。

⑤ 选择【查询】→【查询去向】菜单命令，在弹出的“查询去向”对话框中单击“表”按钮，在“表名”文本框中输入“结果 1”，如图 1.7.5 所示，单击“确定”按钮，最后运行该查询。

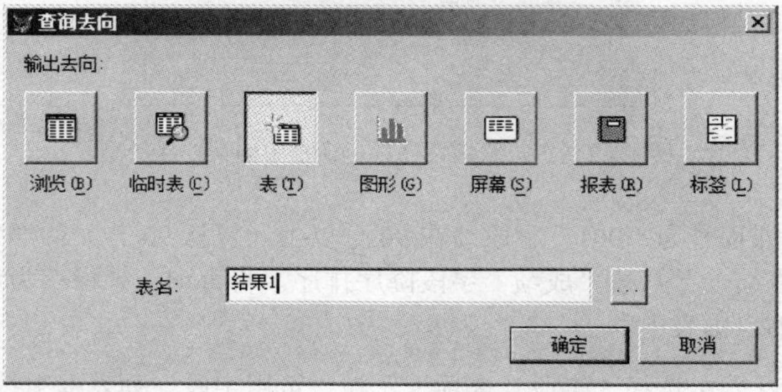

图 1.7.5　设置查询去向

⑥ 在“项目管理器-lizx”对话框中，选择“自由表”选项，单击“添加”按钮，将“结果 1.dbf”添加至自由表。

⑦ 在查询设计器中选择【文件】→【保存】菜单命令，在打开的“另存为”对话框的“保存文档为”文本框中输入“查询 1”，单击“保存”按钮。

3．创建“查询 2”，其他条件不变，将“查询去向”改为“报表”。要求在 E:\myvfp 中创建报表“结果 2”，选择表“学生信息”的可用字段为“学号”、“姓名”、“性别”、“年龄”、“班级”，选择子表“成绩”的可用字段为“课程号”、“成绩”。以“学号”字段关联，并以“学号”字段升序排序，将查询结果以报表的形式保存至 E:\myvfp 中，命名为“结果 2”，并将该报表添加至项目 lizx 的报表文件中。

① 在查询设计器中选择【文件】→【另存为】菜单命令，弹出“另存为”对话框，在“保存文档为”文本框中输入“查询 2”，单击“保存”按钮。

② 在查询设计器中选择【查询】→【查询去向】菜单命令，在弹出的“查询去向”对话框中单击“报表”按钮。单击“打开报表”选项右边的按钮，在弹出的“向导选取”对话框中选择“一对多报表向导”选项，单击“确定”按钮。

③ 在“一对多报表向导”的“步骤 1-从父表选择字段”中，选择父表“学生信息”的“学号”、“姓名”、“性别”、“年龄”、“班级”可用字段作为选定字段，如图 1.7.6 所示，单击“下一步”按钮。

④ 在“步骤 2-从子表选择字段”中，选择子表“成绩”的“课程号”、“成绩”可用字段作为选定字段，如图 1.7.7 所示，单击“下一步”按钮。

⑤ 在“步骤 3-为表建立关系”中使用默认值，如图 1.7.8 所示，单击“下一步”按钮。

⑥ 在“步骤 4-排序记录”中，选择“学号”字段作为排序依据，并设置为“升序”排序，如图 1.7.9 所示，单击“下一步”按钮。

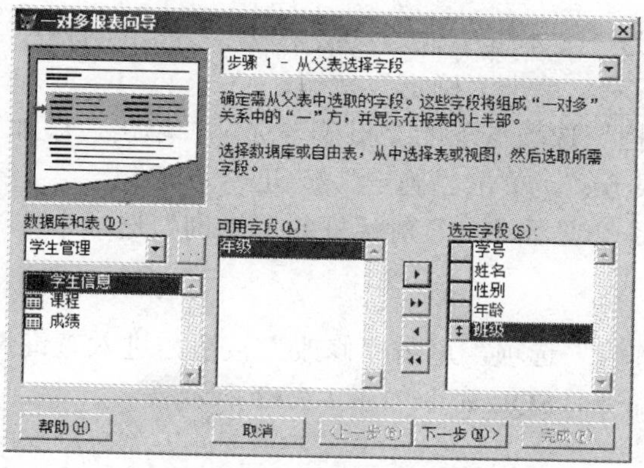

图 1.7.6 步骤 1-从父表选择字段

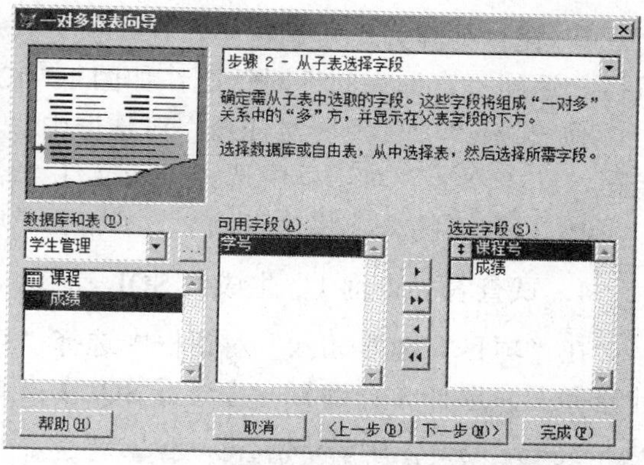

图 1.7.7 步骤 2-从子表选择字段

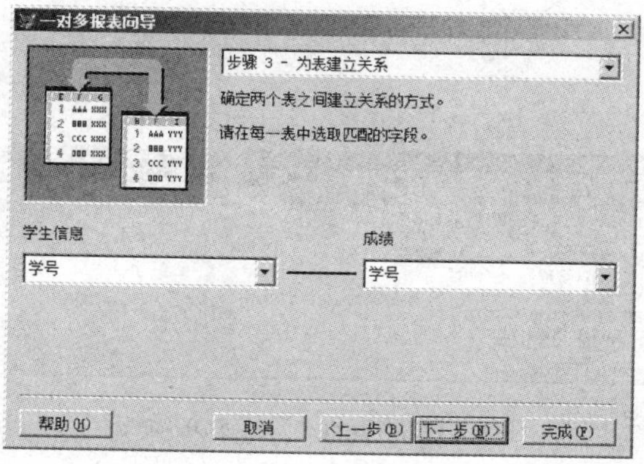

图 1.7.8 步骤 3-为表建立关系

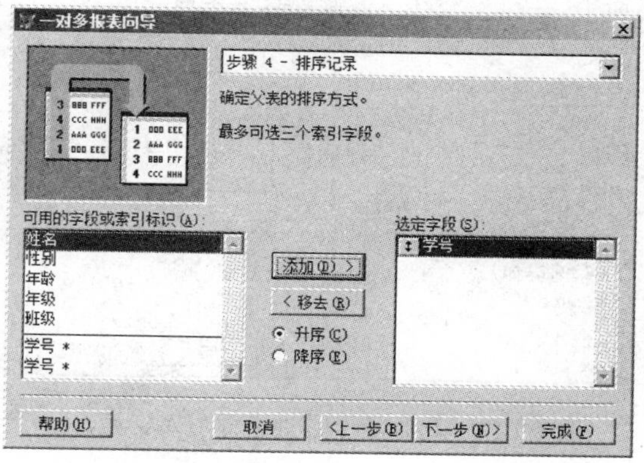

图 1.7.9 步骤 4-排序记录

⑦ 在"步骤 5-选择报表样式"中使用默认值（样式：经营式，方向：纵向），如图 1.7.10 所示，单击"下一步"按钮。

⑧ 在"步骤 6-完成"中，输入"报表标题"为"结果 2"，选择"保存报表并在'报表设计器'中修改报表"单选按钮，如图 1.7.11 所示，单击"完成"按钮。

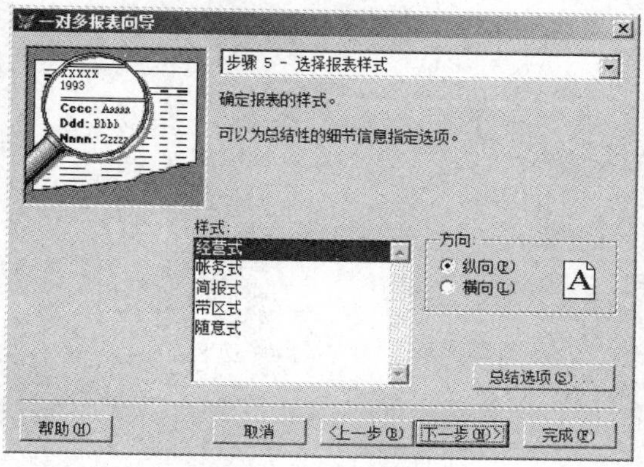

图 1.7.10 步骤 5-选择报表样式

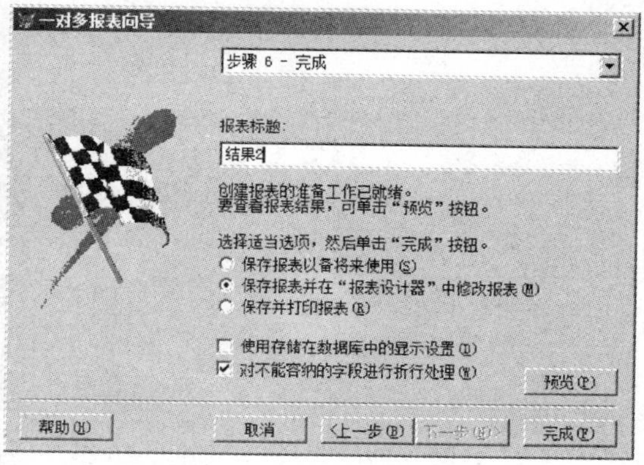

图 1.7.11 步骤 6-完成

⑨ 在“另存为”对话框中，在“保存报表为”文本框中输入“结果 2”，单击“保存”按钮。返回“查询去向”对话框，如图 1.7.12 所示，单击“确定”按钮。

⑩ 选择“项目管理器-lizx”对话框中“文档”选项卡下的“报表”选项，单击“添加”按钮，在“添加”对话框中选择报表文件“结果.frx”，单击“确定”按钮。

⑪ 以同样的方式将“查询 2”添加至“项目管理器-lizx”对话框的“查询”选项中。

4．试查看“查询 1”生成的 SQL 命令。

在“项目管理器-lizx”对话框中选择“查询 1”选项，单击“修改”按钮，进入查询设计器界面，选择【查询】→【查看 SQL】菜单命令，SQL 命令如图 1.7.13 所示。

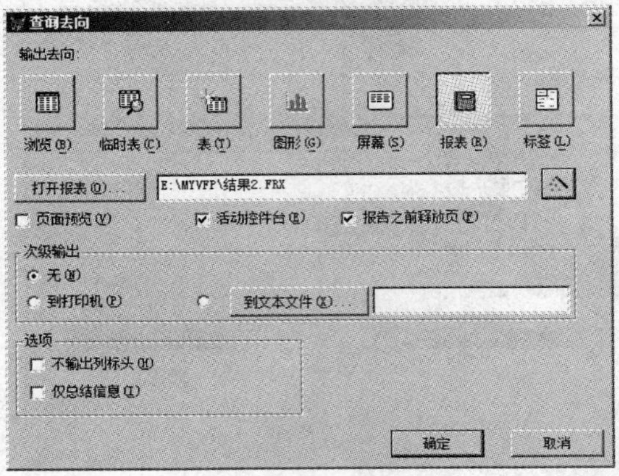

图 1.7.12 此时的“查询去向”对话框

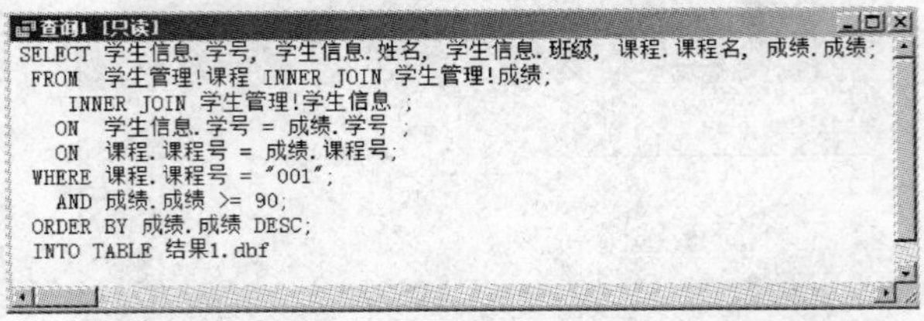

图 1.7.13 “查询 1”的 SQL 命令

实训 8　查询向导操作

一、实训目的与要求

1．熟练掌握用“查询向导”建立单表查询的方法。
2．熟练掌握用“交叉表向导”建立多表查询的方法。

二、实训内容与操作步骤

1．利用“查询向导”创建一个单表查询，从数据库“学生管理”的“课程”表中查询“课程号”为“001”的“课程名”。

① 启动 Visual FoxPro，打开“实训 1”中建立的项目“lizx.pjx”，展开“数据”选项，然后选择“查询”选项，单击“新建”按钮。

② 在弹出的“新建查询”对话框中，单击“查询向导”按钮，启动“向导选取”对话框，选择“查询向导”选项，单击“确定”按钮，打开“查询向导”对话框。

③ 在“查询向导”的“步骤 1-字段选取”中，在“数据库和表”下拉列表框中选择“学生管理”数据库，在其下的列表框中选择“课程”表，单击“添加”按钮 ▸▸，将所有字段添加至“选定字段”列表框中，如图 1.8.1 所示，单击“下一步”按钮。

④ 在“查询向导”的“步骤 3-筛选记录”中，在“字段”下拉列表框中选择“课程.课程号”选项，在“操作符”下拉列表框中选择“等于”选项，在“值”文本框中输入“"001"”，单击“下一步”按钮，如图 1.8.2 所示。

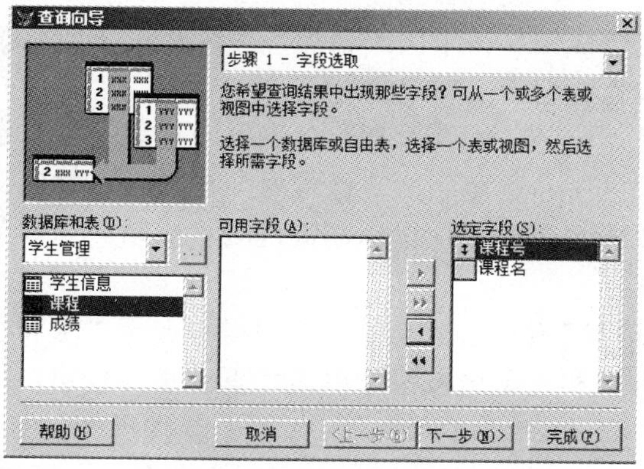

图 1.8.1　步骤 1-字段选取

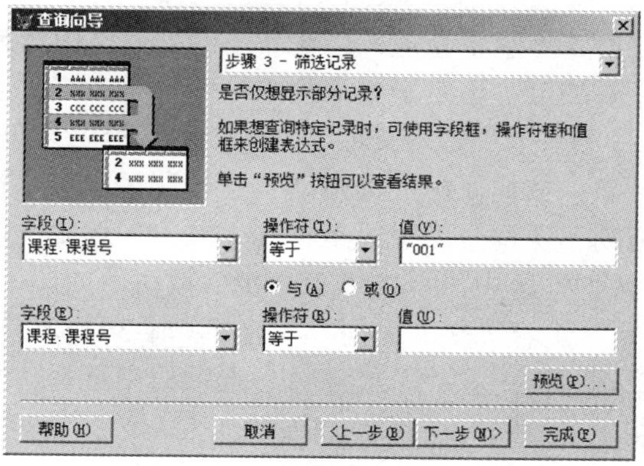

图 1.8.2　步骤 3-筛选记录

⑤ 在“查询向导”的“步骤 4-排序记录”中，在“可用字段”列表框中选择字段“课程.课程号”选项，单击“添加”按钮，可将字段添加到“选定字段”列表框中，选择排序方式为“升序”，单击“下一步”按钮，如图 1.8.3 所示。

⑥ 在“查询向导”的“步骤 4a-限制记录”中，使用默认设置，单击“下一步”按钮。

⑦ 在“查询向导”的“步骤 5-完成”中，单击“预览”按钮，在打开的“预览”窗口中可预览查询结果，如图 1.8.4 所示。

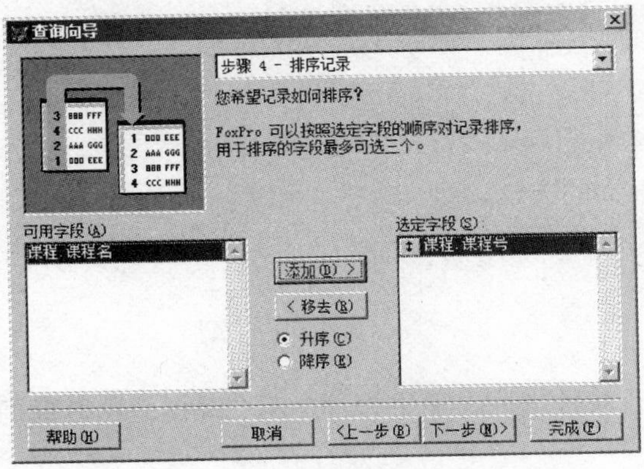

图 1.8.3 步骤 4-排序记录

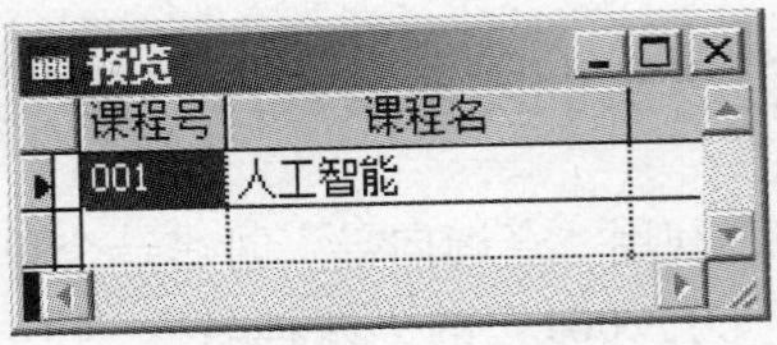

图 1.8.4 “预览”窗口

⑧ 关闭“预览”窗口，选择“保存并运行查询”选项，单击“完成”按钮。在“另存为”对话框的“文件名”文本框中输入查询文件名“课程查询”，单击“保存”按钮，即可看到如图 1.8.4 所示的查询运行结果。

2. 利用“交叉表向导”创建交叉表查询，查询每个学生所有课程的总成绩。

① 在“项目管理器-lizx”对话框中，展开“数据”选项，然后选择“查询”选项，单击“新建”按钮。

② 在弹出的“新建查询”对话框中，单击“查询向导”按钮，打开“向导选取”对话框，选择“交叉表向导”选项，单击“确定”按钮，打开“交叉表向导”对话框。

③ 在“交叉表向导”的“步骤 1-字段选取”中，在“数据库和表”下拉列表框中选择数据库“学生管理”，在其下的列表框中选择表“成绩”，单击“添加”按钮 ▸▸ 将所有字段添加至“选定字段”列表框中，单击“下一步”按钮。

④ 在“交叉表向导”的“步骤 2-定义布局”中，在“可用字段”列表框中选定字段“学号”，按住鼠标左键拖动“学号”字段至“行”区中，选定字段“课程号”，按住鼠标左键拖动“课程号”字段至“列”区中，选定字段“成绩”，按住鼠标左键拖动“成绩”字段至“数据”区中，单击“下一步”按钮，如图 1.8.5 所示。

⑤ 在“交叉表向导”的“步骤 3-加入总结信息”中，在“总结”选项组中选择“求和”单选按钮，在“分类汇总”选项组中选择“数据求和”单选按钮，单击“下一步”按钮，如图 1.8.6 所示。

⑥ 在“交叉表向导”的“步骤 4-完成”中，选择“保存并运行交叉表查询”单选按钮，并选中“显示 NULL 值”复选框，单击“完成”按钮，如图 1.8.7 所示。在“另存为”对话框的“文件名”文本框中输入“成绩查询”，单击“保存”按钮，即可看到如图 1.8.8 所示的交叉表查询的运行结果。

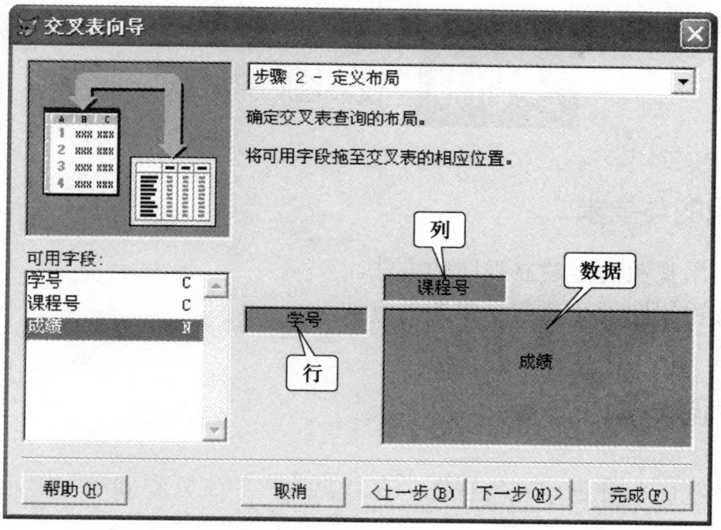

图 1.8.5　步骤 2-定义布局

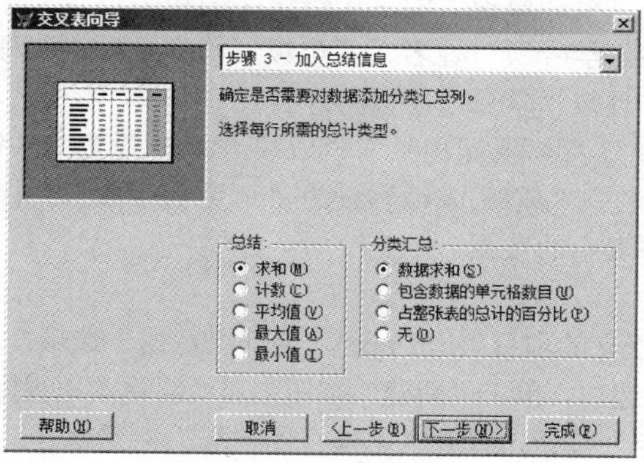

图 1.8.6　步骤 3-加入总结信息

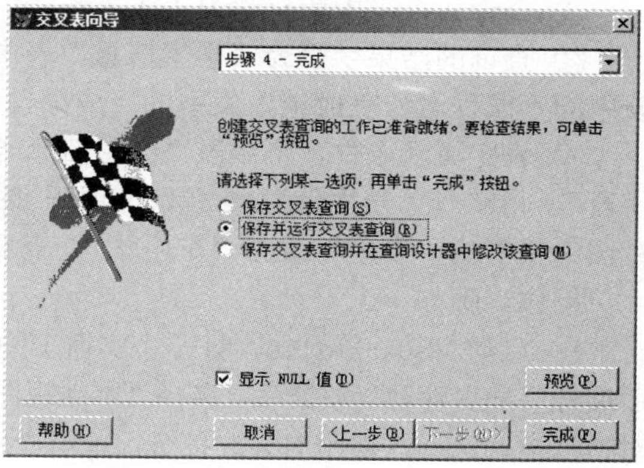

图 1.8.7　步骤 4-完成

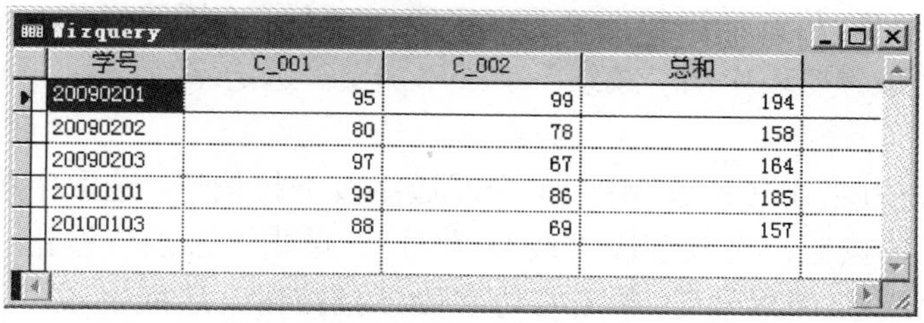

学号	C_001	C_002	总和
20090201	95	99	194
20090202	80	78	158
20090203	97	67	164
20100101	99	86	185
20100103	88	69	157

图 1.8.8　交叉表查询结果

实训 9 视图操作

一、实训目的与要求

1. 熟练掌握用视图向导建立视图的方法。
2. 熟练掌握用视图设计器建立视图的方法。
3. 了解查询与视图的相同点与不同点。

二、实训内容与操作步骤

1．利用本地视图向导创建本地视图。在数据库“学生管理.dbc”中创建视图文件“视图1”，具体要求如下。

①“视图 1”中包含有 3 个表：学生信息、课程、成绩。

② 查询 3 个表中所有学习“人工智能”和“编译原理”的三年级学生的相关记录。

③ 查询的结果字段为“学生信息”表中的“学号”、“姓名”、“年级”、“班级”，“课程”表中的“课程名”，“成绩”表中的“成绩”，并且按“学号”字段升序排序。

④ 设定更新条件，将字段“学生信息.学号”、“课程.课程号”、“成绩.学号”设为“关键字段”，将字段“学生信息.姓名”、“课程.课程名”、“成绩.成绩”设为“可更新字段”。并将视图结果中的“李华”改为“李中华”，查看源表中的数据。

操作步骤如下。

① 启动 Visual FoxPro，打开“实训 1”中建立的项目“lizx.pjx”，展开“数据”选项，然后展开“学生管理”数据库，选择“本地视图”选项，单击“新建”按钮；在“新建本地视图”对话框中，选择“视图向导”按钮，单击“确定”按钮，打开“本地视图向导”对话框。

② 在“步骤 1-字段选取”中，在“数据库和表”下拉列表框中选择数据库“学生管理”，在其下的列表框中选择“学生信息”表，分别双击“可用字段”列表中的字段“学号”、“姓名”、“年级”、“班级”，将它们添加至“选定字段”列表中；用同样的方法将“课程”表中的“课程名”字段和“成绩”表中的“成绩”字段添加至“选定字段”中，单击“下一步”按钮，如图 1.9.1 所示。

③ 在“步骤 2-为表建立关系”中，单击左边字段下拉按钮，选取字段“学生信息.学号”，单击右边字段的下拉按钮，选取字段“成绩.学号”，单击“添加”按钮；单击左边字段下拉按钮，选取字段“成绩.课程号”，单击右边字段下拉按钮，选取字段“课程.课程号”，单击“添加”按钮。单击“下一步”按钮，如图 1.9.2 所示。

④ 在“步骤 3-筛选记录”中，单击第一行中的“字段”下拉按钮，选择字段值为“学生信息.年级”，单击“操作符”下拉按钮，选择“等于”选项，在“值”文本框中输入“"三"”；选择“与”单选按钮；单击第二行中的“字段”下拉按钮，选择字段“课程.课程名”，单击“操作符”下拉按钮，选择“包含在…中”选项，在“值”文本框中输入“"人工智能"”、

“"编译原理"”。单击“下一步”按钮。如图 1.9.3 所示。

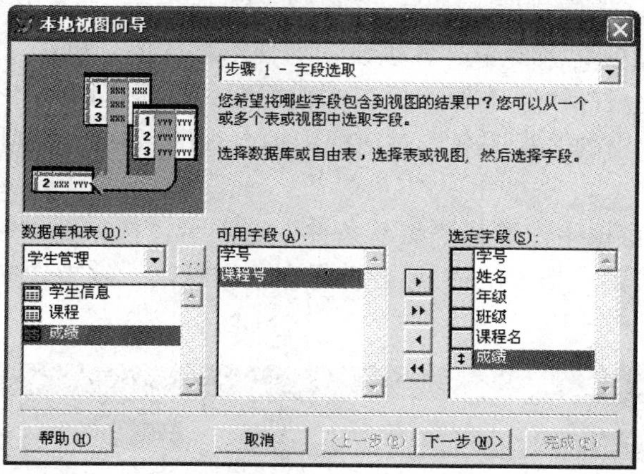

图 1.9.1　步骤 1-字段选取

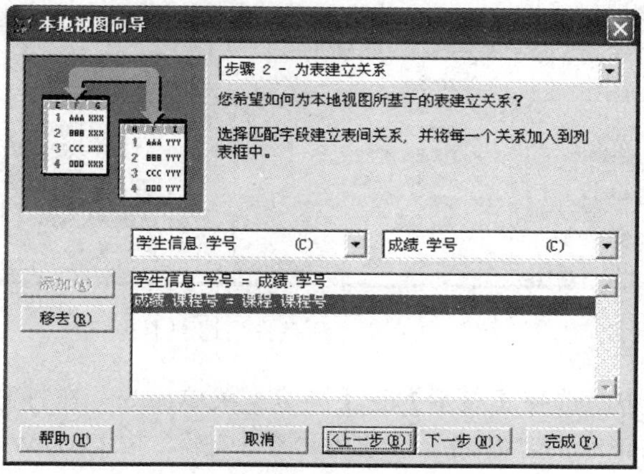

图 1.9.2　步骤 2-为表建立关系

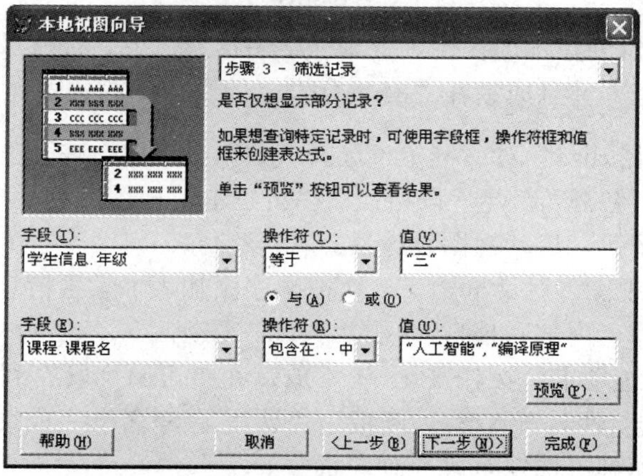

图 1.9.3　步骤 3-筛选记录

⑤ 在“步骤 4-排序记录”中，双击“可用字段”列表框中的字段“学生信息.学号”至“选定字段”列表框中，选定排序方式为“升序”，单击“下一步”按钮。

⑥ 在“步骤 4a-限制记录”中，各项设置均使用默认值，单击“下一步”按钮。

⑦ 在“步骤 5-完成”中，选择“保存本地视图并在‘视图设计器’中修改”选项，单击“完成”按钮；在弹出的“视图名”对话框中输入视图名称为“视图 1”，单击“确定”按钮，打开视图设计器。

⑧ 在视图设计器窗口中，选择“更新条件”选项卡，按如图 1.9.4 所示的内容对关键字段和可更新字段进行设置，按 Ctrl+S 组合键保存。注意，一定要选中“发送 SQL 更新”复选框。

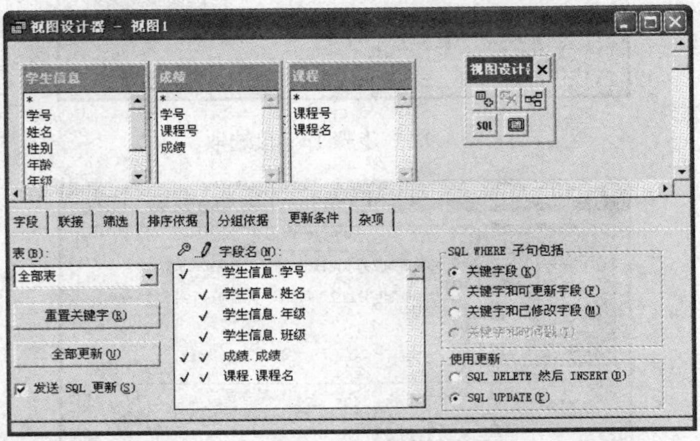

图 1.9.4 “更新条件”选项卡

⑨ 在视图设计器中，选择【显示】→【浏览】菜单命令，在打开的“视图 1”浏览窗口中，分别将第 1、2 条记录的“姓名”修改为“李中华”，按 Ctrl+W 组合键保存结果，关闭“视图 1”窗口。

⑩ 在“项目管理器-lizx”对话框中，分别浏览 3 个表的内容，看数据是否被修改。

2. 利用视图设计器创建本地视图，查询“学生信息”表、“课程”表、“成绩”表 3 个表中所有选修“人工智能”并且成绩在“85”分以上的学生的相关信息。

① 在“项目管理器-lizx”对话框中，选择“数据”选项，展开“学生管理”数据库，选择“本地视图”选项，单击“新建”按钮；在“新建本地视图”对话框中，单击“新建视图”按钮，单击“确定”按钮，启动视图设计器。

② 在“添加表或视图”对话框中，依次按顺序添加表“学生信息”、“成绩”和“课程”，设置“联接类型”均为“内部联接”，单击“关闭”按钮。

③ 选择“字段”选项卡，按住 Ctrl 键不放，在“可用字段”列表框中选定字段“学生信息.学号”、“学生信息.姓名”、“学生.班级”、“课程.课程名”、“成绩.成绩”，单击“添加”按钮，将选定字段添加到“选定字段”列表框中。

④ 选择“筛选”选项卡，在第一行的“字段名”下拉列表框中选择字段“课程.课程名”，

在“条件”下拉列表框中选择符号“=”，在“实例”文本框中输入值“"人工智能"”。在“逻辑”下拉列表框中选择“AND”选项。在第二行的“字段名”下拉列表框中选择字段“成绩.成绩”，在“条件”下拉列表框中选择符号“>=”，在“实例”文本框中输入值“85”，如图 1.9.5 所示。

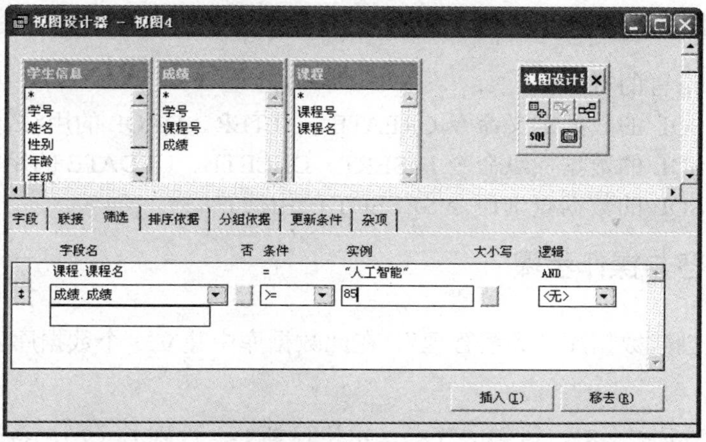

图 1.9.5 在“筛选”选项卡中设置参数

⑤ 选择“排序依据”选项卡，选择“选定字段”列表框中的“成绩表.成绩”，选择“降序”选项，单击“添加”按钮。

⑥ 选择【文件】→【保存】菜单命令，在弹出的“保存”对话框的“视图名”文本框中输入“学生基本信息视图”，单击“确定”按钮。

⑦ 单击“常用”工具栏中的“运行”按钮 ！，视图运行结果如图 1.9.6 所示。

图 1.9.6 视图运行结果

实训 10　SQL 语言应用

一、实训目的与要求

1．了解 SQL 语言的特点。

2．熟练掌握 SQL 的数据定义命令 CREATE、ALTER、DROP 的用法。

3．熟练掌握 SQL 的数据操纵命令 INSERT、DELETE、UPDATE 的用法。

4．熟练掌握 SQL 的数据查询命令 SELECT 的用法。

二、实训内容与操作步骤

1．使用 SQL 创建数据库“成绩管理”，在此数据库中建立 3 个数据库表，表名和表结构分别如下。

student.dbf：学号 C（8），姓名 C（8），出生日期 D，性别 C（2），备注 M。

course.dbf：课程号 C（2），课程名称 C（20），先修课号 C（2），学分 N（2，0）。

score.dbf：学号 C（8），课程号 C（2），成绩 N（5，1）。

表间关系要求如下。

student 表以“学号”字段建立主索引，设置“性别”字段的默认值为“女”。

course 表以“课程号”字段建立主索引，允许“先修课号”字段为 NULL 值。

在 score 表中设置“成绩”字段的有效性规则，分别以“学号”和“课程号”字段建立普通索引，同时建立与 student 表和 course 表之间的联系。

具体操作步骤如下（注意，命令中的所有标点符号均为英文半角状态下输入的）。

① 创建数据库。

```
CREATE DATABASE 成绩管理.dbc
```

② 按要求创建 student 表。

```
CREATE TABLE student(学号 C(8) PRIMARY KEY,姓名 C(8),出生日期 D,;
性别 C(2),DEFAULT “女”,院系 C(4),备注 M)
```

③ 按要求创建 course 表。

```
CREATE TABLE course(课程号 C(2) PRIMARY KEY,课程名称 C(20),;
先修课号 C(2) NULL,学分 N(2))
```

④ 按要求创建 score 表、索引和关系。

```
CREATE TABLE score(学号 C(8) 课程号 C(2), 成绩 N(5,1);
CHECK (成绩>=0 AND 成绩<=100) ERROR "成绩应在[0,100]之间",;
FOREIGN KEY 学号 TAG 学号 REFERENCES student,;
FOREIGN KEY 课程号 TAG 课程号 REFERENCES course)
```

2．使用 SQL 为表 student 添加一个字段院系 C（4），随后再删除该字段。

具体操作命令如下。

① 添加字段。

ALTER TABLE student ADD 院系 C(4)

② 删除字段。

ALTER TABLE student DROP COLUMN 院系

完成上述操作后，在“命令”窗口中输入命令“MODIFY DATABASE”即可在数据库设计器中查看，如图 1.10.1 所示。

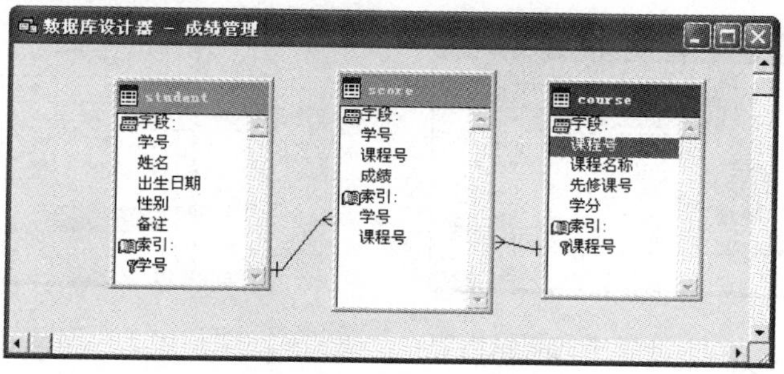

图 1.10.1 “成绩管理”数据库

3. 使用 SQL 为 student、course 和 score 表分别添加数据。

具体操作命令如下。

① 向 student 表中插入若干条记录，记录如图 1.10.2 所示。

INSERT INTO student VALUES("20120001","李立新",{^1993-10-15},"女","山西太原,擅长街舞")

INSERT INTO student VALUES("20120002","王大年",{^1994-06-05},"男","河北沧州,擅长武术")

INSERT INTO student VALUES("20120003","徐心",{^1991-02-21},"女","河南洛阳,擅长演讲")

INSERT INTO student VALUES("20120004","邓天力",{^1992-09-16},"男","北京,家庭环境很好")

INSERT INTO student VALUES("20120005","王落飞",{^1993-12-03},"男","江苏南京,性格内向")

INSERT INTO student VALUES("20120006","张红雷",{^1993-08-27},"女","山西大同,单亲家庭")

INSERT INTO student VALUES("20120007","胡飞",{^1993-05-17},"男","河南郑州,擅长书法绘画")

② 向 score 表中插入若干条记录，记录如图 1.10.3 所示。

INSERT INTO score VALUES("20120001","c1",80.0)

INSERT INTO score VALUES("20120001","c2",85.0)

INSERT INTO score VALUES("20120001","c4",56.0)

```
INSERT INTO score VALUES("20120002","c1",47.0)
INSERT INTO score VALUES("20120002","c3",89.0)
INSERT INTO score VALUES("20120002","c4",75.0)
INSERT INTO score VALUES("20120006","c1",95.0)
```

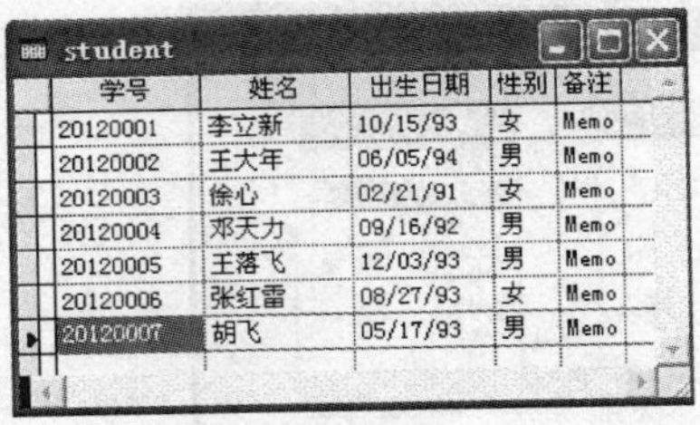

学号	姓名	出生日期	性别	备注
20120001	李立新	10/15/93	女	Memo
20120002	王大年	06/05/94	男	Memo
20120003	徐心	02/21/91	女	Memo
20120004	邓天力	09/16/92	男	Memo
20120005	王落飞	12/03/93	男	Memo
20120006	张红雷	08/27/93	女	Memo
20120007	胡飞	05/17/93	男	Memo

图 1.10.2 student 表中的记录内容

学号	课程号	成绩
20120006	c1	95.0
20120006	c2	80.0
20120006	c3	87.0
20120003	c1	75.0
20120003	c2	70.0
20120003	c3	85.0
20120003	c4	86.0
20120004	c1	83.0
20120004	c2	85.0
20120004	c3	83.0
20120005	c2	99.0
20120005	c3	88.0

图 1.10.3 score 表中的记录内容

```
INSERT INTO score VALUES("20120006","c2",80.0)
INSERT INTO score VALUES("20120006","c3",87.0)
INSERT INTO score VALUES("20120003","c1",75.0)
INSERT INTO score VALUES("20120003","c2",70.0)
INSERT INTO score VALUES("20120003","c3",85.0)
INSERT INTO score VALUES("20120003","c4",86.0)
INSERT INTO score VALUES("20120004","c1",83.0)
INSERT INTO score VALUES("20120004","c2",85.0)
INSERT INTO score VALUES("20120004","c3",83.0)
INSERT INTO score VALUES("20120005","c2",99.0)
INSERT INTO score VALUES("20120005","c3",88.0)
```

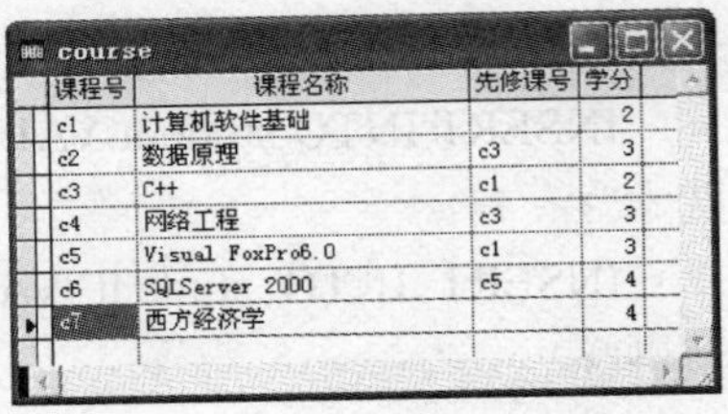

课程号	课程名称	先修课号	学分
c1	计算机软件基础		2
c2	数据原理	c3	3
c3	C++	c1	2
c4	网络工程	c3	3
c5	Visual FoxPro6.0	c1	3
c6	SQLServer 2000	c5	4
c7	西方经济学		4

图 1.10.4 course 表中的记录内容

③ 向 course 表中插入若干条记录，记录如图 1.10.4 所示。

```
INSERT INTO course VALUES("c1","计算机软件基础","",2)
INSERT INTO course VALUES("c2","数据原理","c3",3)
INSERT INTO course VALUES("c3","C++","c1",2)
INSERT INTO course VALUES("c4","网络工程","c3",3)
INSERT INTO course VALUES("c5","Visual FoxPro6.0","c1",3)
INSERT INTO course VALUES("c6","SQLServer 2000","c5",4)
INSERT INTO course VALUES("c7","西方经济学","",4)
```

4．使用 SQL 将 course 表中“先修课号”值为“空”（empty）记录的“先修课号”修改为 NULL 值，之后删除学号为“20120003”且课程号为“c4”的记录。

具体操作如下。

① 更新表中数据。

UPDATE course SET 先修课号= NULL WHERE EMPTY(先修课号)

② 删除表中记录。

DELETE FROM score WHERE 学号="20010003" AND 课程号="c4"

5．使用 SQL 完成以下简单查询。

① 查询全体学生的详细记录。

SELECT * FROM student

② 查询选修了课程的学生姓名，结果如图 1.10.5 所示。

SELECT DISTINCT 姓名 FROM student a, score b where a.学号=b.学号

③ 查询考试成绩不及格学生的学号与姓名，结果如图 1.10.6 所示。

SELECT a.学号,姓名 FROM student a, score b WHERE a.学号=b.学号 AND 成绩<60

图 1.10.5 已选修课程的学生姓名

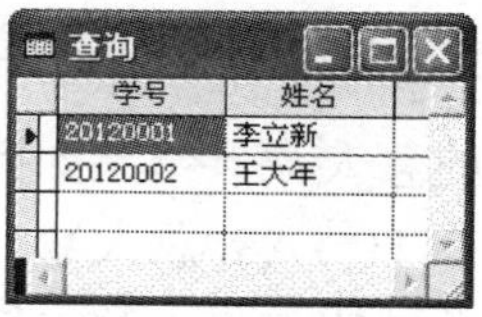

图 1.10.6 成绩不及格学生的学号和姓名

④ 查询在 1992 年 6 月 30 日—1993 年 6 月 30 日之间出生的学生姓名，结果如图 1.10.7 所示。

SELECT * FROM student WHERE 出生日期 BETWEEN {^1992-06-30} AND {^1993-06-30}

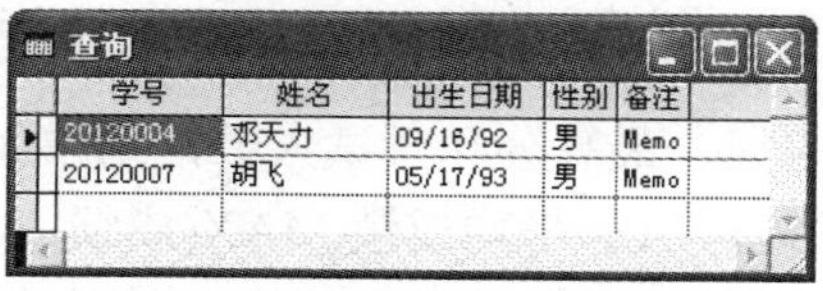

图 1.10.7 在 1992 年 6 月 30 日—1993 年 6 月 30 日之间出生的学生

⑤ 查询所有名字中含有“飞”的学生的姓名、学号和性别，结果如图 1.10.8 所示。

SELECT 学号,姓名,性别 FROM student WHERE 姓名 LIKE "%飞%"

⑥ 查询所有不在 1993 年和 1992 年出生的学生姓名，结果如图 1.10.9 所示。

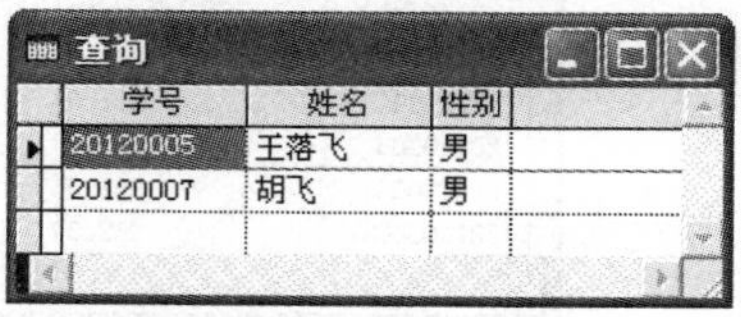

图 1.10.8 名字中含有“飞”的学生

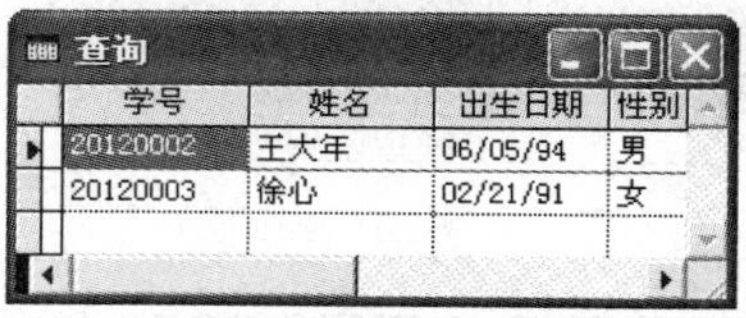

图 1.10.9 不在 1992 年和 1993 年出生的学生

SELECT * FROM student WHERE 出生日期 NOT BETWEEN {^1992-01-01} AND {^1993-12-31}

⑦ 查询没有先修课程的课程信息，结果如图 1.10.10 所示。

SELECT * FROM course WHERE 先修课号 IS NULL

⑧ 查询选修了 C3 号课程的学生的学号及其成绩，按分数降序排列，结果如图 1.10.11 所示。

```
SELECT student.学号,姓名,成绩 FROM student, score ;
WHERE student.学号=score.学号 AND 课程号="c3" ORDER BY 成绩 DESC
```

课程号	课程名称	先修课号	学分
c1	计算机软件基础	.NULL.	2
c7	西方经济学	.NULL.	4

图 1.10.10 没有先修课程的课程

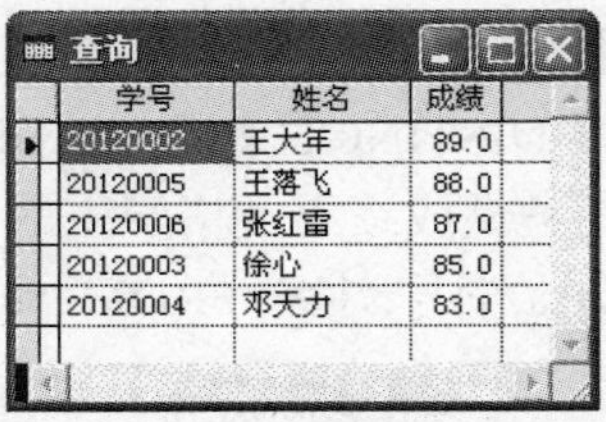

学号	姓名	成绩
20120002	王大年	89.0
20120005	王落飞	88.0
20120006	张红雷	87.0
20120003	徐心	85.0
20120004	邓天力	83.0

图 1.10.11 选修了 C3 号课程的学生成绩

⑨ 查询学生的总人数，结果如图 1.10.12 所示。

SELECT COUNT(*) AS 总人数 FROM student

⑩ 查询参加考试的学生人数，结果如图 1.10.13 所示。

SELECT COUNT(DISTINCT 学号) AS 考试人数 FROM score

总人数
7

图 1.10.12 学生的总人数

考试人数
6

图 1.10.13 考生人数

⑪ 查询每门课程的平均成绩、最高分和考试人数，结果如图 1.10.14 所示。

```
SELECT 课程号, AVG(成绩) AS 平均成绩,MAX(成绩) AS 最高分,;
COUNT(*) AS 考生人数 FROM score GROUP BY 课程号
```

⑫ 查询选修了 3 门及以上课程的学生学号与其总成绩，结果如图 1.10.15 所示。

SELECT 学号, SUM(成绩) AS 总成绩 FROM score GROUP BY 学号 HAVING(COUNT(*)>=3)

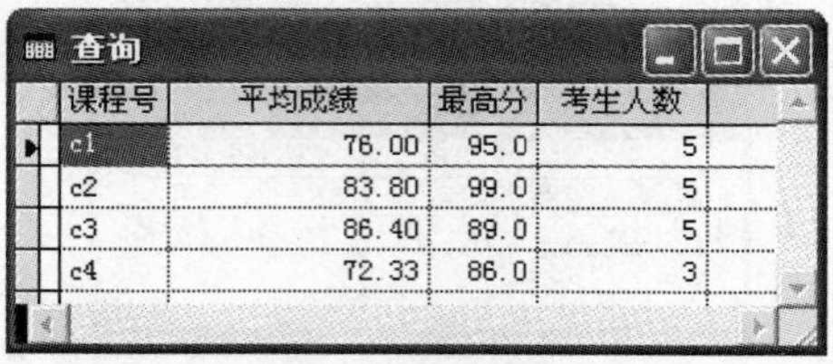

课程号	平均成绩	最高分	考生人数
c1	76.00	95.0	5
c2	83.80	99.0	5
c3	86.40	89.0	5
c4	72.33	86.0	3

图 1.10.14 每门课程的平均成绩、最高分和考试人数

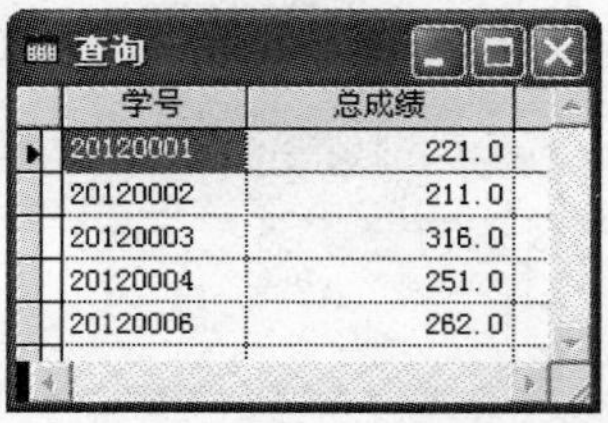

学号	总成绩
20120001	221.0
20120002	211.0
20120003	316.0
20120004	251.0
20120006	262.0

图 1.10.15 选修了 3 门及以上课程的学生

6．使用 SQL 完成以下复杂查询。

① 查询每一门课程的间接先修课（即先修课的先修课），结果如图 1.10.16 所示。

```
SELECT b.课程号,b.课程名称,a.先修课号 FROM course a,course b WHERE b.先修课号=a.课程号
```

② 查询所选修的每门课程的成绩都高于或等于 80 分的学生的学号、姓名、性别和成绩，结果如图 1.10.17 所示。

```
SELECT student.学号,姓名,性别,成绩;
FROM student INNER JOIN score ON student.学号=score.学号;
WHERE student.学号 in;
(SELECT 学号 FROM score GROUP BY 学号 HAVING(MIN(成绩)>=80))
```

查询

课程号	课程名称	先修课号
c5	Visual FoxPro6.0	.NULL.
c3	C++	.NULL.
c4	网络工程	c1
c2	数据原理	c1
c6	SQLServer 2000	c1

图 1.10.16 每一门课程的间接先修课

查询

学号	姓名	性别	成绩
20120006	张红雷	女	95.0
20120006	张红雷	女	80.0
20120006	张红雷	女	87.0
20120004	邓天力	男	83.0
20120004	邓天力	男	85.0
20120004	邓天力	男	83.0
20120005	王落飞	男	99.0
20120005	王落飞	男	88.0

图 1.10.17 成绩在 80 分以上的查询结果

③ 查询没有参加任何一门课程考试的学生的学号和姓名，结果如图 1.10.18 所示。

```
SELECT 学号,姓名 FROM student WHERE 学号 NOT IN
(SELECT 学号 FROM score )
```

上述命令等同于：

```
SELECT 学号,姓名 FROM student WHERE NOT EXISTS;
(SELECT * FROM score WHERE student.学号=score.学号)
```

查询

学号	姓名
20120007	胡飞

图 1.10.18 未考试的学生

7．使用 SQL 定义一个包含学号、姓名、性别、总成绩、总学分字段的视图（如果成绩低于 60 分，则学分为 0）。

① 创建一个包含学号、成绩和学分的视图“cj”。

```
CREATE VIEW cj AS;
SELECT score.*,学分 FROM score,course WHERE score.课程号=course.课程号
```

② 用 UPDATE 命令根据条件更新视图中的学分。

```
UPDATE cj SET 学分=0 WHERE 成绩<60
```

③ 在此视图和 student 表的基础上创建包含总成绩和总学分的视图。

```
CREATE VIEW zcj AS;
SELECT student.学号,姓名,性别,sum(成绩) AS 总成绩,sum(学分) AS 总学分;
FROM student,cj WHERE student.学号=cj.学号;
```

GROUP BY student.学号 ORDER BY 5 DESC

最后的运行结果如图 1.10.19 所示。

学号	姓名	性别	总成绩	总学分
20120003	徐心	女	316.0	10
20120001	李立新	女	221.0	8
20120002	王大年	男	211.0	7
20120004	邓天力	男	251.0	7
20120006	张红雷	女	262.0	7
20120005	王落飞	男	187.0	5

图 1.10.19 zcj 视图的执行结果

实训 11　程序设计一——3 种基本结构的使用

一、实训目的与要求

1. 了解结构化程序设计的基本方法。
2. 熟练掌握多种选择结构程序的设计方法。
3. 熟练掌握 3 种循环语句的使用。

二、实训内容与操作步骤

1．编写一个顺序结构程序 p11_1.prg，从键盘输入半径，求圆的周长与面积。

在“命令”窗口中输入命令“MODIFY COMMAND p11_1”，即可打开 p11_1.prg 编辑窗口，在其中输入如图 1.11.1 所示的程序语句，并运行程序及观察结果。

2．编写一个单分支结构的程序 p11_2.prg，从键盘输入一元二次方程 $ax^2+bx+c=0$ 的 3 个系数 a、b、c，求出它的实根。

在“命令”窗口中输入命令“MODIFY COMMAND p11_2”，打开 p11_2.prg 编辑窗口，在其中输入如图 1.11.2 所示的程序语句，并运行程序及观察结果。

p11_1.prg

```
*该程序功能为：已知半径，求圆的周长面积。
clear
set talk off
input "请输入圆的半径：" to r
yzc=2*pi()*r
ymj=pi()*r*r
?"圆的周长为：",yzc
?"圆的面积为：",ymj
```

图 1.11.1　p11_1.prg 程序

p11_2.prg

```
*该程序求一元二次方程的实根。
clear
set talk off
input "a=" to a
input "b=" to b
input "c=" to c
da=b*b-4*a*c
if da>=0
    x1=(-b+sqrt(da))/2/a
    x2=(-b-sqrt(da))/2/a
endif
?"该方程的根为：",x1,x2
set talk on
```

图 1.11.2　p11_2.prg 程序

想一想

如何编程实现求解一元二次方程的复根？

3．编写一个双分支结构的程序 p11_3.prg，从键盘输入 4 位数的年份，判断其是否为闰年。

在“命令”窗口中输入命令“MODIFY COMMAND p11_3”，打开 p11_3.prg 编辑窗口，在其中输入如图 1.11.3 所示的程序语句，运行程序并观察结果。

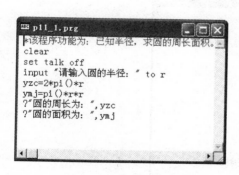

4．编写一个双分支结构的程序 p11_4.prg，从键盘输入姓名，在表 student 中查找此人，若找到则显示此人的信息，若找不到则给出提示信息。

在“命令”窗口中输入命令“MODIFY COMMAND p11_4”，打开 p11_4.prg 编辑窗口，在其中输入如图 1.11.4 所示的程序语句，运行程序并观察结果。

```
*该程序判断一个四位数是否为闰年。
clear
set talk off
input "请输入四位数：" to y
flag=.f.
if y%400=0
    flag=.t.
else
    if y%4=0 and y%25<>0
        flag=.t.
    endif
endif
if flag
    ?y,"年是闰年！"
else
    ?y,"年不是闰年！"
endif
set talk on
```

图 1.11.3　p11_3.prg 程序

```
*在student 表中找人
clear
set talk off
use student
accept "请输入姓名：" to xm
locate for 姓名=xm
if not found()
    ?"sorry,there is not this man."
else
    display
endif
set talk on
use
```

图 1.11.4　p11_4.prg 程序

5．编写一个多分支结构的程序 p11_5.prg，实现从键盘输入一个 1～7 之间的整数，在屏幕上输出对应的星期。譬如输入“2”，则屏幕显示“星期二”。

在“命令”窗口中输入命令“MODIFY COMMAND p11_5”，打开 p11_5.prg 编辑窗口，在其中输入如图 1.11.5 所示的程序语句，运行程序并观察结果。

```
Clear
Input "请输入1~7"中的任意一个数：" to xq
Do case
    case xq=1
        ?"星期一"
    case xq=2
        ?"星期二"
    case xq=3
        ?"星期三"
    case xq=4
        ?"星期四"
    case xq=5
        ?"星期五"
    case xq=6
        ?"星期六"
    case xq=7
        ?"星期日"
    otherwise
        ?"您输入的数字不符合规则！"
endcase
return
```

图 1.11.5　p11_5.prg 程序

想一想

如何实现学生成绩的分级，具体要求如下。

① 百分制。

② 分为 5 个等级：0～59 为不及格；60～69 为及格；70～79 为中等；80～89 为良好；90～100 为优秀。

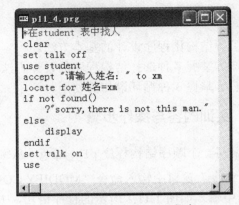

6．编写循环结构程序 p11_6.prg 和 p11_7.prg。两个程序的功能都是，从键盘输入一个正整数 n，求 1～n 之间的全部奇数之和。要求 p11_6.prg 中使用 DO WHILE 语句实现，p11_7.prg 中使用 FOR 语句实现。

在“命令”窗口中输入命令“MODIFY COMMAND p11_6”，打开 p11_6.prg 编辑窗口，在其中输入如图 1.11.6 所示的程序语句，运行程序并观察结果。用同样的方法建立程序文件 p11_7.prg，如图 1.11.7 所示。

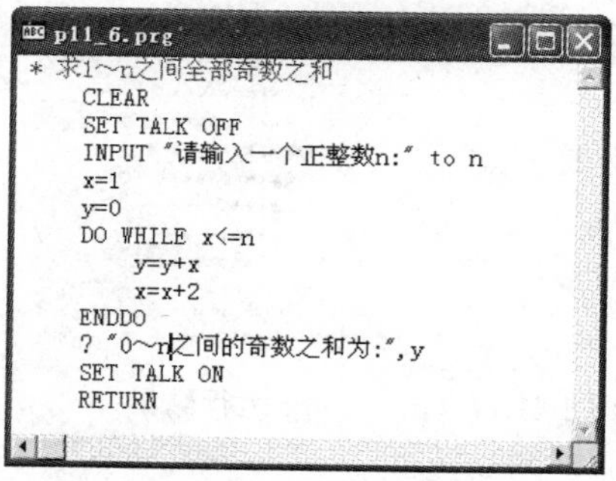

```
p11_6.prg
* 求1～n之间全部奇数之和
  CLEAR
  SET TALK OFF
  INPUT "请输入一个正整数n:" to n
  x=1
  y=0
  DO WHILE x<=n
     y=y+x
     x=x+2
  ENDDO
  ? "0～n之间的奇数之和为:",y
  SET TALK ON
  RETURN
```

图 1.11.6 p11_6.prg 程序

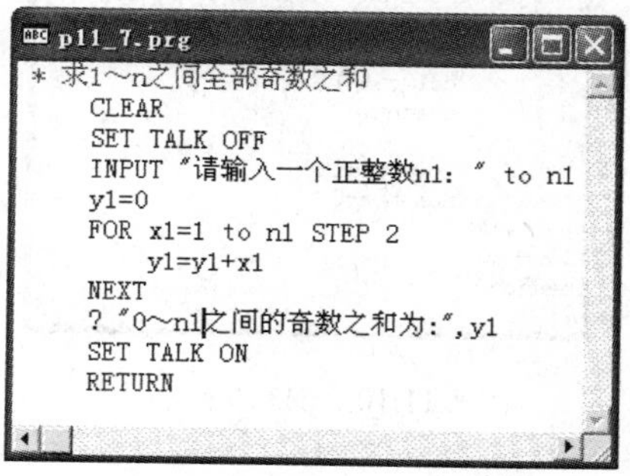

```
p11_7.prg
* 求1～n之间全部奇数之和
  CLEAR
  SET TALK OFF
  INPUT "请输入一个正整数n1: " to n1
  y1=0
  FOR x1=1 to n1 STEP 2
     y1=y1+x1
  NEXT
  ? "0～n1之间的奇数之和为:",y1
  SET TALK ON
  RETURN
```

图 1.11.7 p11_7.prg 程序

想一想

如何编程实现 1～n 之间所有整数的和，以及 1～n 之间所有偶数的和？

7．编写一个使用 SCAN 语句的循环结构程序 p11_8.prg，程序功能是，从表 student 中查询出所有男生的学生信息。

在“命令”窗口中输入命令“MODIFY COMMAND p11_8”，打开 p11_8.prg 编辑窗口，在其中输入如图 1.11.8 所示的程序语句，运行结果如图 1.11.9 所示。

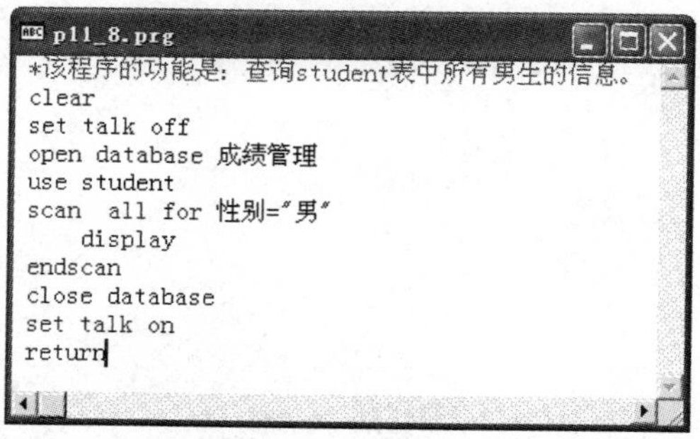

```
p11_8.prg
*该程序的功能是：查询student表中所有男生的信息。
clear
set talk off
open database 成绩管理
use student
scan  all for 性别="男"
   display
endscan
close database
set talk on
return
```

图 1.11.8 p11_8.prg 程序

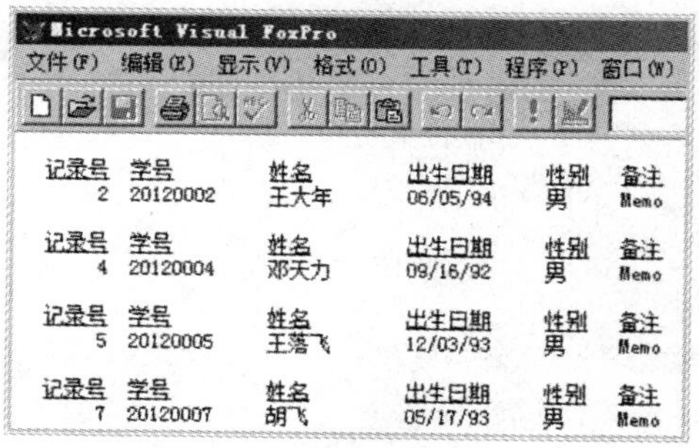

图 1.11.9 p11_8.prg 运行结果

8．利用循环语句编写程序 p11_9.prg。程序功能是，打印输出一个菱形，菱形的行数和组成符号由键盘输入。

在“命令”窗口中输入命令“MODIFY COMMAND p11_9”，打开 p11_9.prg 编辑窗口，

在其中输入如图 1.11.10 所示的程序语句，运行结果如图 1.11.11 所示。

```
*该程序在屏幕上输出一个菱形
set talk off
clear
input "请输入行数(奇数): " to n
accept "请输入一个符号: " to c
num=1
row=5
col=40
for i=1 to n
    @row,col say replicate(c,num)
    row=row+1
    if row-4<=(int(n/2)+1)
        col=col-1
        num=num+2
    else
        col=col+1
        num=num-2
    endif
endfor
return
```

图 1.11.10　p11_9.prg 程序

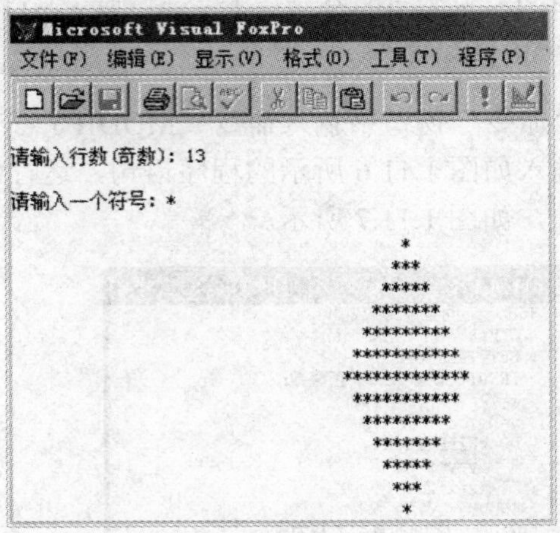

图 1.11.11　p11_9.prg 运行结果

想一想

如何用类似的方法在屏幕上打印输出漏斗、等腰三角形及正方形等形状的图形？

实训 12　程序设计二——子程序及过程的使用

一、实训目的与要求

1．了解主程序、子程序及程序调用的概念。
2．熟练掌握子程序、自定义函数及过程文件的建立方法。
3．理解程序调用过程中参数的传递方式及变量的作用域。

二、实训内容与操作步骤

1．编写主程序 p12_1.prg 和子程序 p12_2.prg，计算 1～30 之间能被 3 整除的奇数的阶乘和。

① 在“命令”窗口中输入命令“MODIFY COMMAND p12_1”，打开 p12_1.prg 编辑窗口，在其中输入如图 1.12.1 所示的程序代码后关闭窗口。

② 在“命令”窗口中输入命令“MODIFY COMMAND p12_2”，打开 p12_2.prg 编辑窗口，在其中输入如图 1.12.2 所示的程序代码后关闭窗口。

③ 在“命令”窗口中输入命令“DO p12_1”，运行主程序 p12_1 并观察结果。

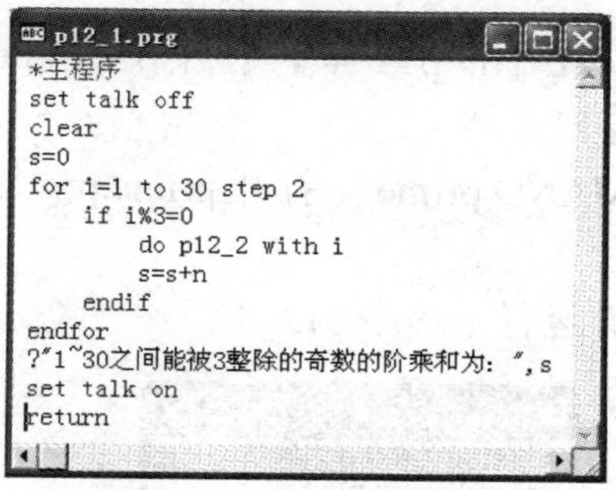

```
*主程序
set talk off
clear
s=0
for i=1 to 30 step 2
   if i%3=0
      do p12_2 with i
      s=s+n
   endif
endfor
?"1~30之间能被3整除的奇数的阶乘和为：",s
set talk on
return
```

图 1.12.1　p12_1.prg 程序

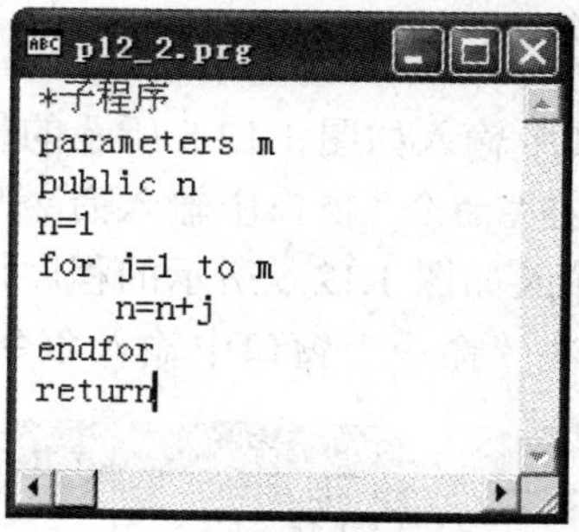

```
*子程序
parameters m
public n
n=1
for j=1 to m
    n=n+j
endfor
return
```

图 1.12.2　p12_2.prg 程序

注意

上述子程序中定义的变量 *n* 为全局变量，这是为了返回程序后也能有效地使用变量 *n* 的值。子程序的功能是求一个数的阶乘。

2．自定义一个函数 fac()，实现求 *x*!，并利用该自定义函数计算 S=A!+B!+C!，其中 A、B、C 的值从键盘输入。

在“命令”窗口中输入命令“MODIFY COMMAND p12_3”，打开 p12_3.prg 编辑窗口，在其中输入如图 1.12.3 所示的程序代码并运行，结果如图 1.12.4 所示。

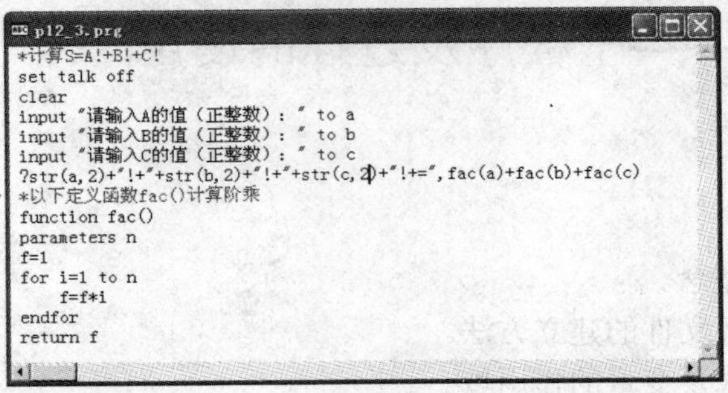

```
*计算S=A!+B!+C!
set talk off
clear
input "请输入A的值（正整数）：" to a
input "请输入B的值（正整数）：" to b
input "请输入C的值（正整数）：" to c
?str(a,2)+"!+"+str(b,2)+"!+"+str(c,2)+"!+=",fac(a)+fac(b)+fac(c)
*以下定义函数fac()计算阶乘
function fac()
parameters n
f=1
for i=1 to n
    f=f*i
endfor
return f
```

图 1.12.3　p12_3.prg 程序

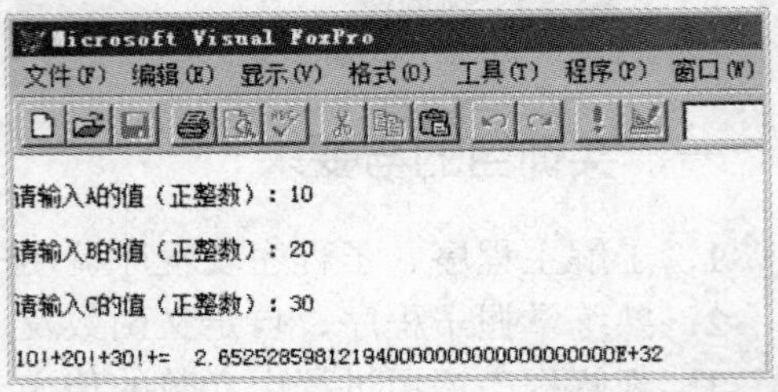

图 1.12.4　p12_3.prg 运行结果

注意

上述程序中，A、B、C 的取值尽可能不要超过 30，否则结果值太大。

想一想

如何编程求解组合数 C $(n,m)=m!/(n!(m-n)!)$？

3．使用过程文件求出 100 之内的所有素数。

① 在“命令”窗口中输入命令“MODIFY COMMAND p12_4”，打开 p12_4.prg 编辑窗口，在其中输入如图 1.12.5 所示的程序语句并关闭窗口。

② 在“命令”窗口中输入命令“MODIFY COMMAND prime”，打开 prime.prg 编辑窗口，在其中输入如图 1.12.6 所示的程序语句并关闭窗口。

③ 在“命令”窗口中输入命令“DO p12_4”，并运行主程序 p12_4。

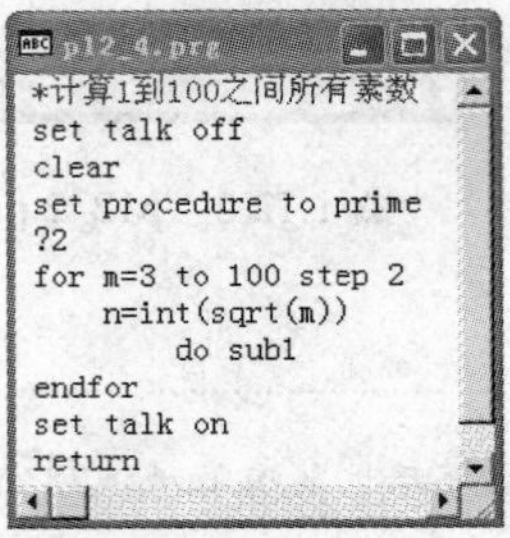

```
*计算1到100之间所有素数
set talk off
clear
set procedure to prime
?2
for m=3 to 100 step 2
    n=int(sqrt(m))
        do sub1
endfor
set talk on
return
```

图 1.12.5　p12_4.prg 程序

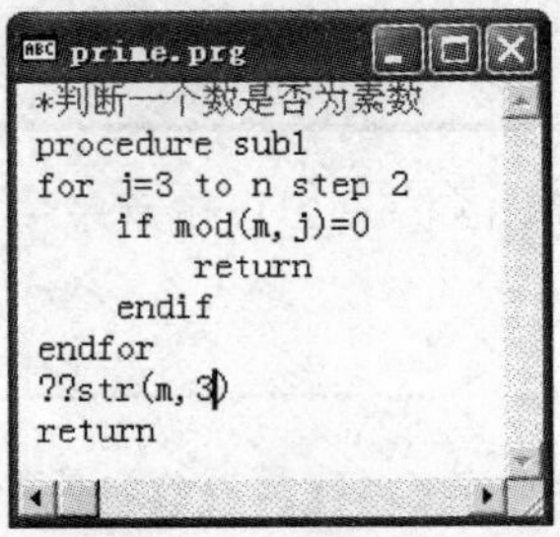

```
*判断一个数是否为素数
procedure sub1
for j=3 to n step 2
    if mod(m,j)=0
        return
    endif
endfor
??str(m,3)
return
```

图 1.12.6　prime.prg 程序

实训 13 表单设计——标签、文本框、编辑框、命令按钮、选项按钮组控件的使用

一、实训目的与要求

1．理解面向对象的属性、事件和方法等基本概念。

2．熟练掌握标签、文本框、编辑框、命令按钮、选项按钮组等常用控件的基本属性和常用事件。

二、实训内容与操作步骤

1．设计一个名为“周长和面积”的表单，计算长方形的周长和面积。要求程序的执行界面和设计界面分别如图 1.13.1 和图 1.13.2 所示。

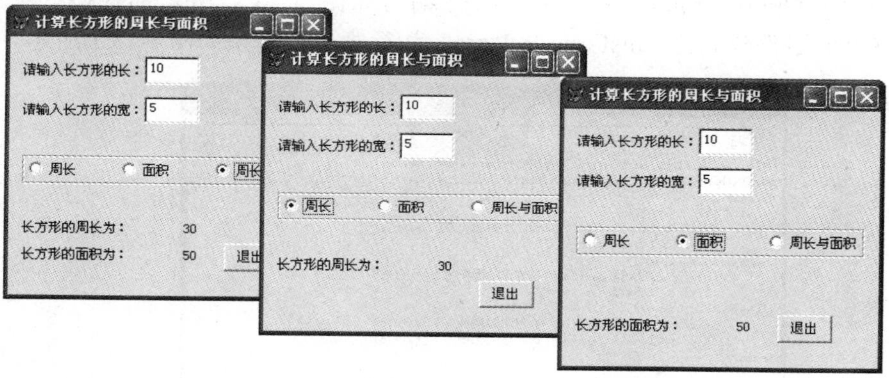

图 1.13.1　表单执行界面

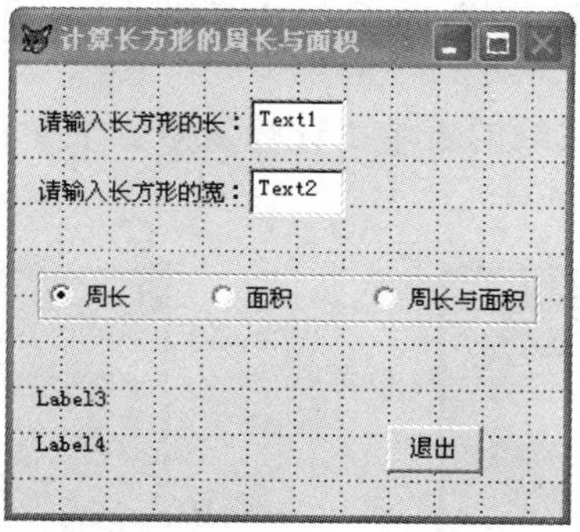

图 1.13.2　表单设计界面

① 选择“项目管理器 - lizx”对话框中“文档”选项卡下的“表单”选项，单击“新建”按钮，在弹出的“新建表单”对话框中单击“新建表单”按钮，打开表单设计器。

② 向表单中添加控件并设置属性。

在表单中添加 4 个标签控件 Label1、Label2、Label3、Label4；两个文本框控件 Text1 和 Text2；一个选项按钮组控件 OptionGroup1；一个命令按钮 Command1。设置属性如下：

Label1.Caption=请输入长方形的长：

Label1.AutoSize =.T.

Label1.BackStyle=0 – 透明

Label2.Caption=请输入长方形的宽：

Label2.AutoSize =.T.

Label2.BackStyle=0 – 透明

OptionGroup1.ButtonCount=3

Command1.Caption=退出

在选项按钮组 Optiongroup1 上单击鼠标右键，在弹出的快捷菜单中选择【生成器】命令，然后选择选项组生成器的“布局”选项卡，选择“按钮布局”为“水平”、“按钮间隔”为“2”，单击“确定”按钮。

③ 编写程序代码。

为选项按钮组 OptionGroup1 的 Click 事件编写如图 1.13.3 所示的代码。命令按钮 Command1 的 Click 事件代码为 ThisForm.Release。运行表单，结果如图 1.13.1 所示。

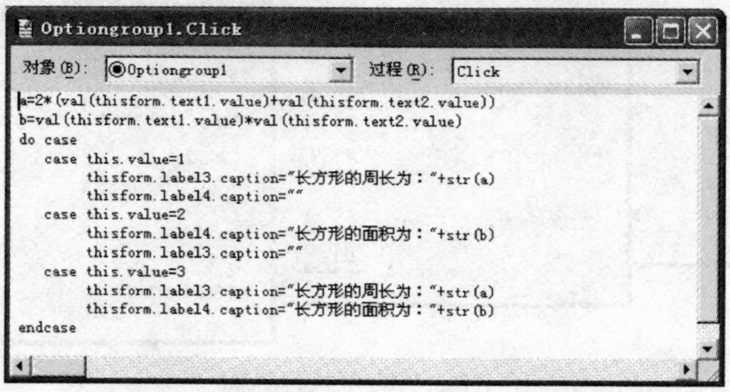

图 1.13.3　OptionGroup1 的 Click 事件代码

2．设计一个计算学生平均成绩的表单“计算.scx”。表单的执行界面如图 1.13.4 所示，表单的设计界面如图 1.13.5 所示。

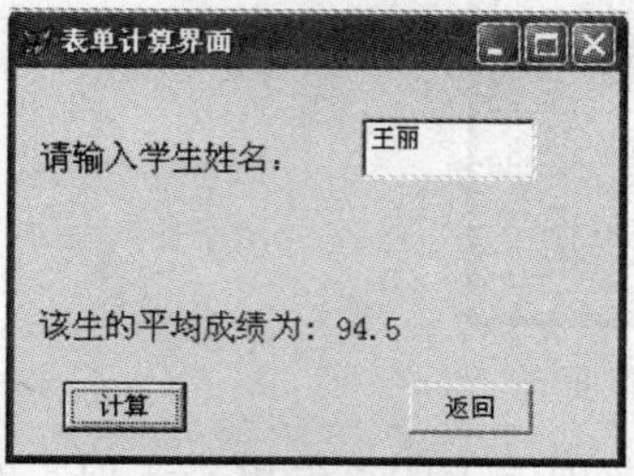

图 1.13.4　表单执行界面

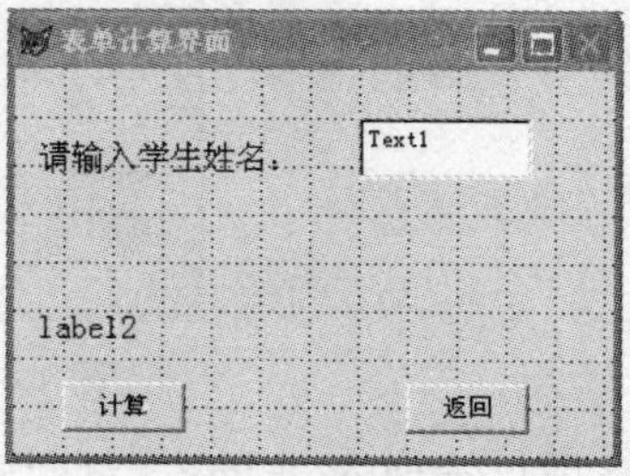

图 1.13.5　表单设计界面

（1）在表单中添加控件并设置属性。

新建一个表单，在表单中添加两个标签控件 Label1 和 Label2，两个命令按钮 Command1 和 Command2，一个文本框控件 Text1。设置属性如下：

Form1.Caption=表单计算界面

Label1.Caption=请输入学生姓名：

Command1.Caption=计算

Command2.Caption=返回

（2）编写程序代码。

为命令按钮 Command1 的 Click 事件编写如图 1.13.6 所示的程序代码。执行该表单，界面如图 1.13.4 所示。

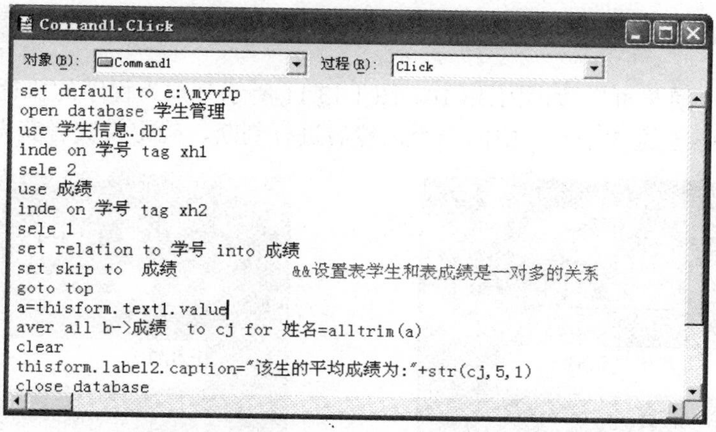

Command1.Click
对象(B): Command1
过程(R): Click
set default to e:\myvfp
open database 学生管理
use 学生信息.dbf
inde on 学号 tag xh1
sele 2
use 成绩
inde on 学号 tag xh2
sele 1
set relation to 学号 into 成绩
set skip to 成绩 &&设置表学生和表成绩是一对多的关系
goto top
a=thisform.text1.value
aver all b->成绩 to cj for 姓名=alltrim(a)
clear
thisform.label2.caption="该生的平均成绩为:"+str(cj,5,1)
close database

图 1.13.6　命令按钮 Command1 的 Click 事件代码

3．设计一个主界面表单“主表单.scx”，执行界面如图 1.13.7 所示，设计界面如图 1.13.8 所示。运行该表单时，单击“计算”按钮，则调用“计算”表单。

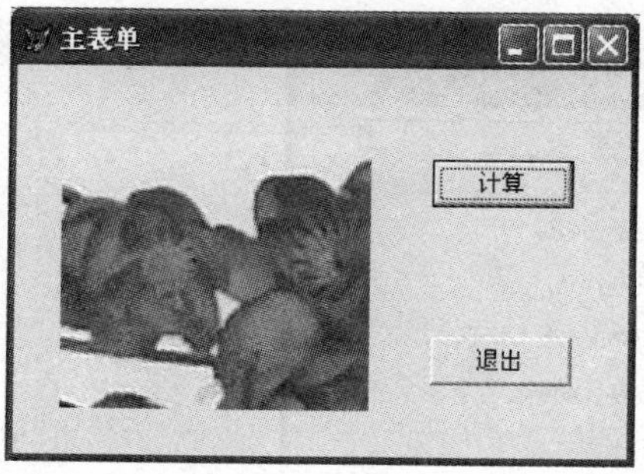

图 1.13.7　表单执行界面

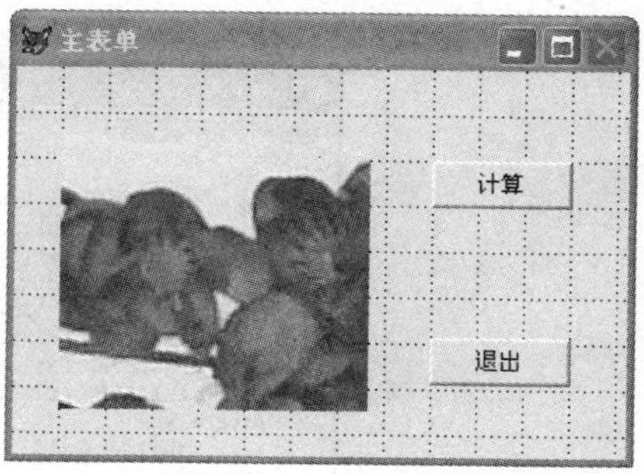

图 1.13.8　表单设计界面

（1）在表单上添加控件及属性。

新建一个表单，在表单上添加一个图像控件、两个命令按钮。设置属性如下：

Image1.Picture=E:\myvfp\flower.jpg

Command1.Caption=计算

Command2.Caption=退出

（2）编写程序代码。

两个命令按钮的 Click 事件代码如图 1.13.9 所示。

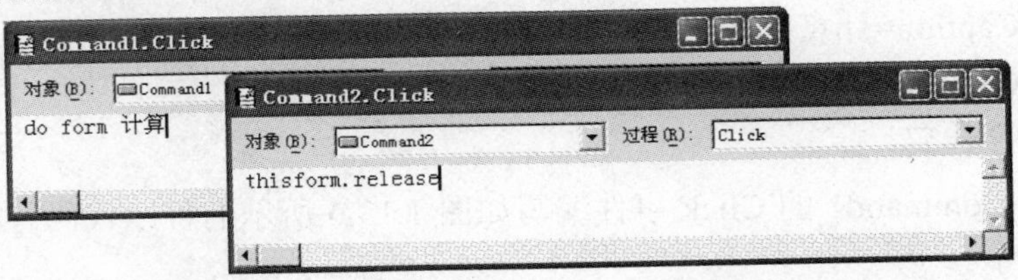

图 1.13.9　两个命令按钮的 Click 事件代码

4．设计一个“摸奖机”。如图 1.13.10、图 1.13.11 所示分别为程序的执行界面和设计界面。要求摸奖者输入 1～5 这 5 个数字中的一个，然后进行判断，确定摸奖者获得的奖品是多少。

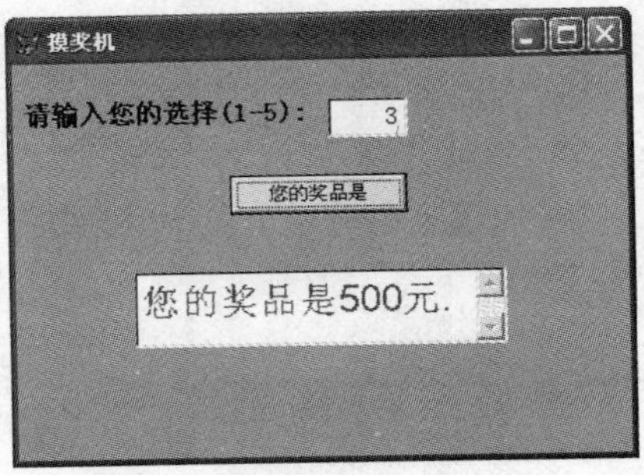

图 1.13.10　“摸奖机”表单执行界面

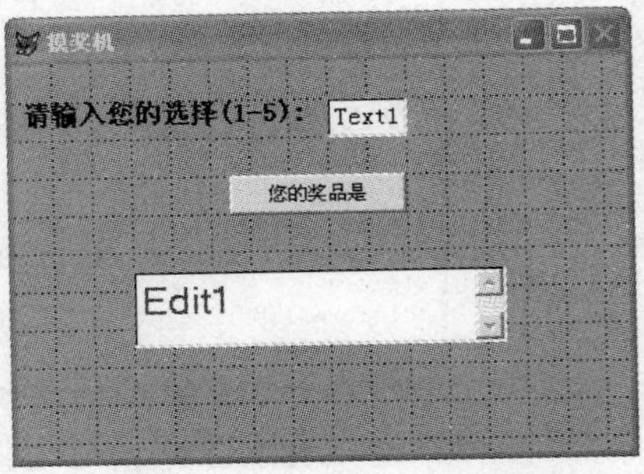

图 1.13.11　“摸奖机”表单设计界面

① 新建如图 1.13.11 所示的表单，为命令按钮 Command1 的 Click 事件编写如图 1.13.12 所示的程序代码。

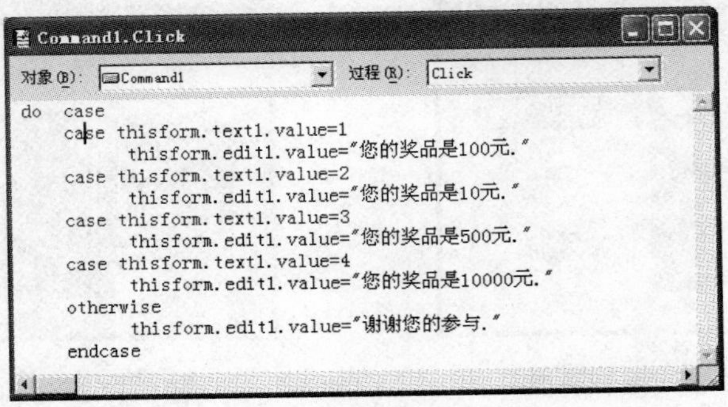

图 1.13.12　Command1 的 Click 事件代码

② 选择【表单】→【执行表单】菜单命令，程序运行情况如图 1.13.10 所示。

5．设计一个名为“水仙花数”的表单。如图 1.13.13、图 1.13.14 所示分别为程序的执行界面和设计界面。找出 100～999 之间的所有“水仙花数”。所谓“水仙花数”，是指一个 3 位数，其各位数字的立方和等于该数本身（如 $153=1^3+5^3+3^3$）。

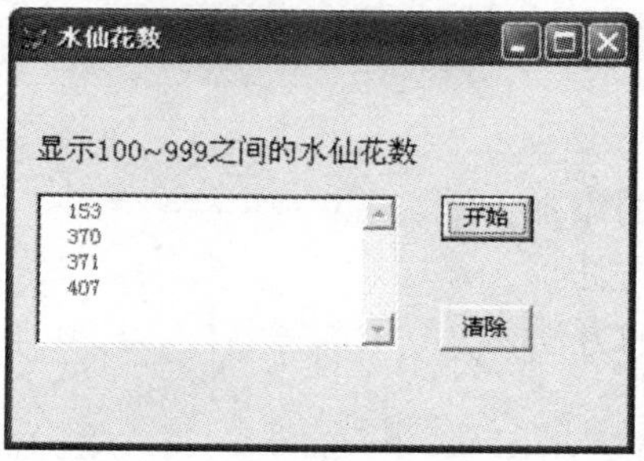

图 1.13.13 “水仙花数”表单执行界面

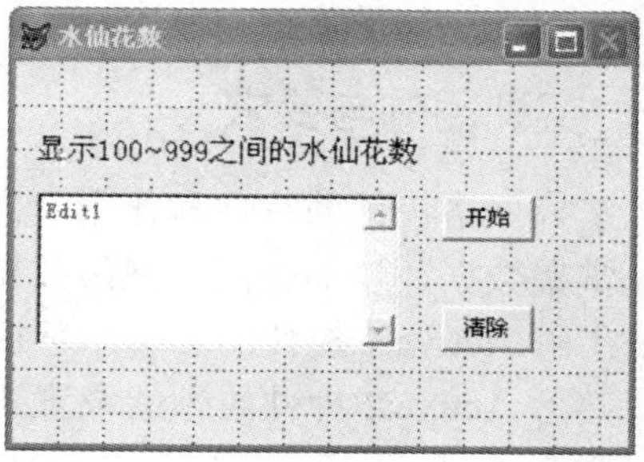

图 1.13.14 “水仙花数”表单设计界面

① 新建一个表单，在命令按钮 Command1(“开始”按钮)的 Click 事件代码窗口中输入如图 1.13.15 所示的程序代码。

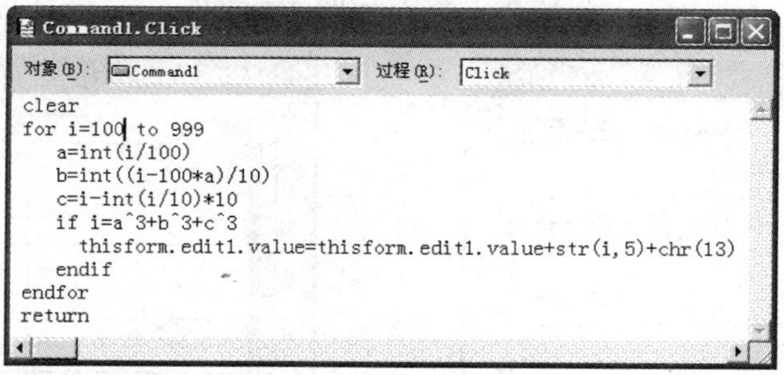

图 1.13.15 Command1 的 Click 事件代码

② 为命令按钮 Command2（“清除”按钮）的 Click 事件编写的代码如下。

```
ThisForm.Edit1.Value=""
ThisForm.Label1.Caption=""
```

实训 14　表单设计二——表格控件及 ActiveX 控件

一、实训目的与要求

1. 掌握表格控件的特性和作用，熟悉表格控件的添加方法。
2. 掌握数据环境的作用，熟悉数据环境的添加方法。
3. 了解 ActiveX 控件的含义，掌握添加该控件的方法。
4. 熟悉 ActiveX 控件属性的设置方法。
5. 学会利用日历控件编制一些简单的程序。

二、实训内容与操作步骤

1．基于“成绩管理”数据库，设计一个浏览学生基本情况的表单“浏览”，该表单显示 student 表中学生的所有信息。表单的执行界面如图 1.14.1 所示，设计界面如图 1.14.2 所示。

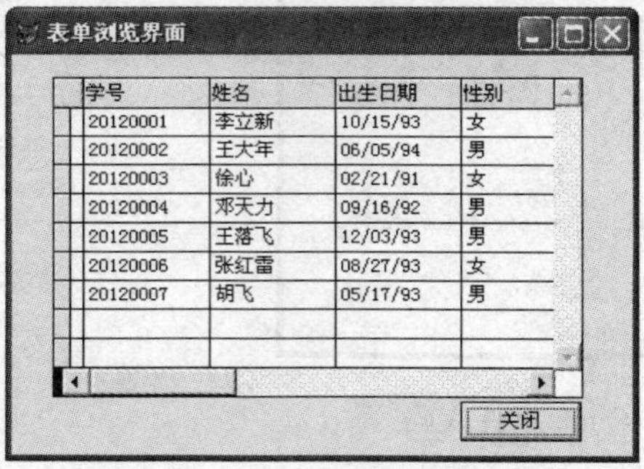

图 1.14.1　表单执行界面

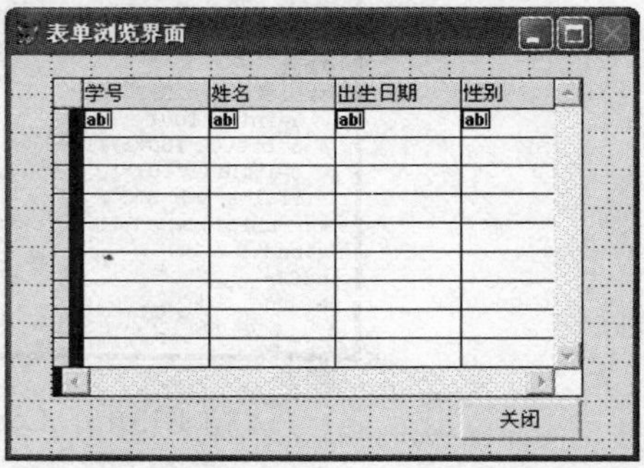

图 1.14.2　表单设计界面

（1）启动 Visual FoxPro，启动表单设计器。

在“项目管理器-lizx”对话框中，选定“文档”选项卡下的“表单”选项，单击“新建”按钮，在“新建表单”对话框中，单击“新建表单”按钮，打开表单设计器。

（2）设置数据环境。

用鼠标右键单击表单设计器，在弹出的快捷菜单中选择【数据环境】命令。在数据环境设计器中，用鼠标右键单击空白处，在弹出的快捷菜单中选择【添加】命令，弹出“添加表或视图”对话框，在“选定”选项组中选择“表”单选按钮，如图 1.14.3 所示。在“数据库中的表”列表框中选择“student”表，单击“添加”按钮，然后单击“关闭”按钮。

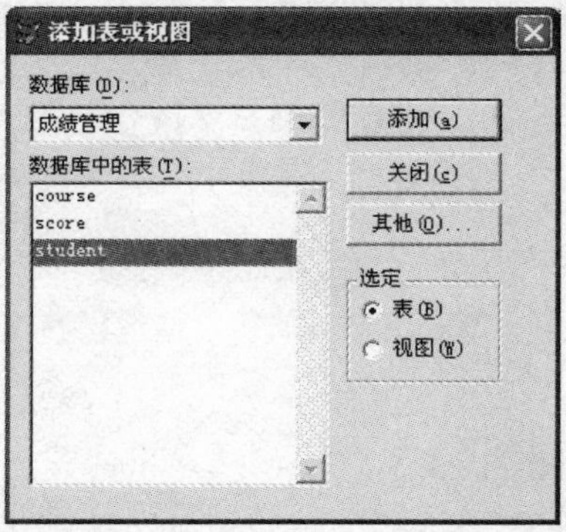

图 1.14.3　“添加表或视图”对话框

（3）添加控件及设置属性。

在表单设计器中，从数据环境设计器中按住表 student 的标题栏不放拖曳至表单 Form1 的适当位置后释放鼠标，即可添加一个表格控件。调整至合适大小，在表单中添加一个命令按钮。设置属性如下：

Form1.Caption=表单浏览界面

Command1.Caption=关闭

（4）编写程序代码。

为命令按钮 Command1 编写代码 ThisForm.Release，执行表单，结果如图 1.14.1 所示。

2．设计一个名为“查询”的表单，在表单界面上输入课程号，显示选修该门课程的学生信息。表单的执行界面和设计界面分别如图 1.14.4 和图 1.14.5 所示。

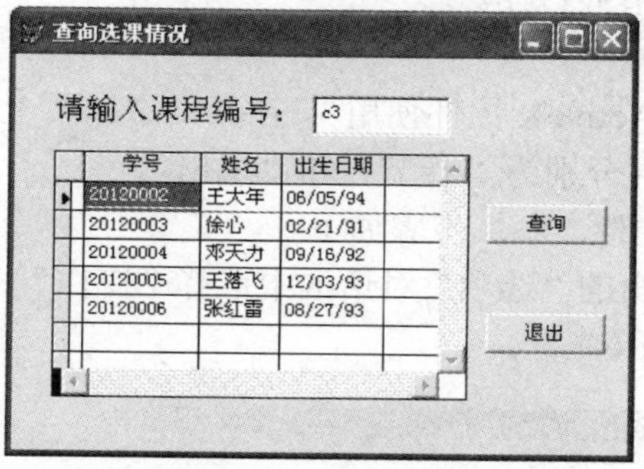

图 1.14.4 “查询”表单执行界面

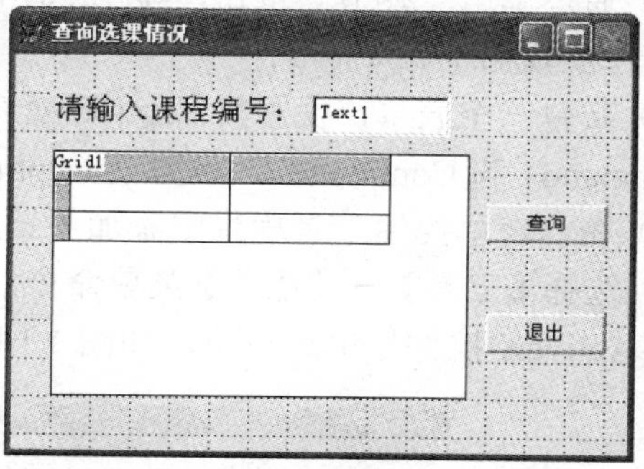

图 1.14.5 “查询”表单设计界面

（1）启动表单设计器。

在“项目管理器-lizx”对话框中，选定“文档”选项卡下的“表单”选项，单击“新建”按钮，在“新建表单”对话框中单击“新建表单”按钮，弹出表单设计器。

（2）设置数据环境。

将 student 表和 score 表添加至数据环境中。

（3）添加控件及设置属性。

在表单中添加一个标签控件 Label1，一个文本框 Text1，一个表格控件 Grid1，两个命令按钮 Command1 和 Command2。设置属性如下：

Form1.Caption=查询选课情况

Label1.Caption=请输入课程编号：

Grid1.RecordSourceType=4 - SQL 说明

Command1.Caption=查询

Command2.Caption=退出

（4）编写程序代码。

为命令按钮 Command1 的 Click 事件编写如图 1.14.6 所示的代码，为命令按钮 Command2 的 Click 事件编写代码 ThisForm.Release，执行表单，结果如图 1.14.4 所示。

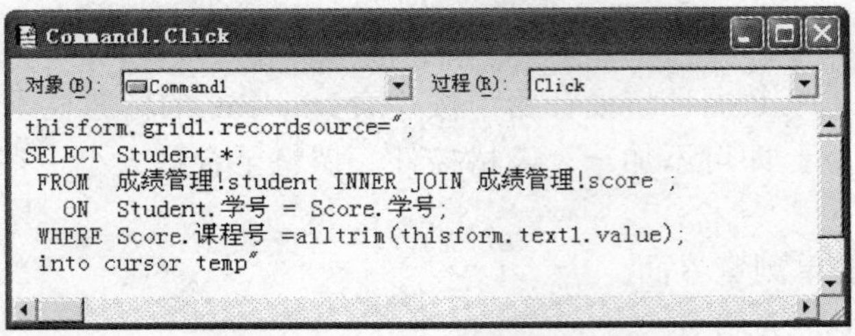

图 1.14.6　Command1 的 Click 事件代码

3．设计一个名为“日历”的表单，要求如下。

① 在表单中建立一个日历，能显示当前计算机的系统日期。

② 通过单击“春节”按钮，显示 2014 年春节的日期。

操作步骤如下。

① 新建一个表单，设置其 Caption 属性为“ActiveX 控件使用”；在其上添加两个命令按钮 Command1 和 Command2，设置其 Caption 属性分别为“春节”和“退出”。

② 在“表单控件工具栏”中添加“日历”控件，添加步骤如下。

a．选择【工具】→【选项】菜单命令，在弹出的“选项”对话框中选择“控件”选项卡，选中“ActiveX 控件”单选按钮，如图 1.14.7 所示。

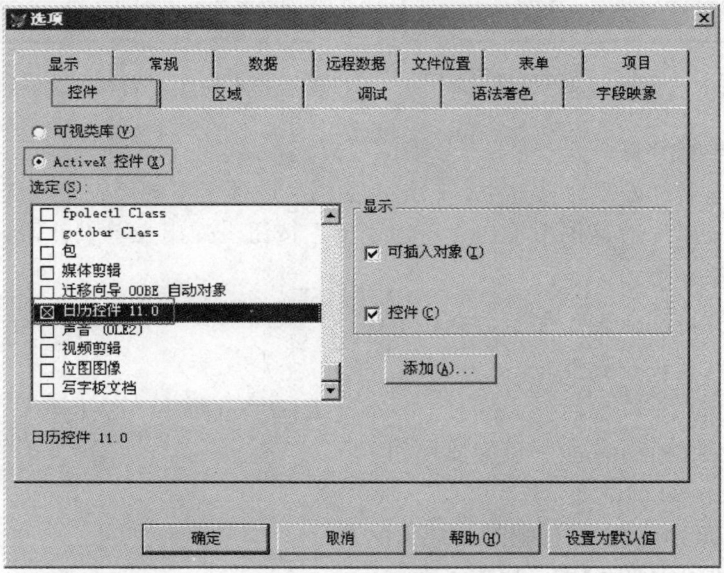

图 1.14.7　在“选项”对话框中设置参数

b．在“选定”列表框内找到“日历控件 11.0”并选中，如图 1.14.7 所示，单击“确定”按钮。

c．在“表单控件”工具栏中单击“查看类”按钮，在弹出的快捷菜单中选择【ActiveX 控件】命令后，“表单控件”工具栏就会显示所需要的日历控件，如图 1.14.8 所示。

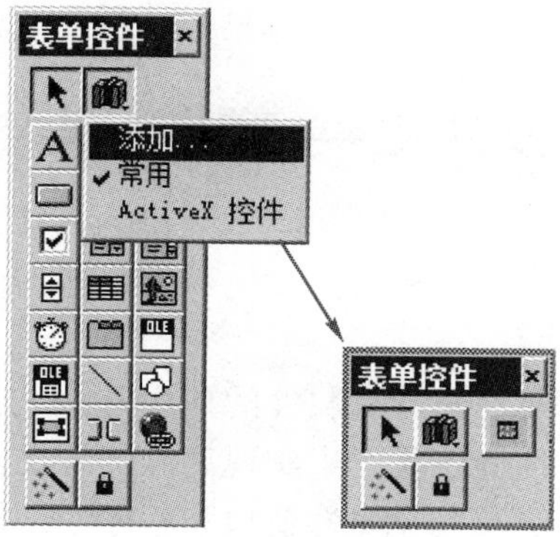

图 1.14.8　添加日历后的“表单控件”工具栏

③ 在图 1.14.8 所示的“表单控件”工具栏中，选中“日历”控件，将其添加到表单中，并调整其大小，表单设计界面如图 1.14.9 所示。在日历控件上单击鼠标右键，在弹出的快捷菜单中选择【日历 属性】命令，在打开的“日历 属性”对话框中对有关日历属性加以设置，如图 1.14.10 所示。

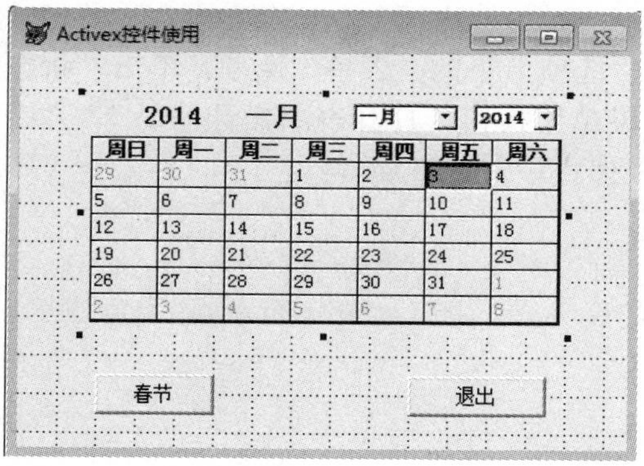

图 1.14.9 “日历”表单设计界面

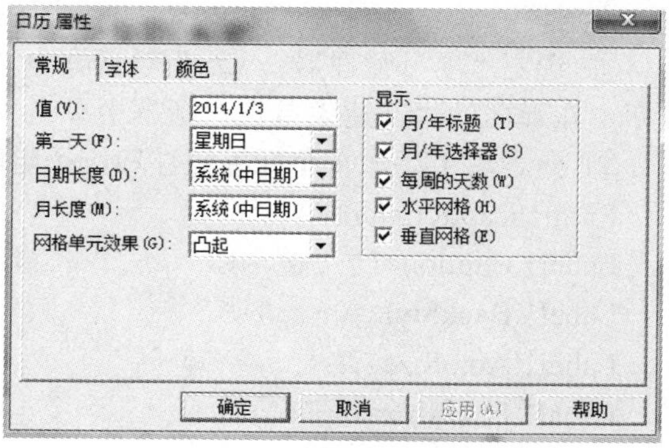

图 1.14.10　在“日历 属性”对话框中设置参数

④ 分别设置 Command1 和 Command2 命令按钮的 Click 事件过程代码。

Command1 的 Click 事件代码：

ThisForm.Olecontrol1.Day=ThisForm.Olecontrol1.Day+28

Command2 的 Click 事件代码：

ThisForm.Release

⑤ 保存并运行表单，如图 1.14.11 所示为运行表单时单击“春节”按钮时的界面。

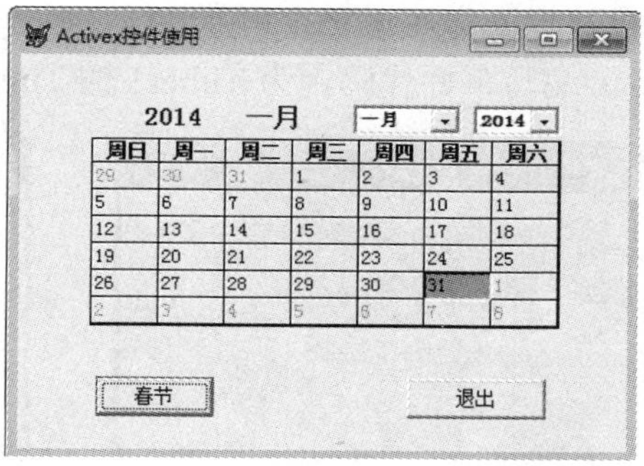

图 1.14.11 “日历”表单运行界面

实训 15　表单设计三——计时器控件及图像控件

一、实训目的与要求

1. 掌握计时器控件的基本属性与特有属性的使用方法。
2. 掌握通过编写计时器控件程序代码来实现动画的方法。
3. 掌握图像控件的添加方法及其在属性窗口和程序中的属性设置方法。
4. 熟练掌握 Picture 属性的使用（要注意路径）。
5. 了解通过程序设置不同的输出图像文件的方法。

二、实训内容与操作步骤

1. 创建一个表单“动画 1.scx”，在其中运行文字动画，要求文字从底部飞入，并且能连续运动。

① 选定“项目管理器 - lizx”对话框中“文档”选项卡下的“表单”选项，单击“新建”按钮，在弹出的“新建表单”对话框中单击“新建表单”按钮，打开表单设计器。

② 向表单中添加一个标签控件和一个定时器控件。设置如下属性：

Form1.Caption=动画 1

Label1.Caption=同　学　你　好

Label1.BackStyle=0 - 透明

Label1.AutoSize=.T.

Label1.FontSize=14

Label1.ForeColor=255,0,0

Timer1.Interval=50

设计界面如图 1.15.1 所示。

③ 编写事件代码，为 Timer1 的 Timer 事件编写如图 1.15.2 所示的程序代码。

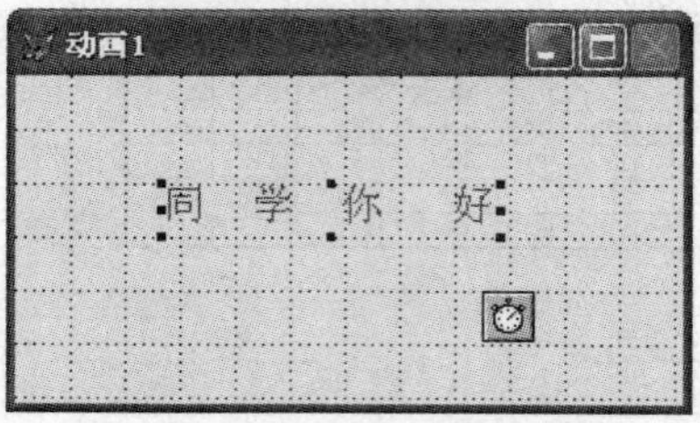
动画1
同　学　你　好

图 1.15.1 “动画 1”表单设计界面

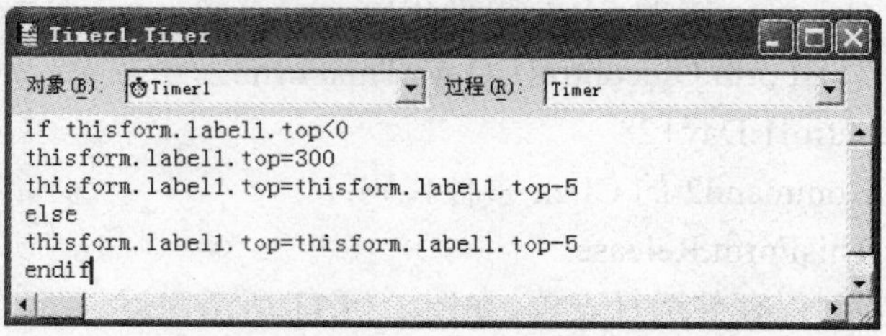
Timer1.Timer
对象(B): Timer1
过程(R): Timer
if thisform.label1.top<0
thisform.label1.top=300
thisform.label1.top=thisform.label1.top-5
else
thisform.label1.top=thisform.label1.top-5
endif

图 1.15.2　Timer 事件的程序代码

2. 创建一个表单“动画 2.scx”，在其中运行文字动画，要求文字从左侧飞入。

① 在表单中添加的控件同上，控件的属性设置如下，控件的其他属性同上。

Form1.Caption=动画 2

Timer1.Interval=150

② Timer1 控件的 Timer 事件代码如图 1.15.3 所示，Form1 的 Activate 事件代码如图 1.15.4 所示。

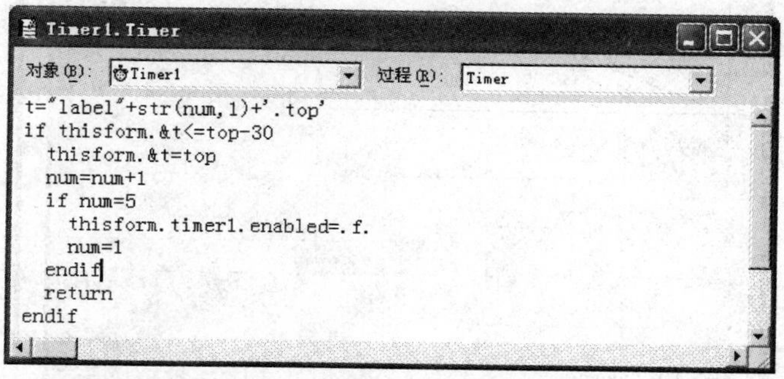
Timer1.Timer
对象(B): Timer1
过程(R): Timer
t="label"+str(num,1)+'.top'
if thisform.&t<=top-30
thisform.&t=top
num=num+1
if num=5
thisform.timer1.enabled=.f.
num=1
endif
return
endif

图 1.15.3　Timer 事件的程序代码

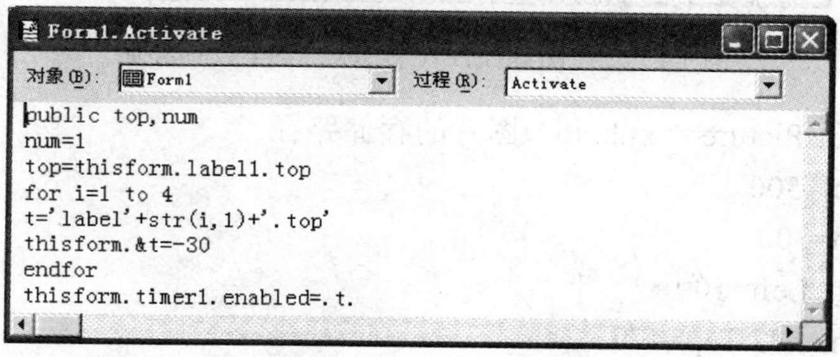
Form1.Activate
对象(B): Form1
过程(R): Activate
public top,num
num=1
top=thisform.label1.top
for i=1 to 4
t='label'+str(i,1)+'.top'
thisform.&t=-30
endfor
thisform.timer1.enabled=.t.

图 1.15.4　Activate 事件的程序代码

3．设计一个表单“图像控件使用.scx”，通过程序来改变图像属性。要求，单击不同的按钮则显示相应的图片。

① 新建一个表单，在其上添加一个标签控件 Label1，一个图像控件，3 个命令按钮。设置属性如下：

Form1.Caption= Image 控件使用

Label1.AutoSize=.T.

Label1.Alignment=2 - 中央

Command1.Caption=校景

Command2.Caption=风景

Command3.Caption=退出

设计界面如图 1.15.5 所示。

② 编写事件代码。

为命令按钮 Command1（“校景”按钮）的 Click 事件编写如下代码：

ThisForm.Label1.Caption="美丽的校园"

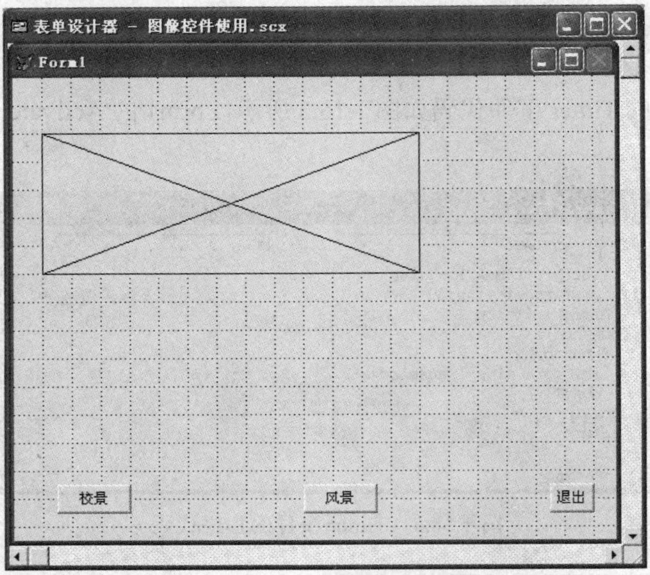

图 1.15.5 “图像控件使用.scx”表单设计界面

```
ThisForm.Image1.Picture=" xj.bmp" ;图片的存储路径
ThisForm.Height=500
ThisForm.Width=300
ThisForm.Label1.Left=100
ThisForm.Command2.Top=470
ThisForm.Command2.Left=120
ThisForm.Command3.Top=470
ThisForm.Command3.Left=250
```

为命令按钮 Command2（“风景”按钮）的 Click 事件编写如下代码：

```
ThisForm.Label1.Caption="美丽的自然风景"
ThisForm.Image1.Picture="fj.bmp"
ThisForm.Height=800
ThisForm.Width=1000
ThisForm.Label1.Left=500
ThisForm.Command1.Top=400
ThisForm.Command1.Left=925
Thisform.Command3.top=520
ThisForm.Command3.Left=930
```

运行该表单，如图 1.15.6 和图 1.15.7 所示分别为单击该表单中的“校景”按钮和“风景”按钮时的运行结果。

图 1.15.6 单击“校景”按钮时的运行结果

图 1.15.7 单击“风景”按钮时的运行结果

实训 16　报表与菜单设计

一、实训目的与要求

1．熟练掌握报表的建立、修改报表布局及报表预览的方法。

2．掌握标签的设计方法。

3．熟练掌握利用菜单设计器设计菜单的方法。

4．掌握生成菜单程序的方法。

5．掌握快捷菜单的特点和设计方法。

二、实训内容与操作步骤

1．利用报表向导为“学生信息.dbf”建立一个如图 1.16.1 所示的报表文件“报表 1.frx”，要求如下。

① 报表输出字段为学号、姓名、年龄、年级、班级。

② 报表文件的标题为“学生基本情况表”，标题文字格式为水平居中、黑体、粗体、小四号，在标题右侧插入一张图片，图片自选。

③ 以“报表 1”中的“学号”字段升序排序。

④ 以“报表 1”中的“年级”字段作为分组依据，对“报表 1.frx”进行数据分组。

⑤ 设置报表的左边距为 0.2cm，将页注脚中的“_pageno”域变更为“_pbpage”，并将字体颜色设置为“红色”。

学生基本情况表 

04/08/13

学号	姓名	年龄	年级	班级
20090201	王丽	23	四	2009商1
20090202	李芳	23	四	2009商1
20100101	李中华	23	三	2010计1
20100102	王友天	23	三	2010计1
20100103	于世辉	22	三	2010计1
20110101	丁一仁	19	二	2011计1
20110102	胡清	21	二	2011计1
20110103	赵鹏婷	20	二	2011计1
20110104	王有举	19	二	2011计1
20110105	崔晶石	20	二	2011计1
20110106	沈洪福	20	二	2011计1
20110107	于社稷	20	二	2011计1
20110108	丁忠仁	22	二	2011计1
20120101	李耀华	19	一	2012计1

图 1.16.1　“报表 1.frx”预览效果

操作步骤如下。

① 在“项目管理器 -lizx”对话框中，选择“文档”选项卡，选择项目列表中的“报表”选项，单击“新建”按钮，在弹出的“新建报表”对话框中，单击“报表向导”按钮，在弹出的“向导选取”对话框中选择“报表向导”选项，单击“确定”按钮，启动报表向导。

② 在“步骤 1-字段选取”中选取“学生信息”表中的“学号”、“姓名”、“年龄”、“年级”、“班级”5 个字段作为选定字段。

③ 在“步骤 2-分组记录”中取默认项。

④ 在“步骤 3-选择报表样式”中选择样式为“账务式”。

⑤ 在“步骤 4-定义报表布局”中设置报表方向为“纵向”、字段布局为“列”、列数为 1。

⑥ 在“步骤 5 -排序记录”中选择“学号”字段，选取“升序”单选按钮，单击“添加”按钮。

⑦ 在“步骤 6-完成”中，在报表标题文本框中输入“学生基本情况表”，选择“保存报表并在‘报表设计器’中修改报表”单选按钮，单击“完成”按钮。在“保存”对话框中，将报表文件名设置为“报表 1”，单击“保存”按钮。

⑧ 在报表设计器中，用鼠标单击标题“学生基本情况表”，然后单击报表设计器中“布局”工具栏中的“水平居中”按钮；在选定报表标题文本后，选择【格式】→【字体】菜单命令，在“字体”对话框中，设置“字体”为“黑体”、“字体样式”为“粗体”、“大小”为“小四号”，单击“确定”按钮。

⑨ 单击“报表控件”工具栏中的“图片/OLE 绑定型控件”按钮，在报表标题区右侧拖曳，形成一定大小的图文框后释放鼠标。在弹出的“报表图片”对话框中，选取“图片来源”为“文件”。再单击其后的“…”按钮，在打开的对话框中选取“kj.bmp”选项，单击“确定”按钮。在“报表图片”对话框中，选取“缩放图片，填充图文框”单选按钮，单击“确定”按钮。

⑩ 选择【报表】→【数据分组】菜单命令，在弹出的“数据分组”对话框中，单击“分组表达式”文本框右侧的“…”按钮；在弹出的“表达式生成器”对话框中，双击“字段”列表框中的“学生信息.年级”，单击“确定”按钮，返回到“数据分组”对话框。单击“确定”按钮，返回报表设计器。此时报表设计器中自动添加了一个“组标头 1：年级”设计区，单击并拖曳该区域至适当大小。

⑪ 选择【文件】→【页面设置】菜单命令，设置“左页边距”为“0.2000”，单击“确定”按钮。

⑫ 双击“页注脚”区中的“_pageno”，在弹出的“报表表达式”对话框中单击“表达式”文本框右侧的“…”按钮；双击“变量”列表框中的“_pbpage”，单击“表达式生成器”对话框中的“确定”按钮，单击“报表表达式”对话框中的“确定”按钮。

⑬ 单击“报表设计器”对话框中的“调色板工具栏”按钮，显示调色板工具。单击“调色板”工具栏中“前景色”按钮，选择颜色列表中的“红色”，关闭调色板工具。

2. 利用报表设计器为“学生信息.dbf”表建立一个报表文件“学生情况报表.frx”，预览效果如图 1.16.2 所示。

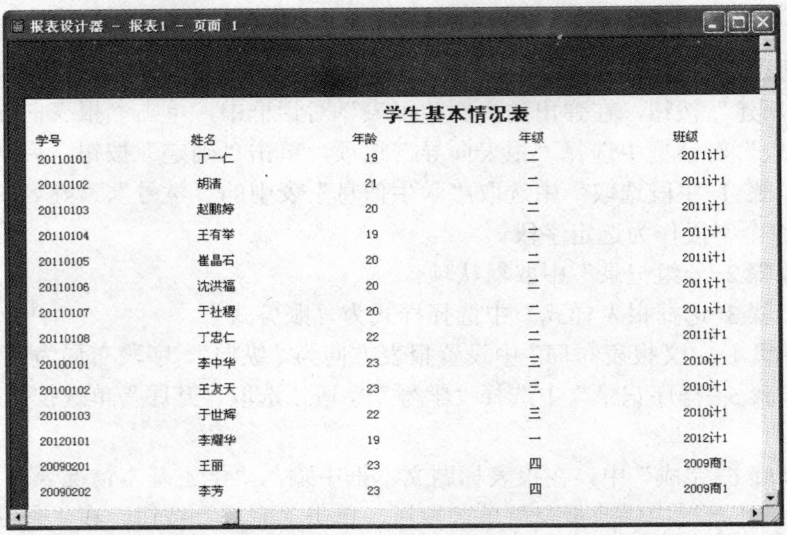

图 1.16.2 “学生情况报表.frx”预览效果

要求如下：

① 报表输出字段为“学号”、“姓名”、“年龄”、“年级”、“班级”。

② 报表文件的标题为“学生基本情况报表”，标题文字格式为四号、水平居中、黑体、加粗。

③ 以“学号”字段升序排序。

④ 以“班级”字段为分组依据，对“学生情况报表.frx”进行数据分组。

⑤ 设置报表的左边距为 0.3，将页注脚设置为“_pageno”域。

操作步骤如下：

① 在“项目管理器-lizx”对话框中，选定“文档”选项卡下的“报表”选项，单击“新建”按钮，在弹出的“新建报表”对话框中，单击“新建报表”按钮，启动报表设计器，如图 1.16.3 所示。

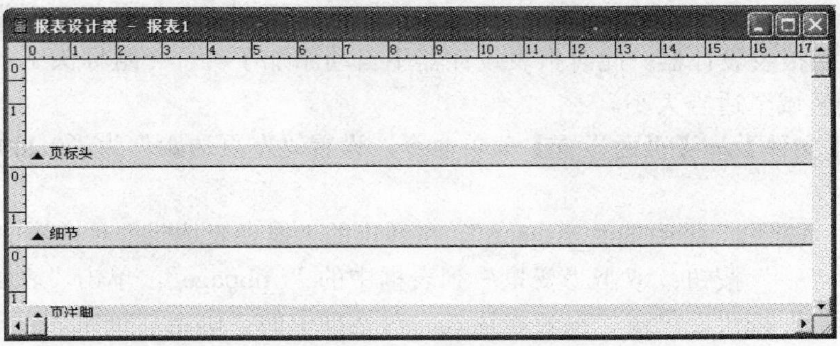

图 1.16.3 报表设计器

② 选择【显示】→【工具栏】菜单命令，在“工具栏”对话框中选中“报表控件”选项，单击“确定”按钮，“报表控件”工具栏如图 1.16.4 所示。

图 1.16.4 “报表控件”工具栏

③ 选择【显示】→【数据环境】菜单命令，再选择【数据环境】→【添加】菜单命令，在弹出的“添加表或视图”对话框的“数据库”下拉列表框中选择“学生管理”数据库，在“数据库中的表”下拉列表框中选择“学生信息”表，单击“添加”按钮，然后单击“关闭”按钮。

④ 选择【报表】→【标题/总结】菜单命令，在弹出的“标题/总结”对话框中选择“报表标题”区域中的“标题带区”复选框，单击“确定”按钮。单击“报表控件”工具栏中的“标签”控件A，在报表的“标题带区”的空白处单击，在光标处输入标题“学生基本情况表”。选定标题“学生基本情况表”，选择【格式】→【字体】菜单命令，在弹出的“字体”对话框中，选择“字体”为“黑体”，设置“字体样式”为“粗体”、“大小”为“四号”，单击“确定”按钮。选择【格式】→【文本对齐方式】→【居中】菜单命令。

⑤ 单击“报表控件”工具栏中的“标签”控件A，在报表的“页标头”的空白处单击，在光标处输入“学号”，采用同样的方法输入“姓名”、“年龄”、“年级”、“班级”。

⑥ 单击“报表控件”工具栏中的“域”控件abl，在报表的“细节”区的空白处拖曳，使域的大小合适，在弹出的“报表表达式”对话框中，单击“表达式”文本框右边的…按钮。在弹出的“表达式生成器”对话框中，双击“字段”列表框中的“学生信息. 学号”，将其添加到“报表字段的表达式”文本框中。单击“确定”按钮，返回“报表表达式”对话框，可看到在“表达式”文本框中添加上了“学生信息. 学号”。单击“确定”按钮，返回报表设计器，可看到在“细节”上面的空白处的域控件框中显示出了“学号”。

⑦ 重复上述步骤⑥，依次定义报表所要列出的字段。

⑧ 单击“报表控件”工具栏中的“域”控件abl，在报表的“页注脚”区的空白处拖曳，使其到合适的大小，在弹出的“报表表达式”对话框中，单击“表达式”文本框右边的…按钮，在弹出的“表达式生成器”对话框中，双击“变量”列表框中的“_pageno”，将其添加到“报表字段的表达式”文本框中。单击“确定”按钮，返回“报表表达式”对话框，可看到在“表达式”文本框中添加上了“_pageno”。单击“确定”按钮，返回“报表设计器”对话框，可看到在“页注脚”上面的空白处的域控件框中显示出了“_pageno”，完成的报表设计界面如图 1.16.5 所示。

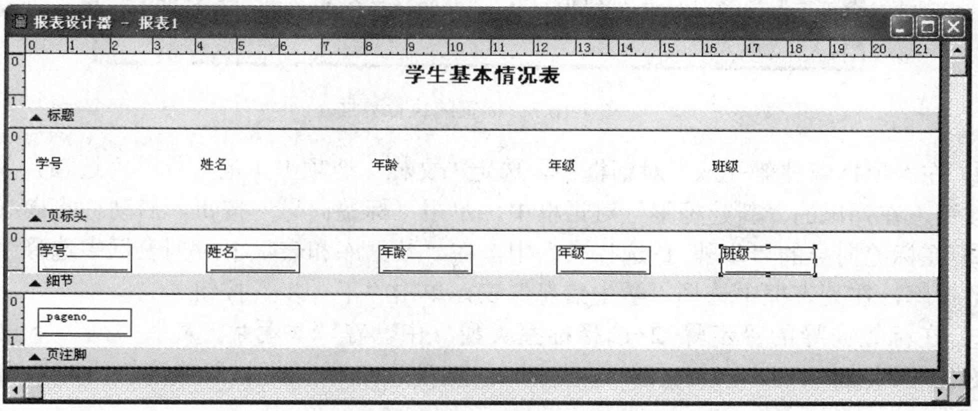

图 1.16.5 “学生情况报表.frx”设计界面

⑨ 选择【报表】→【数据分组】菜单命令，在“数据分组”对话框中，建立如图 1.16.6 所示的分组表达式，单击“确定”按钮，返回“报表设计器”对话框。

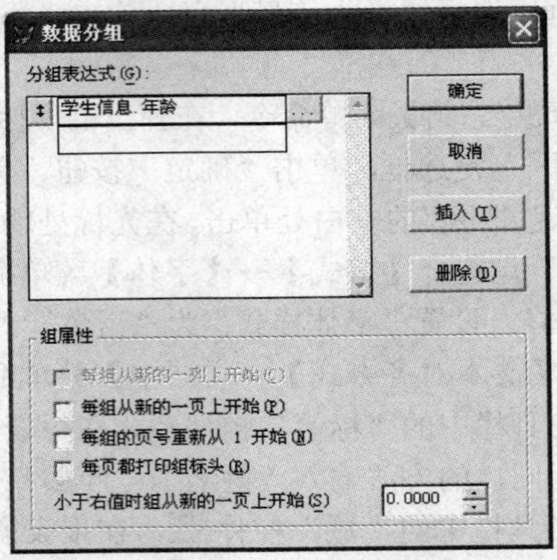

图 1.16.6　建立分组表达式

⑩ 单击“常用”工具栏中的“打印预览”按钮，可看到“学生基本情况表”的预览界面（如图 1.16.2 所示）。

⑪ 选择【文件】→【保存】菜单命令，在“另存为”对话框中将报表保存为“学生情况报表”，单击“保存”按钮。

3. 利用标签向导为表“学生信息.dbf”建立一个标签文件“学生.lbx”，执行界面如图 1.16.7 所示。

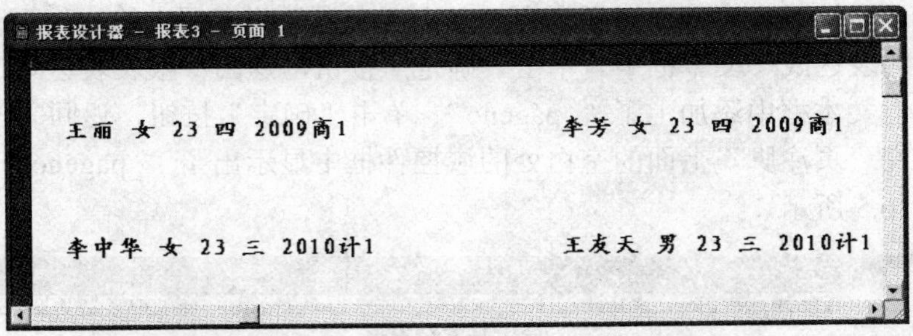

图 1.16.7　标签的执行界面

① 在“项目管理器-lizx”对话框中，选定“文档”选项卡下的“标签”选项，单击“新建”按钮，在弹出的“新建标签”对话框中，单击“标签向导”按钮，启动标签向导。

② 在标签向导的“步骤 1-选择表”中，在“数据库和表”下拉列表框中选择“学生管理”数据库，在列表框中选择“学生信息”表，单击“下一步”按钮。

③ 在标签向导的“步骤 2-选择标签类型”中，在“型号#　大小　列”下拉列表框中，选定“Avery 4143　15/16.　‘×4’　2”选项，选择“英制”单选按钮，单击“下一步”按钮。

④ 在标签向导的“步骤 3-定义布局”中，在“可用字段”下拉列表框中双击字段“姓

名”，单击“空格”按钮。

⑤ 重复上述步骤，依次将字段性别、年龄、年级、班级，添加到“选定的字段”列表框中。

⑥ 单击“字体”按钮，在弹出的“字体”中，在“字体”下拉列表框中选择“楷体”选项，在“字形”列表框中选择“粗体”选项， 在“大小”下拉列表框中选择“14”选项，单击“确定”按钮，单击“下一步”按钮。

⑦ 在标签向导的“步骤 4-排序记录”中，选择“学号”字段，选择“升序”单选按钮，单击“添加”按钮。

⑧ 在标签向导的“步骤 5-完成”中，选择“保存标签并在标签设计器中修改”单选按钮，单击“预览”按钮，即可看到标签的运行情况（如图 1.16.7 所示）。单击“完成”按钮，在“另存为”对话框中输入“学生”，单击“保存”按钮。

4. 用菜单设计器创建一个如图 1.16.8 所示的主菜单“菜单 1.mnx”。

① 在“命令”窗口中输入命令“CREATE memu 菜单 1”，按 Enter 键后即可打开“新建菜单”对话框，如图 1.16.9 所示。

图 1.16.8 “菜单 1.mnx”运行界面

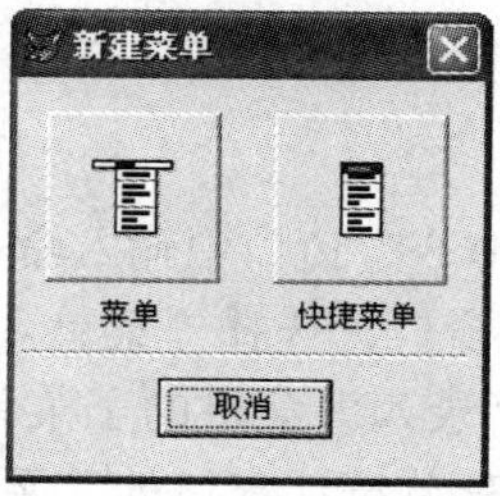

图 1.16.9 “新建菜单”对话框

② 单击“菜单”按钮，在打开的“菜单设计器-菜单 1.mnx”窗口中，在“菜单名称”栏中分别输入主菜单中的各个菜单标题，即“录入”、“统计”、“查询”、“输出”和“退出”，在“结果”栏中依次选择“子菜单”、“子菜单”、“命令”、“子菜单”和“过程”，如图 1.16.10 所示。

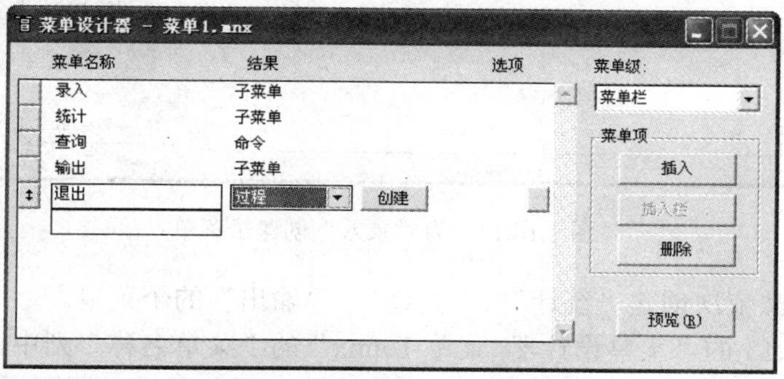

图 1.16.10 在“菜单设计器-菜单 1.mnx”窗口中设置参数

③ 为“退出”菜单的“过程”选项建立代码。单击“退出”菜单，单击其“过程”右侧

的“创建”按钮，在代码编辑窗口中输入如图 1.16.11 所示的过程代码。

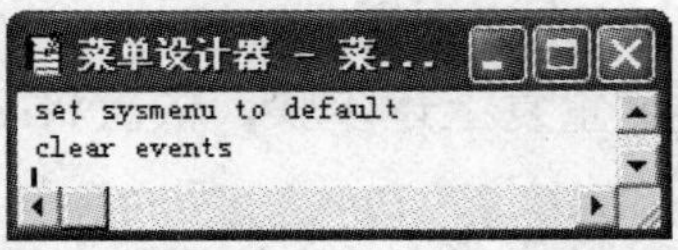

图 1.16.11 “退出”过程代码编辑窗口

④ 选择【菜单】→【生成】菜单命令，在“生成菜单”对话框中输入“菜单 1.mpr”，单击“生成”按钮。

⑤ 打开“项目管理器-lizx”对话框中，选择“全部”选项卡下的“菜单”选项，单击“添加”按钮，在“添加”对话框中单击“确定”按钮。将所建菜单添加到“项目管理器-lizx”对话框中。

⑥ 单击“运行”按钮，即可看到如图 1.16.8 所示的菜单。

5．为菜单文件“菜单 1.mnx”添加如图 1.16.12 所示的下拉菜单，使用分隔线将内容相关的菜单项分割成组，分别为“录入”、“统计”、“查询”、“输出”和“退出”设置热键，为“录入”的各下拉菜单项设置快捷键。

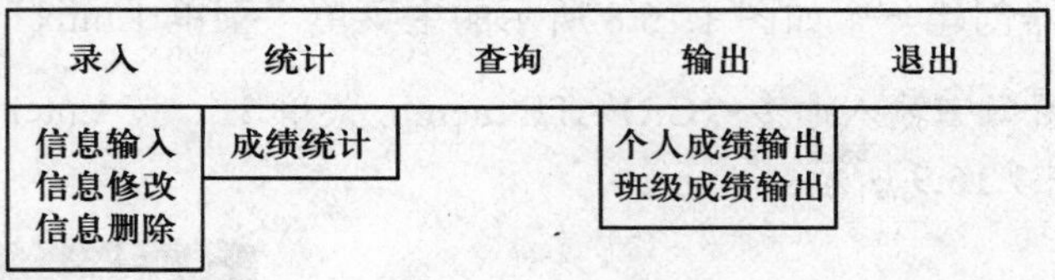

图 1.16.12 需添加的下拉菜单

① 在“命令”窗口中输入命令“MODIFY menu 菜单 1”，按 Enter 键进入“菜单设计器-菜单 1.mnx”窗口，选择“菜单名称”列中的“录入”选项，单击“结果”列右侧的“创建”按钮，弹出“录入”菜单的子菜单设计窗口。

② 在子菜单设计窗口的“菜单名称”列依次输入“信息输入”、“信息修改”和“信息删除”，在“结果”列全部选择“命令”选项，如图 1.16.13 所示。

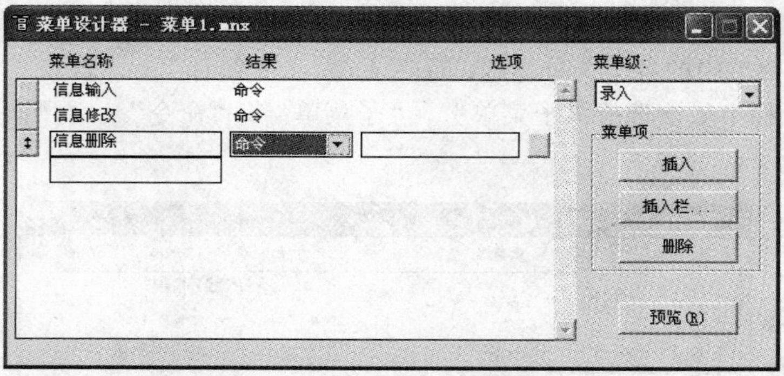

图 1.16.13 为“录入”创建子菜单

③ 按上述步骤依次创建“统计”、“查询”、“输出”的子菜单。

④ 在图 1.16.13 的“菜单设计器-菜单 1.mnx”的“菜单名称”列中，单击“信息修改”子菜单项，单击“插入”按钮，输入“\-”作为菜单项分隔线。用同样的方法在子菜单项“信息修改”下创建分隔线。输入分隔线后的菜单设计器如图 1.16.14 所示。

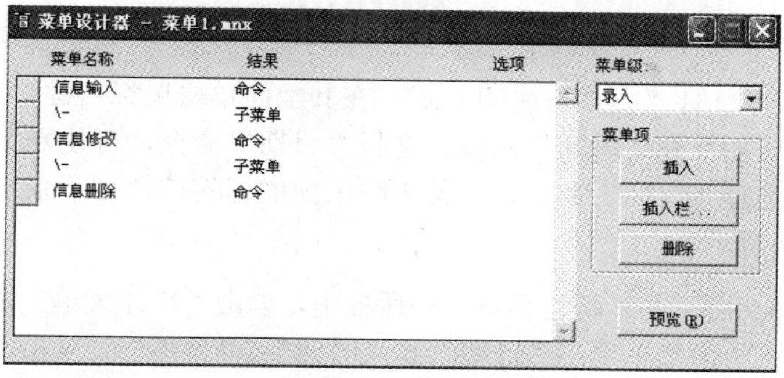

图 1.16.14 为“录入”的子菜单设置分隔线

⑤ 单击图 1.16.10 所示界面的“菜单名称”列的选项“录入”，在其后面输入“(\<I)”，为其设置热键。用同样的方法依次在“统计”、“查询”、“输出”和“退出”后面分别输入“(\<T)”、“(\<Q)”、“(\<P)”、“(\<X)”来设置对应的热键，如图 1.16.15 所示。

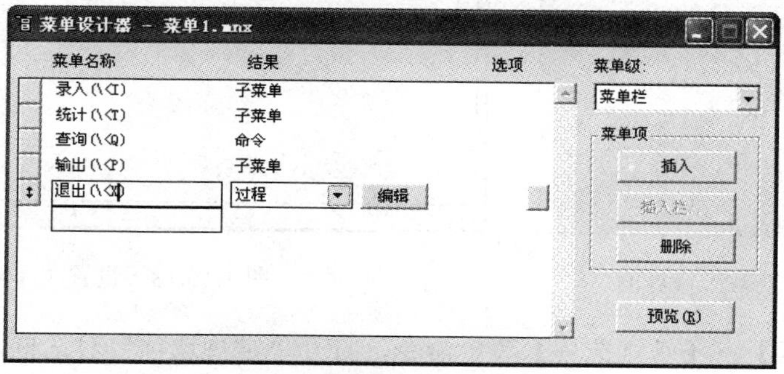

图 1.16.15 为各菜单名称添加热键

⑥ 单击图 1.16.13 所示窗口的“信息输入”右侧的“选项”栏下的按钮，弹出“提示选项”对话框。选择“键标签”文本框，按住 Ctrl 键不动，输入“I”，在“键标签”和“键说明”文本框中会显示“Ctrl +I”。此时便为“信息输入”设置了快捷键，如图 1.16.16 所示。

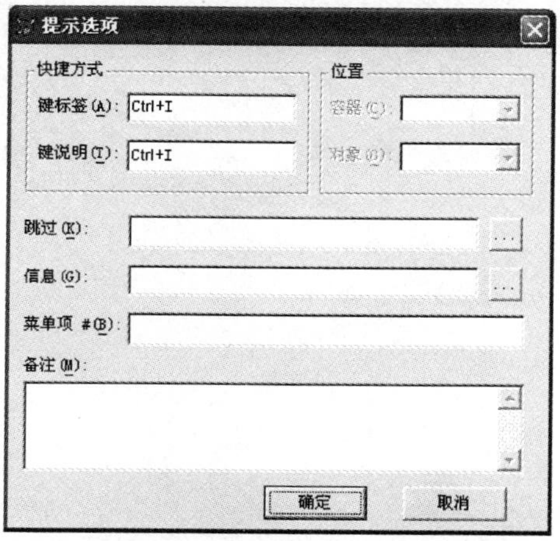

图 1.16.16 在“提示选项”对话框中设置快捷键

⑦ 采用类似的方法为“信息修改”和“信息删除”设置快捷键。

6. 创建一个表单文件“日期与时间.scx”，在其上面单击鼠标右键，可以弹出快捷菜单，快捷菜单中包含“日期”和“时间”两项。选择“日期”命令，可使表单上面的标签控件显示系统当前日期，选择“时间”命令，可使表单上面的标签控件显示系统当前时间。表单运行界面如图 1.16.17 所示。

① 在如图 1.16.9 所示的“新建菜单”对话框中，单击“快捷菜单”按钮，弹出快捷菜单设计器。在其中设置两个菜单项：“日期”和“时间”。“日期”菜单项的命令为“日期与时间.Label1.Caption=DTOC(Date())”，“时间”菜单项的命令为“日期与时间.Label1.Caption=TIME()”，如图 1.16.18 所示。

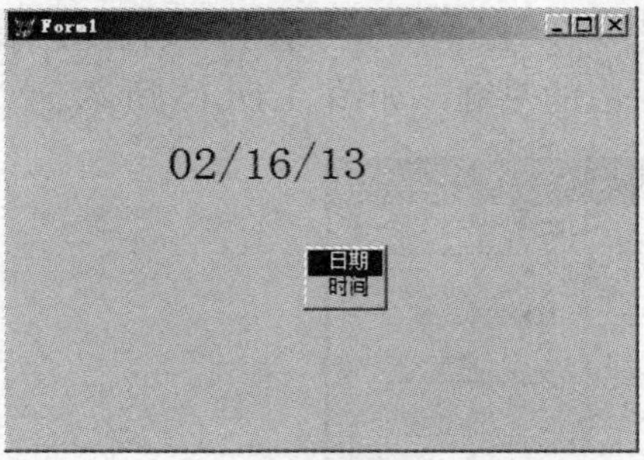

图 1.16.17 表单运行界面

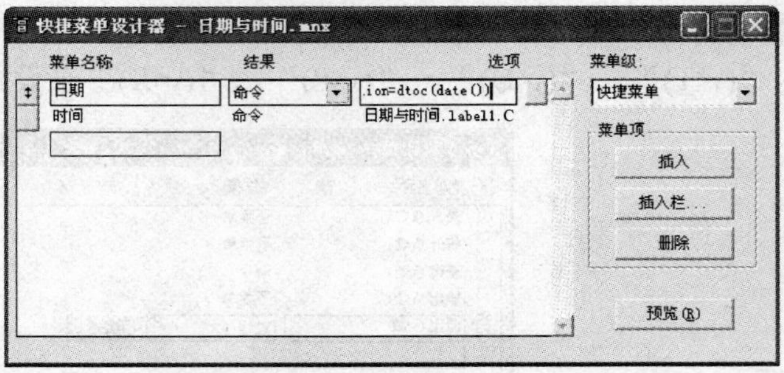

图 1.16.18 设置菜单项

② 选择【显示】→【常规选项】菜单命令，打开“常规选项”对话框，选中“设置”复选框，单击“确定”按钮，进入“设置”窗口，输入“PARAMETERS 日期与时间”，然后关闭。

③ 选择【菜单】→【生成】菜单命令，在“生成菜单”对话框中输入“日期与时间.mpr”，单击“生成”按钮。

④ 在“命令”窗口中输入命令“MODIFY FORM 日期与时间”，打开表单设计器，在上面添加一个标签控件 Label1，设置其 Caption 属性为“日期与时间”。

⑤ 为表单 Form1 的 RightClick 事件添加代码“DO 日期与时间.mpr WITH This .T .”。

⑥ 保存并运行表单，观察结果。

第二部分　综合实训

内容导学

本部分结合主教材内容及实际设计了3个综合实训，相对于第一部分中的基础实训，这3个实训涉及了多个章节中的内容，是将多个知识点联系起来的综合应用和提高，具有一定的难度和深度。该部分的目的是通过实际操作，让读者建立起知识之间的内在联系，同时培养学生运用表单和菜单将过程化与可视化结合起来进行程序设计的技能和方法，培养分析理解与综合设计的能力。另外，实训4只是列举了一些题目，实际操作和编程留给了读者，希读者能充分发挥想象力，在已具有的知识点和已具备的能力基础上，自己亲自动手进行实际的设计和操作。

实训 1　面向对象的程序设计

一、实训目的与要求

1．了解 Visual FoxPro 中面向对象的实现过程。
2．掌握 Visual FoxPro 中类及对象的设计方法。
3．掌握 Visual FoxPro 中可视化类的设计方法。

二、实训内容与操作步骤

1．设计一个表单，在其上添加两个标签、两个文本框和一个命令按钮，在其中的一个文本框中输入一个整数。当单击命令按钮时，如果输入的是正整数，则在另一个文本框中输出 1 到该整数的阶乘和；如果输入的是负数或者零，则提示重新输入。

具体操作如下：

启动 Visual FoxPro 6.0，在“命令”窗口中输入命令“MODIFY COMMAND 阶乘和”，按 Enter 键后在“阶乘和.prg”程序文件窗口中输入如图 2.1.1 所示的程序代码。

```
myform=createobject("form1")          &&建立一个表单对象
*设置表单的相关属性
myform.caption="求阶乘和"
myform.width=360
myform.height=170
*在表单上加入两个文本框，并设置相关属性
myform.addobject("label1","label")
myform.addobject("label2","label")
myform.addobject("text1","textbox")
myform.addobject("text2","textbox")
myform.label1.visible=.t.
myform.label2.visible=.t.
myform.label1.top=30
myform.label2.top=125
myform.label1.left=55
myform.label2.left=55
myform.label1.autosize=.t.
myform.label2.autosize=.t.
myform.label1.caption="请输入一个整数："
myform.label2.caption="阶乘和："
myform.text1.visible=.t.
myform.text2.visible=.t.
myform.text1.top=25
myform.text2.top=120
myform.text1.left=170
myform.text2.left=120
myform.text2.width=200
myform.show(1)                          &&设置表单可视
define class form1 as form
   add object command1 as commandbutton;
   with visible=.t.,top=70,left=120,;
   width=100,height=25,caption="计算"
   procedure command1.click
      n=val(thisform.text1.value)
      if n<=0
         messagebox("输入有误！请重新输入！",16,"提醒")
      else
         jch=0
         for i=1 to n
            jc=1
            for j=1 to i
               jc=jc*j
            endfor
            jch=jch+jc
         endfor
         thisform.text2.value=round(jch,0)
      endif
   endproc
enddefine
```

图 2.1.1 “阶乘和.prg”的程序代码

2．设计一个对表进行操作的通用类，此类包括“表首”、“表尾”、“上一条”、“下一条”、“删除”、“添加”及“退出”。

具体操作过程如下：

① 在“命令”窗口中输入命令“CREATE CLASS cmd_vcr”，按 Enter 键后打开“新建类”对话框，在“类名”文本框中输入“cmd_vcr”，在“派生于”组合框中选择“CommandGroup”选项，在“存储于”文本框中输入“class_test.vcx”，单击“确定”按钮，如图 2.1.2 所示。

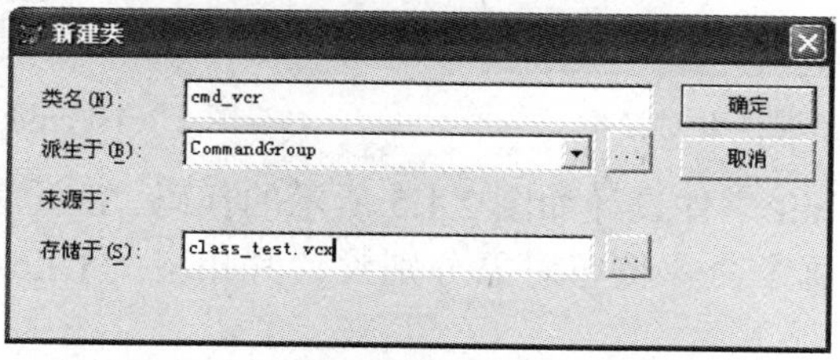

图 2.1.2　在“新建类”对话框中设置参数

② 在打开的类设计器中，为类设置相关属性，相关属性如表 2.1.1 所示。

表 2.1.1 cmd_vcr 的属性设置

对 象 名	属 性 名	属 性 值
Cmd_vcr	ButtonCount	7
	Width	68
	Height	192
Vcr_top	Caption	表首
	Height	25
Vcr_pre	Caption	上一条
	Height	25
Vcr_next	Caption	下一条
	Height	25
Vcr_bottom	Caption	表尾
	Height	25
Vcr_add	Caption	添加
	Height	25
Vcr_del	Caption	删除
	Height	25
Vcr_exit	Caption	退出
	Height	25

③ 选择【类】→【新建属性】菜单命令，打开“新建属性”对话框（如图 2.1.3 所示）。为命令按钮组添加一个新属性 Thistable。至此已完成此命令按钮组的外观设计，如图 2.1.4 所示。

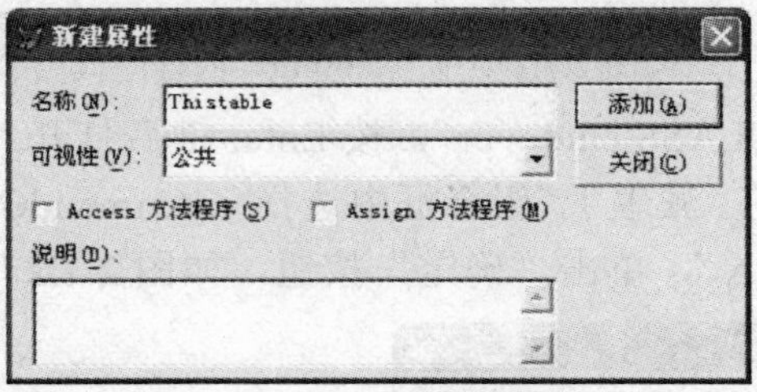

图 2.1.3 “新建属性”对话框

图 2.1.4 cmd_vcr 的外观设计

④ 为命令按钮组的 Init 事件设计如图 2.1.5 所示的代码。

⑤ 为命令按钮组的每个命令按钮对象分别设计其相应的 Click 事件代码，如图 2.1.6～图 2.1.12 所示。

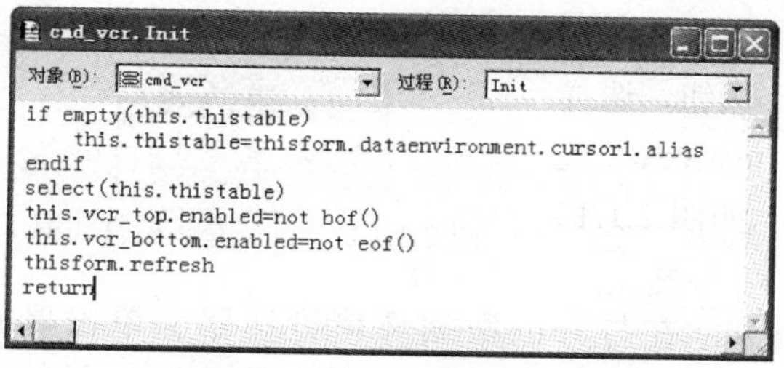

图 2.1.5　cmd_vcr 的 Init 事件代码

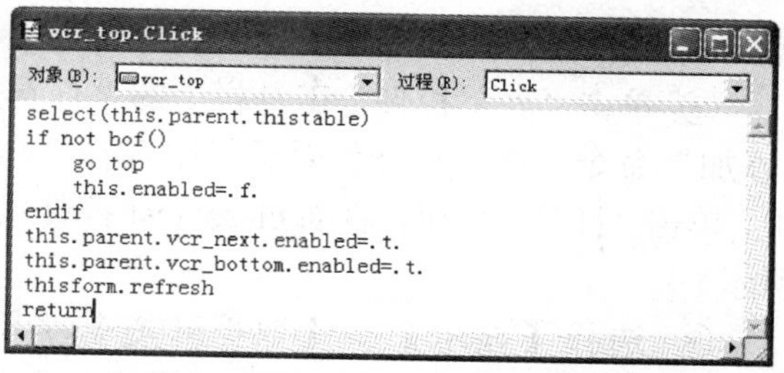

图 2.1.6　“表首”按钮的 Click 事件代码

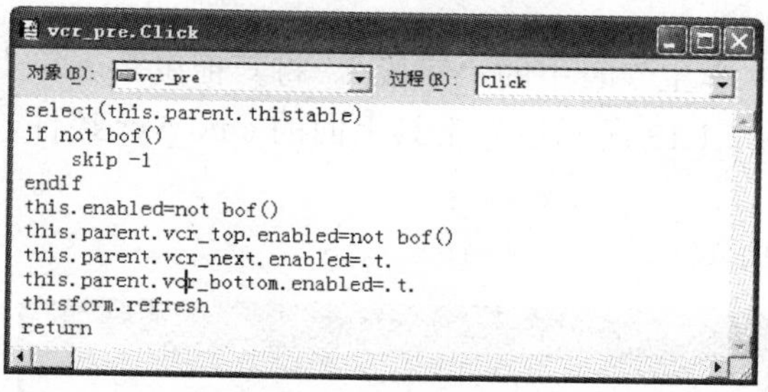

图 2.1.7　“上一条”按钮的 Click 事件代码

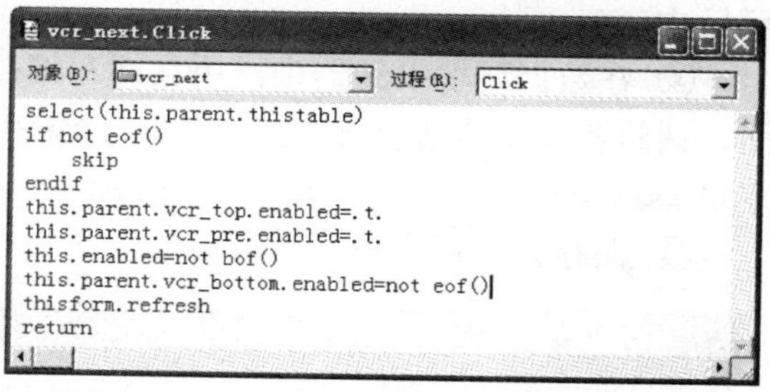

图 2.1.8　“下一条”按钮的 Click 事件代码

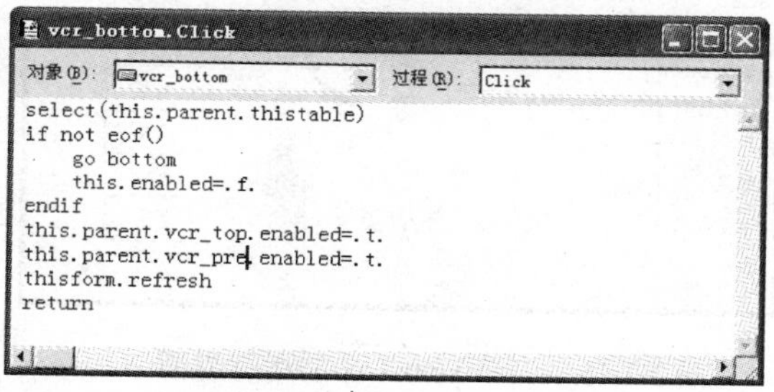

图 2.1.9　“表尾”按钮的 Click 事件代码

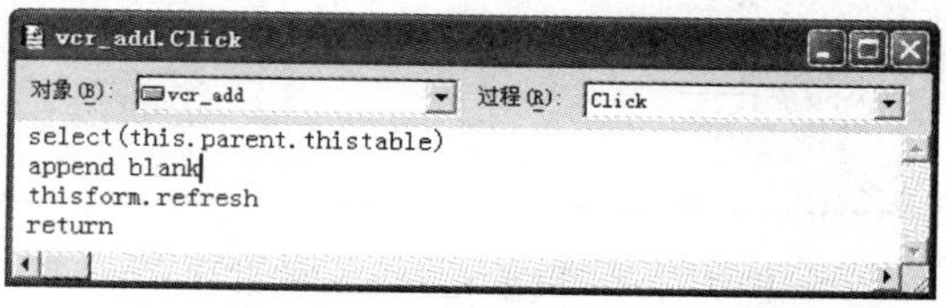

图 2.1.10　“添加”按钮的 Click 事件代码

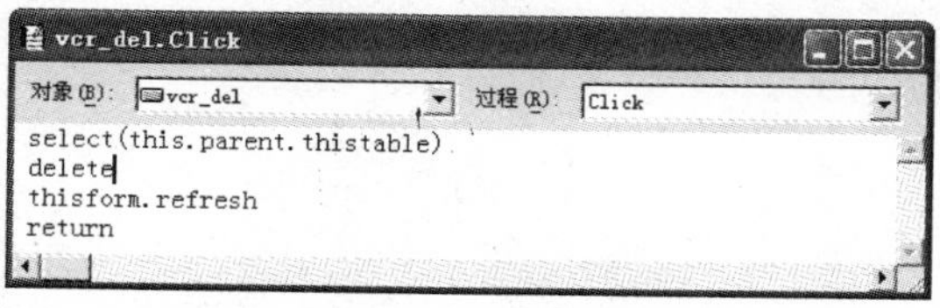

图 2.1.11　“删除”按钮的 Click 事件代码

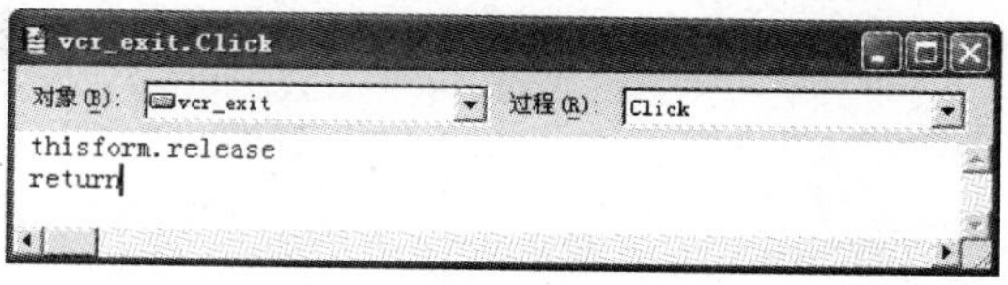

图 2.1.12　“退出”按钮的 Click 事件代码

注意

以上只是完成了命令按钮组子类 cmd_vcr 的设计，但是无法对设计的类进行测试，因为只有类的实例（即对象）才能运行，类本身无法运行。

3．设计一个表单，此表单能浏览“学生”表的所有信息，设计特点是使用前面所创建的类“cmd_vcr”。

具体操作过程如下：

① 在“命令”窗口中输入命令“CREATE FORM xsxx”，按 Enter 键后打开“表单设计

器-xsxx.scx”窗口。

② 单击“表单控件”工具栏上的“查看类”按钮，选择“添加”命令，在“打开”对话框中选择“class_test.vcx”选项，单击“打开”按钮，启动 class_test 控件工具，如图 2.1.13 所示。

图 2.1.13　class_test 控件工具

③ 选择【显示】→【数据环境】菜单命令，在打开的数据环境设计器上单击鼠标右键，在弹出的快捷菜单中选择【添加】命令，将默认目录中的“学生”表添加至数据环境中。

④ 在数据环境设计器中，用鼠标左键按住“学生”表中的“字段”，将其拖曳至表单上面，调整各项至合适位置，并在表单上添加如图 2.1.13 所示控件工具上面的 cmd_vcr 控件，表单 xsxx.scx 的设计界面如图 2.1.14 所示。

⑤ 保存并运行表单，运行界面如图 2.1.15 所示。

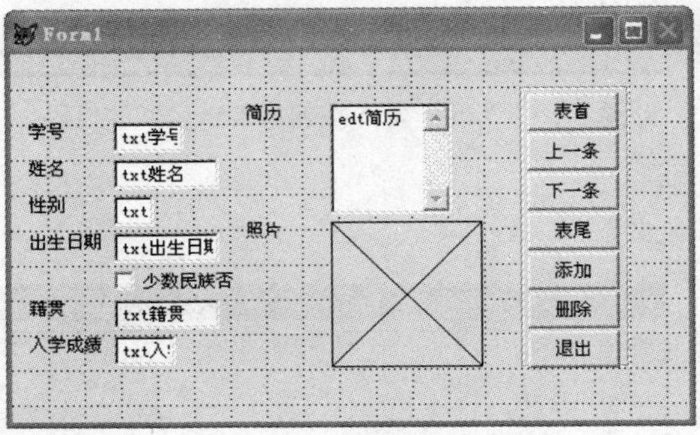

图 2.1.14　表单 xsxx.scx 的设计界面

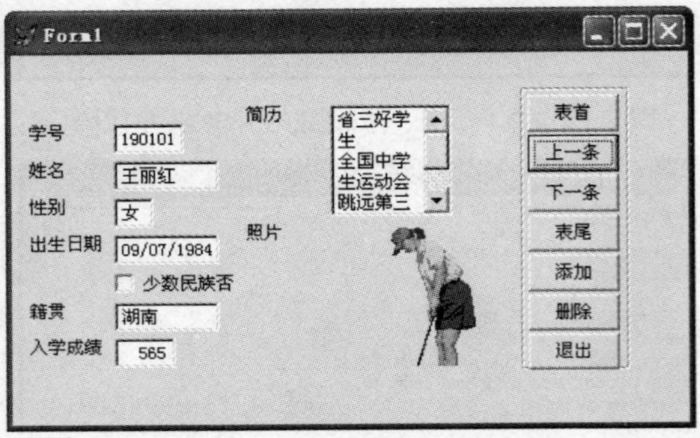

图 2.1.15　表单 xsxx.scx 的运行界面

实训2 设计表单

一、实训目的与要求

全面掌握 Visual FoxPro 的控件种类和表单的设计。

二、实训内容与操作步骤

设计一个模仿 Windows XP“开始”界面的表单“Windows 界面模仿.scx”。

（1）建立用户界面并设置属性。

新建表单 Form1，在其上添加以下控件：一个图像控件 Image1、一个包含两个选项按钮的选项按钮组 OptionGroup1、一个命令按钮 Command1、一个编辑框 Edit1、两个容器 Container1 和 Container2、6 个标签控件 Label1～Label6、一个列表框 List1、一个形状 Shape1、两个复选框 Check1 和 Check2、两个计时器 Timer1 和 Timer2。

表单及各控件主要属性的设置如表 2.2.1 所示。

表 2.2.1　Form1 表单及其上控件主要属性设置

对　象	属　性	取　值
表单 Form1	AutoCenter Caption	.T. Windows 界面模仿
图像控件 Image1	Visible Picture	.F. e:\myvfp\pic.jpg
选项按钮组 OptionGroup1	BackStyle BorderStyle	0 0
选项按钮 Option1	BackStyle	0
	Caption	显示
选项按钮 Option2	BackStyle	0
	Caption	隐藏
命令按钮 Command1	Caption	开始
编辑框 Edit1	FontName FontSize ForeColor Value	隶书 10 0,64,0 用幸福的脚印丈量生活，你的步履会轻盈洒脱！
容器 Container1	Visible SpecialEffect	.F. 凸起
容器 Container2	BackStyle SpecialEffect	0 凸起
列表框 List1	FontSize Visible	12 .F.

对　象	属　性	取　值
形状 Shape1	Visible	.F.
复选框 Check1	BackStyle	0
	Caption	增大字体
	ForeColor	128,255,0
复选框 Check2	BackStyle	0
	Caption	斜体
	ForeColor	128,255,0
计时器 Timer1	Interval	1 000
计时器 Timer2	Interval	1 000
标签 Label1	AutoSize	.T.
	BackStyle	0
	Caption	校园百味
	FontName	隶书
	FontSize	20
	ForeColor	0,0,255
标签 Label2	AutoSize	.F.
	BackColor	0,0,160
	Caption	应用程序界面设计
	FontSize	12
	ForeColor	255,255,0
	Visible	.F.
	WordWrap	.T.
标签 Label3	AutoSize	.T.
	FontSize	12
	ForeColor	255,0,255
	Visible	.F.
标签 Label4	AutoSize	.T.
	FontSize	12
	ForeColor	255,0,255
	Visible	.F.
标签 Label5	AutoSize	.T.
	BackStyle	0
	Caption	显示日期和时间
	FontSize	12
	ForeColor	255,255,0
	Visible	.F.
标签 Label6	AutoSize	.T.
	BackStyle	0
	Caption	人生箴言
	FontSize	12

表单中的各控件对象如图 2.2.1 所示，界面设计如图 2.2.2 所示。

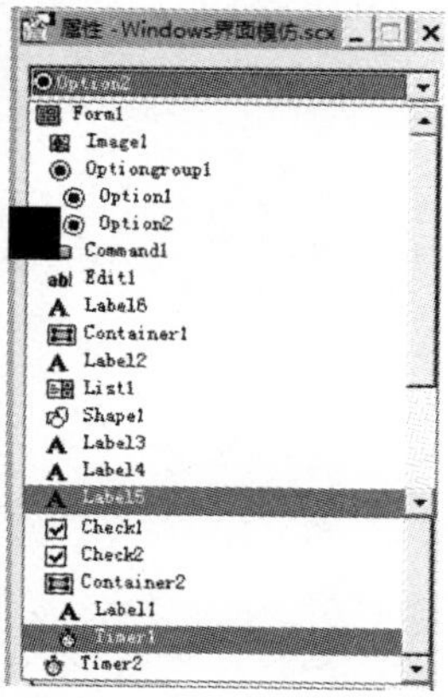

图 2.2.1 表单中的对象

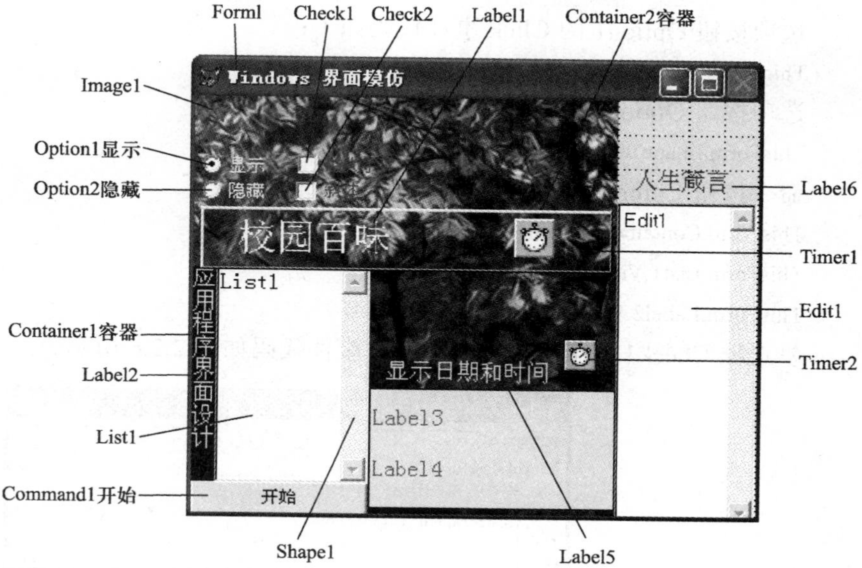

图 2.2.2 表单的设计界面

（2）编写程序代码。

为表单 Form1 的 Activate 事件编写的程序代码如图 2.2.3 所示。该段代码的作用是，在 List1 列表框中显示列表项。

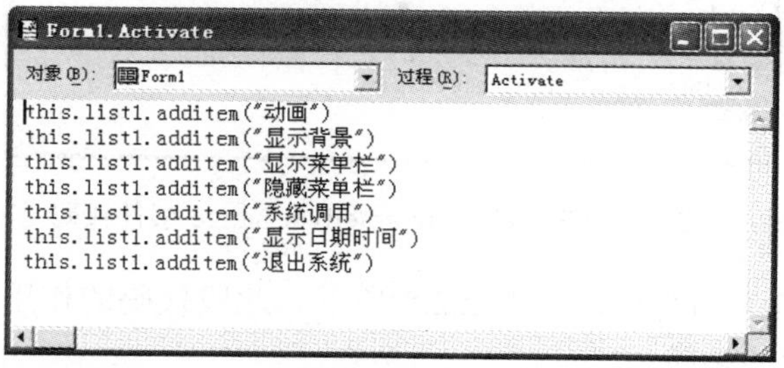


```
this.list1.additem("动画")
this.list1.additem("显示背景")
this.list1.additem("显示菜单栏")
this.list1.additem("隐藏菜单栏")
this.list1.additem("系统调用")
this.list1.additem("显示日期时间")
this.list1.additem("退出系统")
```

图 2.2.3 Form1 的 Activate 事件代码

为表单 Form1 的 MouseMove 事件编写的程序代码如图 2.2.4 所示。该段代码的作用是，当鼠标在表单的空白位置移动时，容器 Container1 及 List1、Label2 为不可见。

为表单 Image1 的 MouseMove 事件编写的程序代码如图 2.2.5 所示。

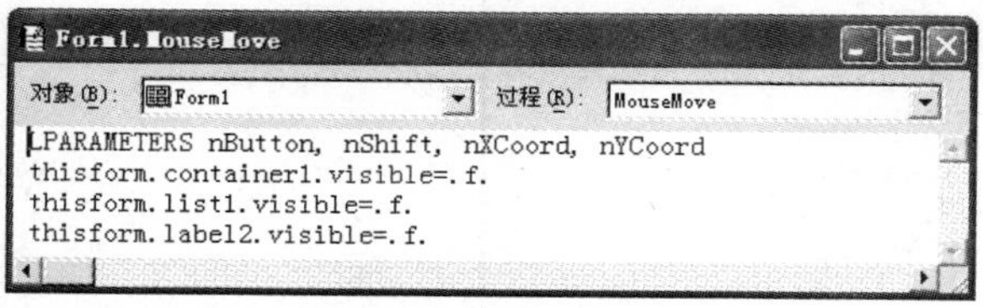


```
LPARAMETERS nButton, nShift, nXCoord, nYCoord
thisform.container1.visible=.f.
thisform.list1.visible=.f.
thisform.label2.visible=.f.
```

图 2.2.4 Form1 的 MouseMove 事件代码

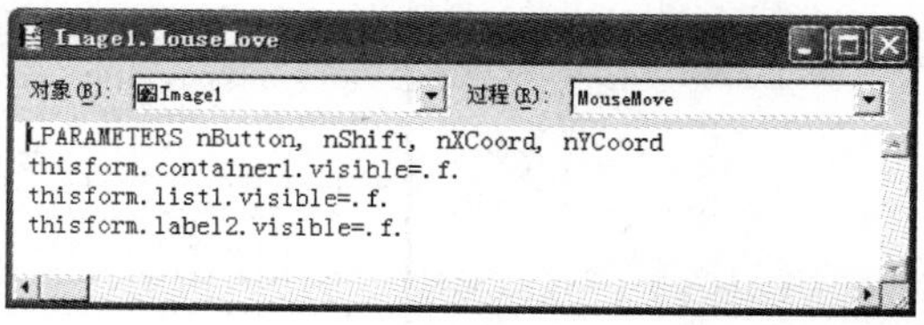


```
LPARAMETERS nButton, nShift, nXCoord, nYCoord
thisform.container1.visible=.f.
thisform.list1.visible=.f.
thisform.label2.visible=.f.
```

图 2.2.5 Image1 的 MouseMove 事件代码

选项按钮 Option1 的 Click 事件代码如下：

ThisForm.Image1.Visible=.t.

选项按钮 Option2 的 Click 事件代码如下：

ThisForm.Image1.Visible=.f.

命令按钮 Command1 的 Click 事件代码如下：

ThisForm.Container1.Visible=.t.

ThisForm.List1.Visible=.t.

ThisForm.Label2.Visible=.t.

复选框 Check1 的 InteractiveChange 事件代码如图 2.2.6 所示。

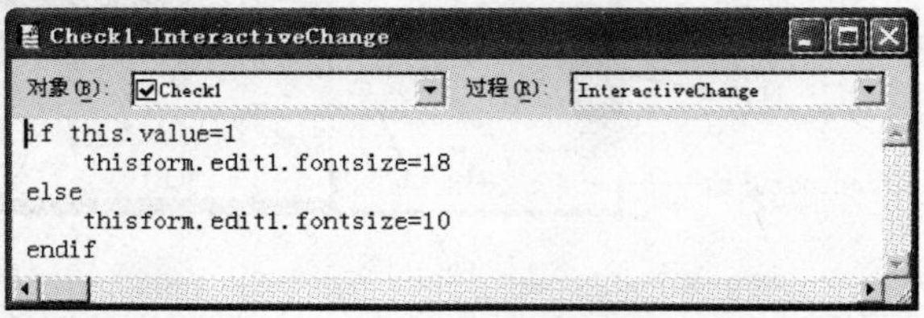
Check1.InteractiveChange
对象(B): Check1
过程(R): InteractiveChange
if this.value=1
thisform.edit1.fontsize=18
else
thisform.edit1.fontsize=10
endif

图 2.2.6　Check1 的 InteractiveChange 事件代码

复选框 Check2 的 InteractiveChange 事件代码如图 2.2.7 所示。

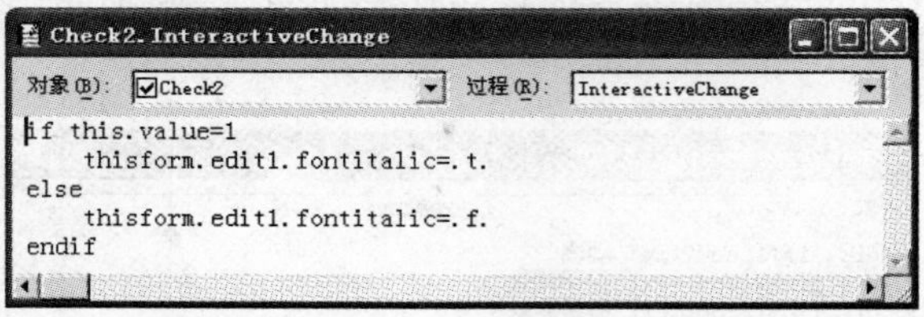
Check2.InteractiveChange
对象(B): Check2
过程(R): InteractiveChange
if this.value=1
thisform.edit1.fontitalic=.t.
else
thisform.edit1.fontitalic=.f.
endif

图 2.2.7　Check2 的 InteractiveChange 事件代码

列表框 List1 的 Click 事件代码如图 2.2.8 所示。此段代码的作用是，当选择列表框中的每一项时，将执行相应的功能。

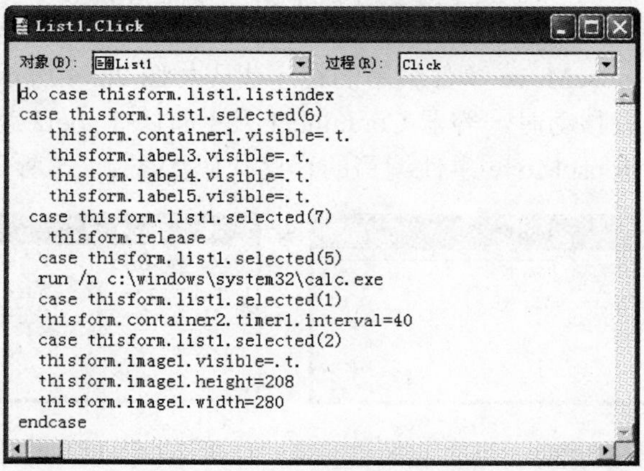
List1.Click
对象(B): List1
过程(R): Click
do case thisform.list1.listindex
case thisform.list1.selected(6)
thisform.container1.visible=.t.
thisform.label3.visible=.t.
thisform.label4.visible=.t.
thisform.label5.visible=.t.
case thisform.list1.selected(7)
thisform.release
case thisform.list1.selected(5)
run /n c:\windows\system32\calc.exe
case thisform.list1.selected(1)
thisform.container2.timer1.interval=40
case thisform.list1.selected(2)
thisform.image1.visible=.t.
thisform.image1.height=208
thisform.image1.width=280
endcase

图 2.2.8　List1 的 Click 事件代码

计时器 Timer1 的 Timer 事件代码如图 2.2.9 所示。此段代码的作用是使 Label1 在容器中自右向左移动。

计时器 Timer2 的 Timer 事件代码如图 2.2.10 所示。该段代码的作用是使标签控件显示日期和时钟。

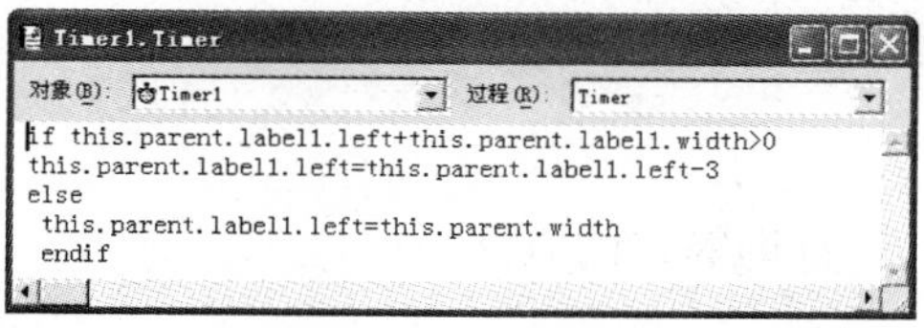

图 2.2.9 Timer1 的 Timer 事件代码

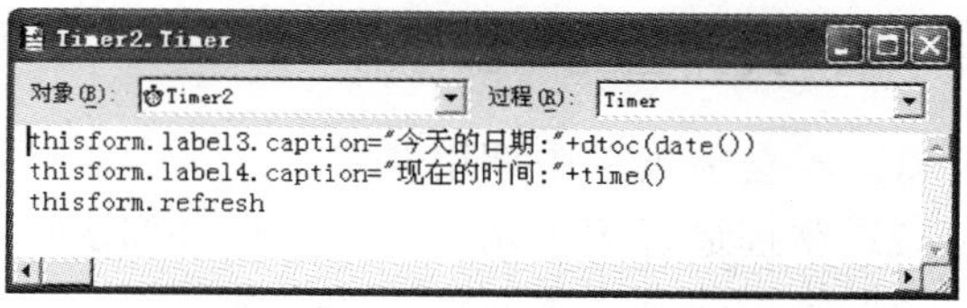

图 2.2.10 Timer2 的 Timer 事件代码

（3）保存并运行此表单，执行界面如图 2.2.11 所示。

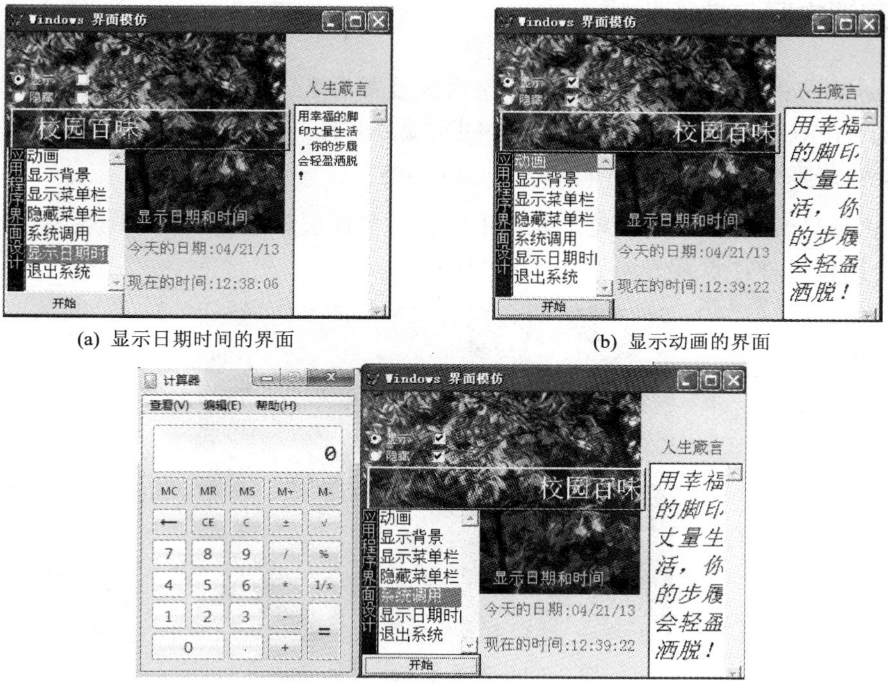

(a) 显示日期时间的界面

(b) 显示动画的界面

(c) 显示系统调用的界面

图 2.2.11 表单执行界面

说明

此处调用的是系统提供的“计算器”功能。

实训3 项目管理器

一、实训目的与要求

1．学会在表单中调用菜单。

2．掌握通过菜单调用其他文件（如表单、命令、查询等）的方法。

3．掌握建立“主文件”的方法。

4．掌握通过“项目管理器”建立一个简单的 Visual FoxPro 应用程序的方法，并体会“项目管理器”的作用。

二、实训内容与操作步骤

1．启动 Visual FoxPro 6.0，将默认目录永久设置为 E:\myvfp，在“命令”窗口中输入命令“CREATE PROJECT 应用系统”，即可创建项目并打开“项目管理器”，并添加“学生”表、Windows 界面模仿.scx、阶乘和.prg 和 xsxx.scx。

2．在“项目管理器-应用系统”窗口中创建一个顶层表单 bd.scx，此表单包含一个标签控件、一个图像控件，设计界面如图 2.3.1 所示。

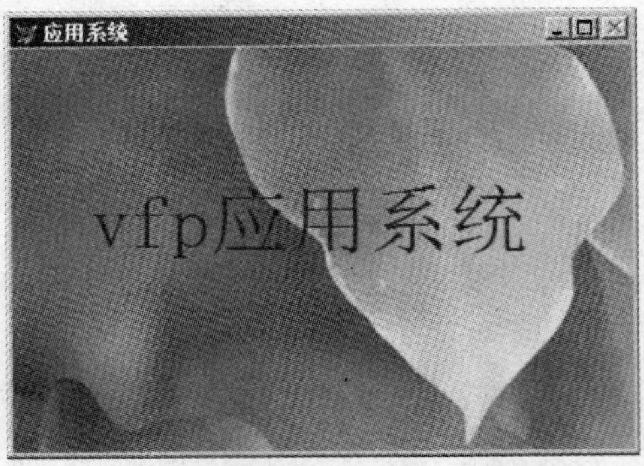

图 2.3.1　表单 bd.scx 设计界面

表单及其上对象的主要属性设置如表 2.3.1 所示。

表 2.3.1　表单 bd.scx 属性设置

对　象	属　性	取　值
表单 Form1	Caption	应用系统
标签 Label1	AutoSize BackStyle Caption	.T. － 真 0 － 透明 vfp 应用系统
图像 Image1	Picture	E:\myvfp\pic2.jpg

3．创建一个被顶层表单 bd.scx 调用的菜单系统，使其具有如下菜单结构：菜单栏有“调用”和“退出”两项菜单，其中，“调用”菜单包括“Windows 界面模仿”、“阶乘和”和“信息浏览”，“退出”菜单要求能够返回到 Visual FoxPro 系统环境。

具体的操作步骤如下：

① 选择“项目管理器-应用系统”窗口中的“其他”选项卡，选择项目列表中的“菜单”选项，单击“新建”按钮，在弹出的“新建菜单”对话框中单击“菜单”按钮，在弹出的菜单设计器中，按表 2.3.2 所示的结构建立菜单。

表 2.3.2 菜单结构

菜单名称	结果	选项
调用	子菜单	（创建）
Windows 界面模仿	命令	DO FORM Windows 界面模仿.scx
阶乘和	命令	DO 阶乘和.prg
信息浏览	命令	DO FORM xsxx.scx
退出	过程	nanswer=MESSAGEBOX("您想退出本系统吗？",4+32+1024,"myapplication") IF nanswer= =6 QUIT ENDIF

② 选择【显示】→【常规选项】菜单命令，在弹出的“常规选项”对话框中，选定“顶层表单”复选框，单击“确定”按钮。

③ 选择【菜单】→【生成】菜单命令，在弹出的“生成菜单”对话框的“输出文件”文本框中输入“E:\myvfp\cd.mpr”，单击“生成”按钮。

④ 保存并关闭菜单设计器。

⑤ 在“命令”窗口中输入命令“MODIFY FORM bd”，打开“表单设计器-bd.scx”窗口，修改其 ShowWindow 属性为“2－ 作为顶层表单”。

⑥ 为 bd.scx 的 Init 事件编写事件代码“DO cd.mpr WITH This,.T.”。

4．建立主程序文件 main.prg，通过 main.prg 可执行主表单 bd.scx 及各个子项。通过连编方式建立应用程序“应用系统.app”及可执行程序“应用系统.exe”。

① 选择“项目管理器-应用系统”窗口中的“代码”选项卡，新建程序文件 main.prg，编写的程序代码如图 2.3.2 所示。

② 设置 main.prg 为主文件。

③ 单击“项目管理器-应用系统”窗口中的“连编”按钮，在弹出的“连编选项”对话框中，选择“操作”选项组中的“连编应用程序”单选按钮，单击“确定”按钮。在弹出的“另存为”对话框中，在“应用程序名”文本框中输入“应用系统.app”，单击“保存”按钮。

④ 再次单击“项目管理器-应用系统”窗口中的“连编”按钮，在“连编选项”对话框中，选择“操作”选项组中的“连编可执行文件”单选按钮，单击“确定”按钮。在弹出的“另存为”对话框的“应用程序名”文本框中输入“应用系统.exe”，单击“保存”按钮。

⑤ 选择“项目管理器-应用系统”窗口中的主文件 main.prg，单击“运行”按钮，结果如图 2.3.3 所示。

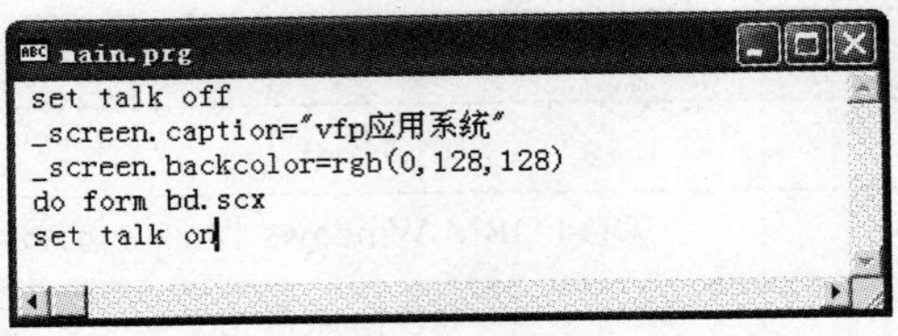

图 2.3.2 main.prg 程序代码

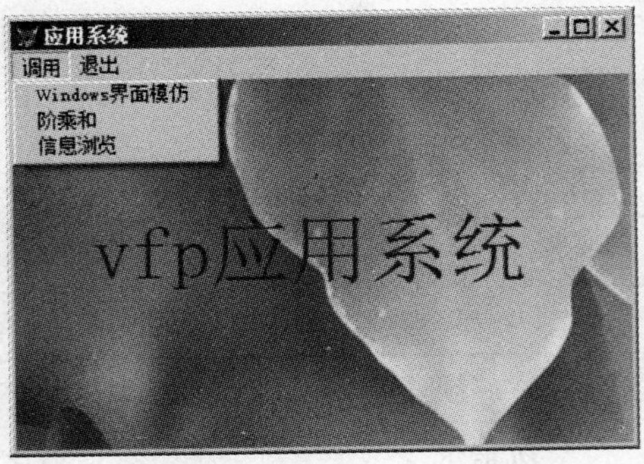

图 2.3.3 运行程序文件后的结果

实训 4　自主设计题目

下面命名了 5 个自主设计题目，给读者留一个空间并提供一个方向以让读者自己设计和操作，起一个抛砖引玉的作用。题目仅供参考，读者也可以自拟题目。

1．设计一个 QQ 登录界面，要求实现登录和注册功能。提示：需要设计数据库和表单。

2．设计表单，要求实现对文字格式的部分设置。要求能对字形、字号、字体及颜色进行设置。

3．设计一个能输出三角形（包括直角三角形、等腰三角形）、正方形、长方形、菱形、漏斗形的功能界面。要求利用符号“*”打印输出，行数自行选择。

4．设计一个简单的“学生成绩查询系统”。要求连编成.exe 文件。

5．通过编程找出 13 个连续的全都是合数的自然数。要求设计成表单形式，表单界面自行设计。

第三部分 项目实训

内容导学

在进行了基础知识的学习、基础实训和综合实训的操作练习之后，读者应对 Visual FoxPro 系统的作用和功能有了一个较为系统和完整的认识，理论上应该能够用所学到的组件构造出实际的应用系统，但一个应用系统绝不是各个模块的简单组合。本部分通过“图书管理系统”应用系统的开发实例，全面介绍应用系统的开发流程和注意事项。本部分内容一方面能够强化 Visual FoxPro 的基础知识，另一方面会对解决实际问题有一个明确的思路，可使读者掌握一些典型函数的用法，以培养良好的编程习惯，提高编程技巧，为今后开发出具有实用价值的应用系统打好基础。特别说明，本系统作为一个教学案例，还很不成熟，但却具有一定的实用性和可扩展性。

图书管理系统

一、系统设计

1. 系统任务的提出

目前，对图书馆的管理已基本脱离了传统的仅依靠人工管理的方式，因为这种方式浪费时间和资源，持久性差，容易造成书籍的丢失与损坏，不能实现快速查阅图书库存、借阅情况等功能，管理起来很不方便，且较复杂和烦琐。运用数据库技术开发一套适合自己的图书管理系统，不仅能方便对图书的日常管理，而且高效实用，能为用户提供准确、可靠的数据。

2. 需求分析

图书管理主要是对图书的基本信息、借阅信息和读者基本信息进行日常管理。经过分析，图书管理系统应具有以下功能。

① 对图书、读者相关数据进行输入、浏览、修改和删除。

② 对图书库存、借阅情况进行查询和统计。

③ 借阅者可以查阅借书基本情况，譬如借了哪几本书、剩余的还书天数等。

3. 系统功能模块设计

本系统按需求功能分为 4 大模块，如图 3.1 所示。

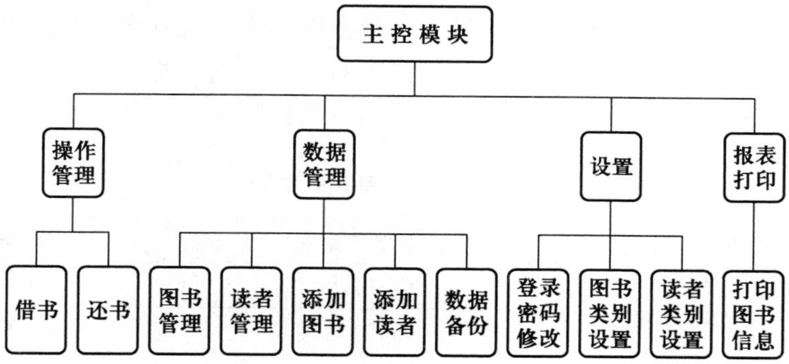

图 3.1　系统功能模块

① 操作管理模块：是本系统的核心功能模块，包括借书、还书两个子模块，可实现借书和还书时的登记功能。

② 数据管理模块：是本系统的基本操作模块，包括图书管理、读者管理、添加图书、添加读者和数据备份 5 个子模块，可根据图书编号和条形码进行图书的管理和添加，根据读者编号管理和添加读者信息。

③ 设置模块：主要完成用户登录密码修改、图书类别设置和读者类别设置。

④ 报表打印模块：是本系统的数据输出模块，其主要功能是打印图书信息。

二、数据库设计

在设计图书管理系统之前，应先组织数据。通过创建数据库来统一管理数据，既能增强数据的可靠性，也便于进行系统开发，这就是数据库设计的任务。数据库设计通常分为以下两步：逻辑设计和物理设计。

1．数据库逻辑设计

对本系统所需输入、输出的数据进行分析后，遵循“概念单一化，一事一地”的原则，确定了数据库所应包含的 6 个数据库表。

① 借书登记表“Book_recno.dbf”：包含图书编号、条形码、书名、编号、姓名、借书标志和借书日期等字段。

② 图书资料表“Book_table.dbf”：包含图书编号、条形码、书名、作者、出版社、出版时间、类别、现存数量、图书总数、入馆时间、价格、借出次数和借书时限等字段。

③ 读者类别查询中间表“B_table.dbf”：包含两个中间字段。

④ 图书类别查询中间表“Group_table.dbf”：包含两个中间字段。

⑤ 管理员 ID 密码表“Pass_word.dbf”：包含管理员 id、管理员密码和管理员姓名字段。

⑥ 读者资料表“User_table.dbf”：包含编号、姓名、性别、单位部门、住址、已借书数、备注、类别、登记日期、借书日期和还书日期等字段。

2．数据库物理设计

为了方便用户操作和进行应用程序设计，数据库表中的所有字段名均采用字母拼音的形式，并对部分字段设置了有效性规则。下面是各数据库表的结构。

① 借书登记表“Book_recno.dbf”的结构如表 3.1 所示。

表 3.1　借书登记表结构

字 段 名 称	字段类型及宽度	字 段 说 明
TSBH	C(10)	图书编号
TXM	C(10)	条形码
SM	C(20)	书名
BH	C(10)	编号
XM	C(10)	姓名
JSBZ	C(4)	借书标志
JSSJ	D	借书日期

借书登记表“Book_recno.dbf”中的记录如图 3.2 所示。

Book_recno

Tsbh	Txm	Sm	Bh	Xm	Jsbz	Jssj
A00017	22213	现代应用写作	3	晓南	借出	2013/03/06 04:18:01 PM
A00006	45871	风语	3	晓南	借出	2013/03/06 04:38:59 PM
A00003	75148	淡水河边	3	晓南	借出	2013/03/06 04:40:36 PM
A00003	75148	淡水河边	3	晓南	还回	2013/03/06 06:24:41 PM
A00016	95785	分手信	2	张蓉	借出	2013/03/06 06:28:12 PM
A00016	95785	分手信	2	张蓉	还回	2013/03/07 06:28:55 PM
A00002	56142	卡门	2	张蓉	还回	2013/03/06 06:33:21 PM

图 3.2 借书登记表“Book_recno.dbf”中的记录

② 图书资料表“Book_table.dbf”的结构如表 3.2 所示。

表 3.2 图书资料表结构

字 段 名 称	字段类型及宽度	字 段 说 明
TSBH	C(10)	图书编号
TXM	C(10)	条形码
SM	C(20)	书名
ZZ	C(20)	作者
CBS	C(40)	出版社
CBSJ	D	出版时间
LB	C(20)	类别
XCSL	N(3)	现存数量
TSZS	N(3)	图书总数
RGSJ	D	入馆时间
TSJG	N(8，2)	价格
ZCCS	N(5)	借出次数
JSQX	N(2)	借书时限

图书资料表“Book_table.dbf”中的记录如图 3.3 所示。

Book_table

Tsbh	Txm	Sm	Zz	Cbs	Cbsj	Lb	Xcsl	Tszs	Rgsj	Tsjg	Zccs	Jsqx
A00001	45123	数据库原理导论	张伟明	科学出版社	1996/12/01	计算机	2	3	2012/01/13	12.21	2	30
A00002	56142	卡门	李兵	人民邮电出版社	1990/01/12	经济	3	3	2012/01/13	25.78	1	30
A00003	75148	淡水河边	米蓉	东方出版社	2001/01/01	中国文学	3	3	2012/01/13	60.50	1	30
A00004	75151	岁月随想	石钟山	人民文学出版社	2002/01/28	中国文学	4	4	2012/01/13	80.00	0	30
A00005	74865	天下无双	红英	人民文学出版社	1999/11/21	中国文学	2	3	2012/01/13	12.59	2	30
A00006	45871	风语	李莉	人民文学出版社	1995/10/12	中国文学	0	3	2012/01/18	62.21	3	30
A00007	14521	数据结构	赵亮	科学出版社	2002/04/09	计算机	3	3	2012/01/18	12.58	4	30
A00008	19787	唤醒心中的巨人	罗宾	中国城市出版社	2001/12/02	中国文学	4	4	2012/01/18	29.52	5	30
A00009	44521	年龄的奇迹	威廉森	中国城市出版社	2001/12/02	外国文学	2	5	2010/04/08	60.20	5	30
A00010	12354	农民帝国	蒋子龙	人民文学出版社	2001/12/02	中国文学	2	5	2010/04/08	12.20	2	30
A00011	15942	临床护理学	王青	医学出版社	2001/12/02	医药卫生	4	4	2010/04/08	53.23	1	30
A00012	13545	丁玲文选	张晓	中国作家出版社	2001/12/02	中国文学	1	2	2010/04/08	22.56	0	30
A00013	12687	蒂凡尼的早餐	卡波特	南海出版社	2008/12/02	医药卫生	1	2	2010/04/08	128.20	0	30
A00014	12396	舞者	海岩	人民文学出版社	2001/12/02	中国文学	2	2	2010/04/08	70.52	0	30
A00015	32458	情人无泪	张小娴	北京十月文艺出版社	2008/12/02	工业技术	4	4	2010/04/08	50.00	3	30
A00016	95785	分手信	斯帕克思	天津教育出版社	2009/12/02	工业技术	1	2	2010/04/08	18.52	5	30
A00017	22213	现代应用写作	李鹏	湖南人民出版社	2001/12/02	新闻写作	4	4	2012/04/07	42.10	3	30
A00018	24144	PB编程技巧	张强	清华大学出版社	2001/12/02	计算机	2	5	2012/04/07	35.13	2	30
A00019	23141	ORACLE数据库	杨远秋	科苑出版社	2001/12/02	计算机	0	5	2012/04/07	80.00	8	30
A00020	22131	电信企业的数据库应用	姚岗	人民邮电出版社	2002/08/15	计算机	4	4	2013/02/18	26.50	5	30

图 3.3 图书资料表“Book_table.dbf”中的记录

③ 读者类别查询中间表“B_table.dbf”的结构如表 3.3 所示。

表 3.3　读者类别查询中间表结构

字 段 名 称	字段类型及宽度	字 段 说 明
CHINA_LB	C(10)	中间字段
LB	C(15)	中间字段

读者类别查询中间表“B_table.dbf”中的记录如图 3.4 所示。

④ 图书类别查询中间表“Group_table.dbf”的结构如表 3.4 所示。

表 3.4　图书类别查询中间表结构

字 段 名 称	字段类型及宽度	字 段 说 明
CHINA_LB	C(10)	中间字段
LB	C(15)	中间字段

图书类别查询中间表“Group_table.dbf”中的记录如图 3.5 所示。

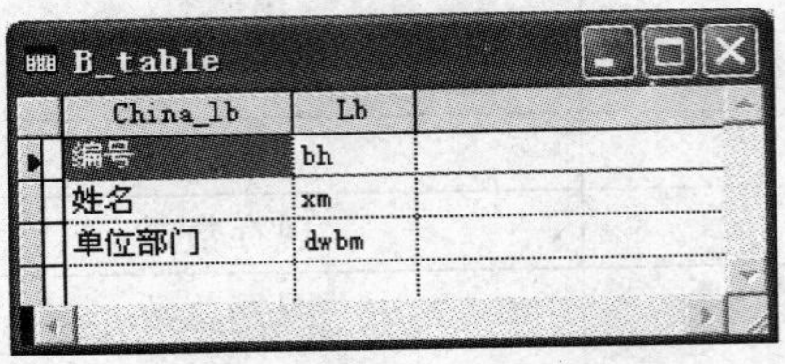

图 3.4　读者类别查询中间表“B_table.dbf”中的记录

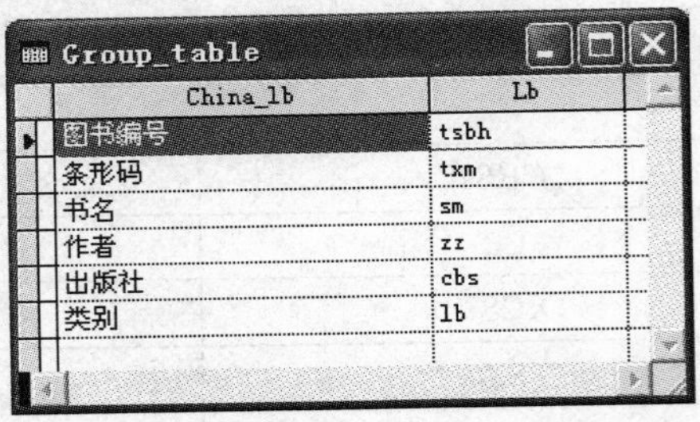

图 3.5　图书类别查询中间表“Group_table.dbf”中的记录

⑤ 管理员 ID 密码表“Pass_word.dbf”的结构如表 3.5 所示。

表 3.5　管理员 ID 密码表结构

字 段 名 称	字段类型及宽度	字 段 说 明
GLY_ID	C(10)	管理员 ID
MM	C(10)	管理员密码
GLY_NAME	C(10)	管理员姓名

管理员 ID 密码表“Pass_word.dbf”中的记录如图 3.6 所示。

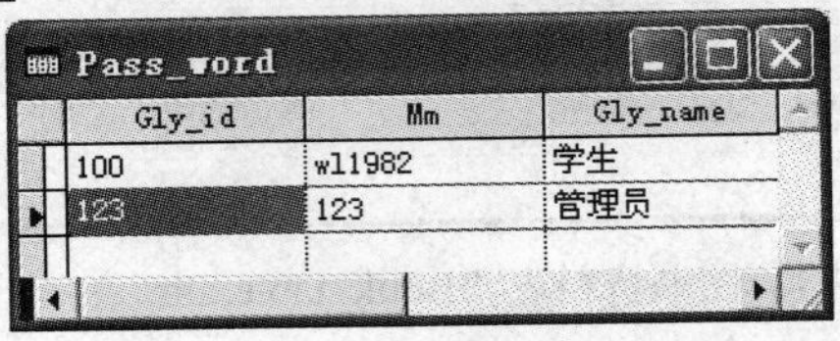

图 3.6　管理员 ID 密码表“Pass_word.dbf”中的记录

⑥ 读者资料表“User_table.dbf”的结构如表 3.6 所示。

表 3.6 读者资料表结构

字 段 名 称	字段类型及宽度	字 段 说 明
BH	C(10)	编号
XM	C(10)	姓名
XB	C(2)	性别
DWBM	C(20)	单位部门
ZZ	C(40)	住址
YJSS	N(4)	已借书数
BZ	C(20)	备注
LB	C(10)	类别
DJRQ	D	登记日期
JSRQ	D	借书日期
HSRQ	D	还书日期

读者资料表“User_table.dbf”中的记录如图 3.7 所示。

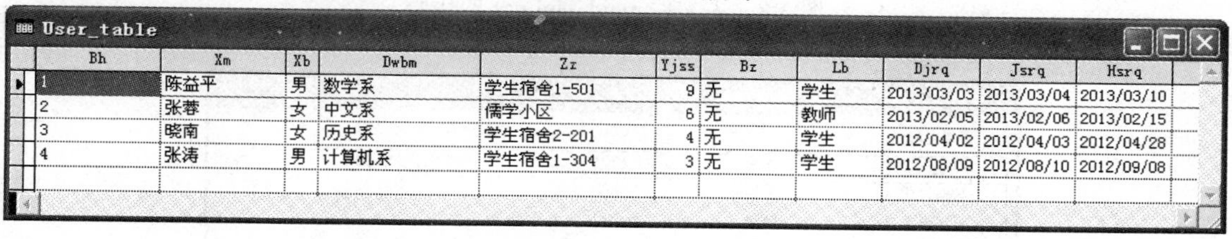
User_table

Bh	Xm	Xb	Dwbm	Zz	Yjss	Bz	Lb	Djrq	Jsrq	Hsrq
1	陈益平	男	数学系	学生宿舍1-501	9	无	学生	2013/03/03	2013/03/04	2013/03/10
2	张蓉	女	中文系	儒学小区	6	无	教师	2013/02/05	2013/02/06	2013/02/15
3	晓南	女	历史系	学生宿舍2-201	4	无	学生	2012/04/02	2012/04/03	2012/04/28
4	张涛	男	计算机系	学生宿舍1-304	3	无	学生	2012/08/09	2012/08/10	2012/09/08

图 3.7 读者资料表“User_table.dbf”中的记录

三、详细设计

详细设计的任务是自顶向下确定各个模块最合适的实现方法。为了充分体现“实用性强、功能完善、操作方便”的设计指导思想，根据各模块所完成的功能确定模块的用户界面形式和输入/输出的实现方法。下面对主要模块的设计要点加以说明。

1．主文件设计

主文件是整个系统的入口点，可实现初始化环境，显示系统封面与密码框、初始化用户界面、控制事件循环和恢复初始开发环境等功能。本系统的主文件是 main_tsgl.prg 文件，其代码如图 3.8 所示。

2．主菜单设计

用户界面的初始化可通过菜单或表单来实现。本系统采用下拉菜单作为系统主界面，并由主文件调用菜单程序，主菜单的设计界面如图 3.9 所示。

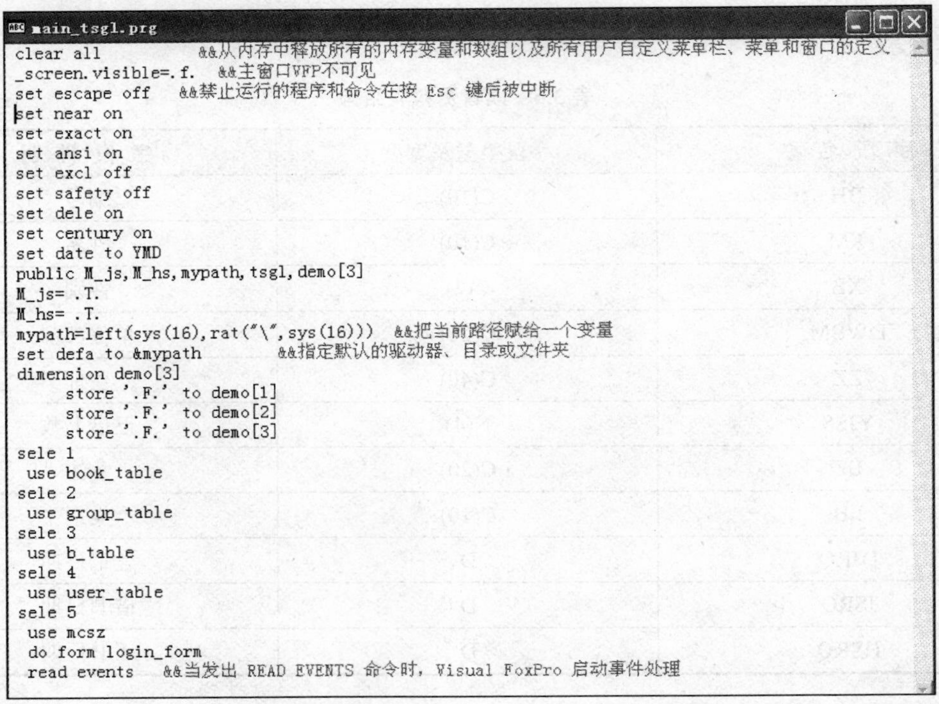

```
clear all              &&从内存中释放所有的内存变量和数组以及所有用户自定义菜单栏、菜单和窗口的定义
_screen.visible=.f.    &&主窗口VFP不可见
set escape off     &&禁止运行的程序和命令在按 Esc 键后被中断
set near on
set exact on
set ansi on
set excl off
set safety off
set dele on
set century on
set date to YMD
public M_js,M_hs,mypath,tsgl,demo[3]
M_js=.T.
M_hs=.T.
mypath=left(sys(16),rat("\",sys(16)))   &&把当前路径赋给一个变量
set defa to &mypath            &&指定默认的驱动器、目录或文件夹
dimension demo[3]
     store '.F.' to demo[1]
     store '.F.' to demo[2]
     store '.F.' to demo[3]
sele 1
 use book_table
sele 2
 use group_table
sele 3
 use b_table
sele 4
 use user_table
sele 5
 use mcsz
 do form login_form
 read events    &&当发出 READ EVENTS 命令时，Visual FoxPro 启动事件处理
```

图 3.8　主文件 main_tsgl.prg 的代码

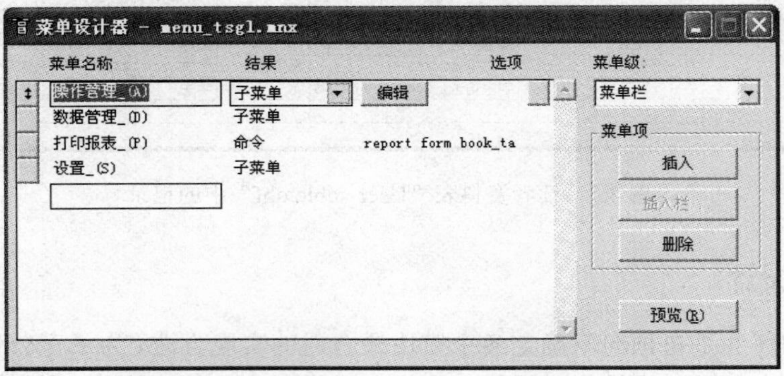

图 3.9　主菜单 menu_tsgl 的设计界面

主菜单结构与系统总体结构相似，如表 3.7 所示。

表 3.7　主菜单结构

菜 单 名 称	结　　果			
操作管理	子菜单	借书	命令	DO FORM jies
		\-	子菜单	
		还书	命令	DO FORM huan

续表

菜单名称	结果			
数据管理	子菜单	图书管理	命令	DO FORM tsgl_tsgl
		\-	子菜单	
		读者管理	命令	DO FORM tsgl_dzgl
		\-	子菜单	
		添加图书	命令	DO FORM tsgl_tsgl
		\-	子菜单	
		添加读者	命令	DO FORM tsgl_dzgl
		\-	子菜单	
		数据备份	命令	（该模块留给读者思考）
设置	子菜单	登录密码修改	命令	DO FORM password
		\-	子菜单	
		图书类别设置	命令	（该模块留给读者思考）
		\-	子菜单	
		读者类别设置	命令	（该模块留给读者思考）
打印报表	命令	REPORT FORM book_table PREVIEW		

3．封面表单设计

封面表单 login_form.scx 由主文件调用，是系统运行时最先出现的表单，也是整个系统的登录表单。其上有 3 个标签控件、两个文本框控件、两个按钮控件、一个容器控件。表单及其上控件的主要属性设置如表 3.8 所示。

表 3.8 login_form.scx 表单及其上控件的主要属性设置

对象	属性	取值
表单 Form1	AlwaysOnTop	T. - 真
	AutoCenter	.T. - 真
	BorderStyle	3 - 可调边框
	Caption	密码验证
	Icon	E:\图书管理系统\msident.ico
	MaxButton	.F. - 假
	MinButton	.F. - 假
	ShowWindow	2 - 作为顶层表单
命令按钮 Command1	Caption	确定
命令按钮 Command2	Caption	退出

续表

对　象	属　性	取　值
标签 Label1	AutoSize	.T. - 真
	BackStyle	0 - 透明
	Caption	欢迎您使用图书管理系统
	Enabled	.F. - 假
标签 Label2	BackStyle	0 - 透明
	Caption	管理员 ID：
标签 Label3	BackStyle	0 - 透明
	Caption	密码：
容器 Container1	Picture	E:\图书管理系统\abc.jpg
	SpecialEffect	0 - 透明
		1 - 凹下
文本框 Text2	Format	*
	PasswordChar	*

如图 3.10 所示为该表单的运行界面。

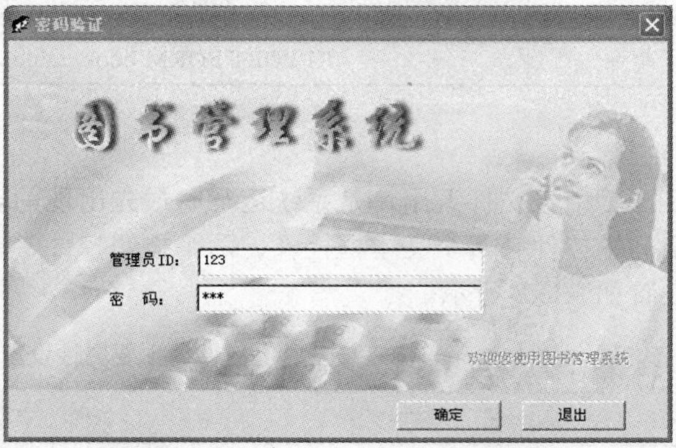

图 3.10　封面表单 login_form.scx 的运行界面

封面表单也是本系统的登录表单，输入的登录用户名和密码要跟管理员 ID 密码表中的内容对比。若匹配，则单击“确定”按钮即可进入系统；若不匹配，则需重新输入。详细设计见“确定”命令按钮的 Click 事件代码，如图 3.11 所示，如果输入的用户名和密码正确，则会通过程序 login_app 调用主界面表单“tsgl.scx”，程序“login_app.prg”的代码如下。

```
DO FORM tsgl.scx NAME tsgl          && 窗口句柄传递
DO Menu_tsgl.mpr WITH tsgl, .T.
```

表单 Form1 的 QueryUnload 事件代码为 ThisForm.Release。

“退出”命令按钮的 Click 事件代码为 Clear Events。

```
select gly_id,mm,gly_name from pass_word ;
  where gly_id=allt(thisform.text1.value) and mm=allt(thisform.text2.value)  into array demo

if demo[1]='.F.'
  messagebox('登录ID或密码错误！',0+16+0,'提示')
  thisform      setfocus
else
 thisform.release
 do login_app
endif
```

图 3.11 “确定”命令按钮的事件代码

4. 数据管理模块设计

此模块控制图书管理、读者管理、添加图书、添加读者和数据备份 5 个子模块。在主菜单设计中，5 个子模块已被设计为菜单项，选择“图书管理”和“添加图书”菜单项需调用表单“tsgl_tsgl.scx”，选择“读者管理”和“添加读者”菜单项需调用表单“tsgl_dzgl.scx”，“数据备份”菜单项没有设计，要求读者自己思考完成。

（1）表单 tsgl_tsgl.scx 的设计

表单上放置了 14 个标签控件、11 个文本框控件、3 个形状控件、1 个选项按钮组、7 个命令按钮，执行界面如图 3.12 所示，主要属性设置如表 3.9 所示。

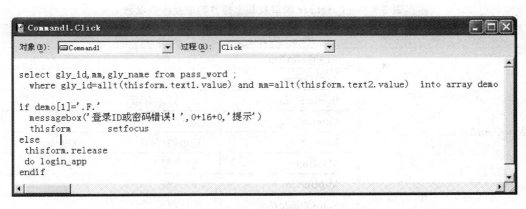

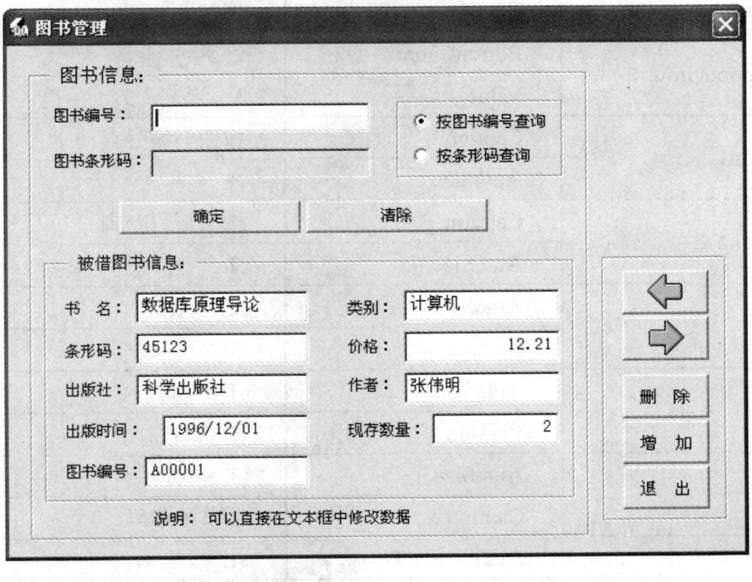

图 3.12 表单 tsgl_tsgl.scx 执行界面

表 3.9 tsgl_tsgl.scx 表单及其上控件的主要属性设置

对　　象	属　　性	取　　值
表单 Form1	AlwaysOnTop	.T. - 真
	AutoCenter	.T. - 真
	BorderStyle	2 - 固定对话框
	Caption	图书管理
	Icon	E:\图书管理系统\misc2030.ico
	MaxButton	.F. - 假
	MinButton	.F. - 假
	ShowWindow	1 - 在顶层表单中
形状 Shape1	SpecialEffect	0 - 3 维
形状 Shape2	SpecialEffect	0 - 3 维
形状 Shape3	SpecialEffect	0 - 3 维
命令按钮 Command1	Caption	确定
命令按钮 Command2	Caption	清除
命令按钮 Command3	Picture	E:\图书管理系统\progman$43.ico
命令按钮 Command4	Picture	E:\图书管理系统\progman$44.ico
命令按钮 Command5	Caption	删除
命令按钮 Command6	Caption	退出
命令按钮 Command7	Caption	增加
选项按钮组 OptionGroup1	ButtonCount	2
	Value	1
选项按钮 Option1	Caption	按图书编号查询
	AutoSize	.T. - 真
选项按钮 Option2	Caption	按条形码查询
	AutoSize	.T. - 真
标签 Label1	AutoSize	.T. - 真
	Caption	图书信息：
标签 Label2	AutoSize	.T. - 真
	Caption	图书编号：
标签 Label3	AutoSize	.T. - 真
	Caption	图书条形码：
标签 Label4	AutoSize	.T. - 真
	Caption	被借图书信息：

续表

对　象	属　性	取　值
标签 Label5	AutoSize	.T. - 真
	Caption	书　名：
标签 Label6	AutoSize	.T. - 真
	Caption	条形码：
标签 Label7	AutoSize	.T. - 真
	Caption	出版社：
标签 Label8	AutoSize	.T. - 真
	Caption	出版时间：
标签 Label9	AutoSize	.T. - 真
	Caption	图书编号：
标签 Label10	AutoSize	.T. - 真
	Caption	类别：
标签 Label11	AutoSize	.T. - 真
	Caption	价格：
标签 Label12	AutoSize	.T. - 真
	Caption	作者：
标签 Label13	AutoSize	.T. - 真
	Caption	现存数量：
标签 Label14	AutoSize	.T. - 真
	Caption	说明：可以直接在文本框中修改数据
文本框 Text2	ReadOnly	.T. - 真
文本框 Text3	ControlSource	Book_table.Sm
文本框 Text4	ControlSource	Book_table.Txm
文本框 Text5	ControlSource	Book_table.Cbs
文本框 Text6	ControlSource	Book_table.Cbsj
文本框 Text7	ControlSource	Book_table.Tsbh
文本框 Text8	ControlSource	Book_table.Lb
文本框 Text9	ControlSource	Book_table.Tsjg
文本框 Text10	ControlSource	Book_table.Zz
文本框 Text11	ControlSource	Book_table.Xcsl

选项按钮 Option1 的 Click 事件代码如图 3.13 所示。

选项按钮 Option2 的 Click 事件代码如图 3.14 所示。

“确定”命令按钮的 Click 事件代码如图 3.15 所示。

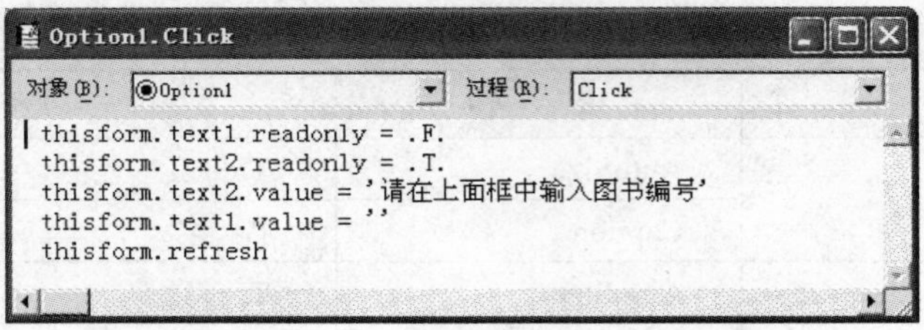

```
thisform.text1.readonly = .F.
thisform.text2.readonly = .T.
thisform.text2.value = '请在上面框中输入图书编号'
thisform.text1.value = ''
thisform.refresh
```

图 3.13 选项按钮 Option1 的 Click 事件代码

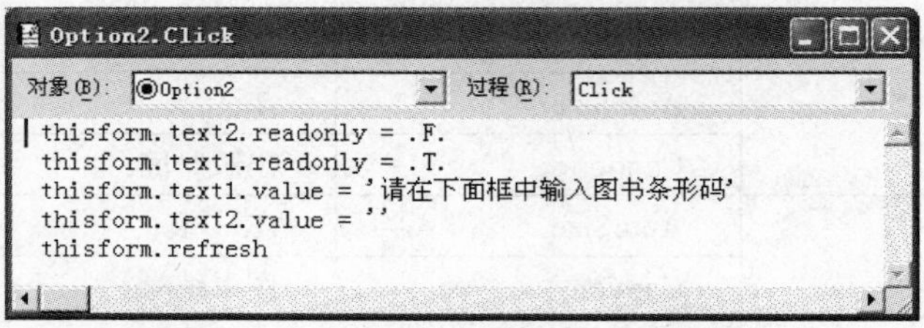

```
thisform.text2.readonly = .F.
thisform.text1.readonly = .T.
thisform.text1.value = '请在下面框中输入图书条形码'
thisform.text2.value = ''
thisform.refresh
```

图 3.14 选项按钮 Option2 的 Click 事件代码

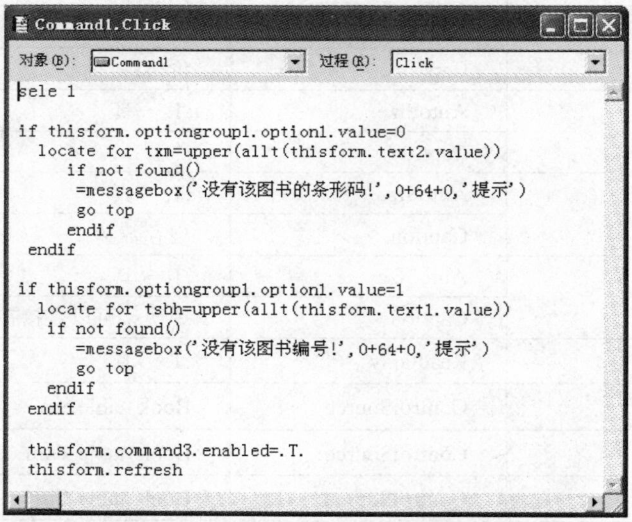

```
sele 1

if thisform.optiongroup1.option1.value=0
  locate for txm=upper(allt(thisform.text2.value))
     if not found()
      =messagebox('没有该图书的条形码!',0+64+0,'提示')
      go top
     endif
 endif

if thisform.optiongroup1.option1.value=1
  locate for tsbh=upper(allt(thisform.text1.value))
   if not found()
      =messagebox('没有该图书编号!',0+64+0,'提示')
      go top
   endif
 endif

 thisform.command3.enabled=.T.
 thisform.refresh
```

图 3.15 “确定”命令按钮的 Click 事件代码

“清除”命令按钮的 Click 事件代码如图 3.16 所示。⇦ 和 ⇨ 命令按钮的 Click 事件代码分别如图 3.17 和图 3.18 所示。

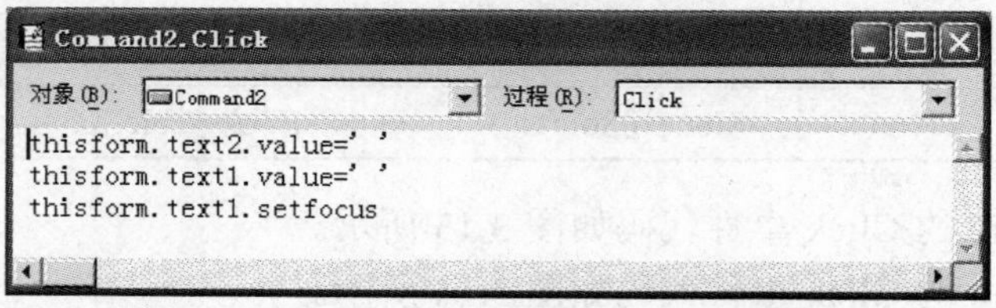

```
thisform.text2.value=''
thisform.text1.value=''
thisform.text1.setfocus
```

图 3.16 “清除”命令按钮的 Click 事件代码

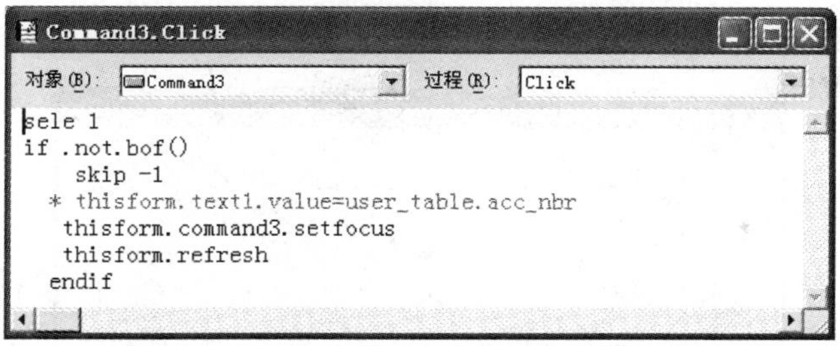

```
Command3.Click
对象(B): Command3    过程(R): Click
sele 1
if .not.bof()
    skip -1
  * thisform.text1.value=user_table.acc_nbr
   thisform.command3.setfocus
   thisform.refresh
  endif
```

图 3.17 ⇦ 命令按钮的 Click 事件代码

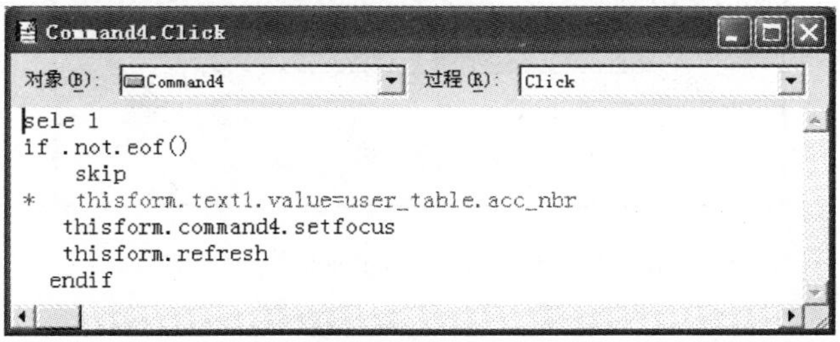

```
Command4.Click
对象(B): Command4    过程(R): Click
sele 1
if .not.eof()
    skip
*   thisform.text1.value=user_table.acc_nbr
   thisform.command4.setfocus
   thisform.refresh
  endif
```

图 3.18 ⇨ 命令按钮的 Click 事件代码

“删除”命令按钮的 Click 事件代码如图 3.19 所示。“增加”命令按钮的 Click 事件代码如图 3.20 所示。

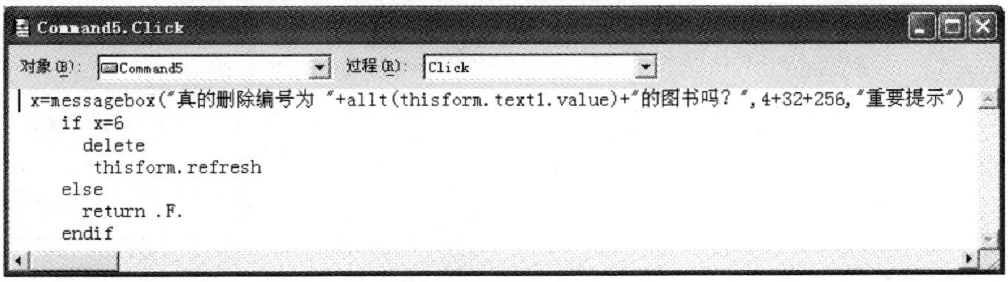

```
Command5.Click
对象(B): Command5    过程(R): Click
x=messagebox("真的删除编号为 "+allt(thisform.text1.value)+"的图书吗? ",4+32+256,"重要提示")
    if x=6
      delete
       thisform.refresh
    else
      return .F.
    endif
```

图 3.19 “删除”命令按钮的 Click 事件代码

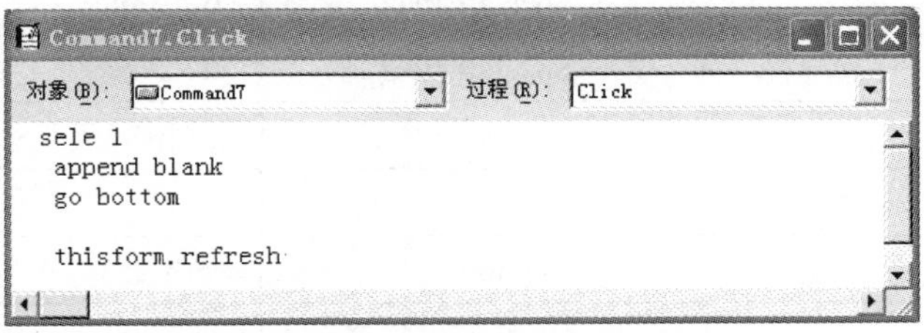

```
Command7.Click
对象(B): Command7    过程(R): Click
 sele 1
  append blank
  go bottom

  thisform.refresh
```

图 3.20 “增加”命令按钮的 Click 事件代码

“退出”命令按钮的 Click 事件代码为 ThisForm.Release。

(2)表单 tsgl_dzgl.scx 的设计

表单上有 12 个标签控件、8 个文本框控件、3 个形状控件、7 个命令按钮，执行界面如

图 3.21 所示，主要属性设置如表 3.10 所示。

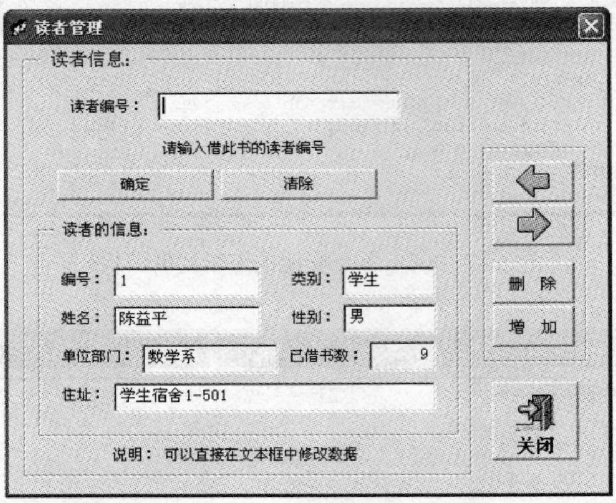

图 3.21　表单 tsgl_dzgl.scx 执行界面

表 3.10　tsgl_dzgl.scx 表单及其上控件的主要属性设置

对　　象	属　　性	取　　值
表单 Form1	AlwaysOnTop	.T. – 真
	AutoCenter	.T. – 真
	BorderStyle	2 – 固定对话框
	Caption	读者管理
	Icon	E:\图书管理系统\msident.ico
	MaxButton	.F. – 假
	MinButton	.F. – 假
	ShowWindow	1 – 在顶层表单中
形状 Shape1	SpecialEffect	0 – 3 维
形状 Shape2	SpecialEffect	0 – 3 维
形状 Shape4	SpecialEffect	0 – 3 维
命令按钮 Command1	Picture	E:\图书管理系统\progman$43.ico
命令按钮 Command2	Picture	E:\图书管理系统\progman$44.ico
命令按钮 Command3	Caption	确定
命令按钮 Command4	Caption	清除
命令按钮 Command5	Caption	删除
命令按钮 Command6	Caption	关闭
	Picture	E:\图书管理系统\pbsys040$13.ico
	Fontbold	.T. – 真

续表

对　　象	属　　性	取　　值
命令按钮 Command7	Caption	增加
标签 Label1	AutoSize	.T. – 真
	Caption	说明：可以直接在文本框中修改数据
标签 Label15（本设计中，此表单中的很多对象名跟表单 tsgl_tsgl.scx 是连续的）	AutoSize	.T. – 真
	Caption	读者信息：
标签 Label16	AutoSize	.T. – 真
	Caption	读者编号：
标签 Label17	AutoSize	.T. – 真
	Caption	读者的信息：
标签 Label18	AutoSize	.T. – 真
	Caption	编号：
标签 Label19	AutoSize	.T. – 真
	Caption	姓名：
标签 Label20	AutoSize	.T. – 真
	Caption	单位部门：
标签 Label21	AutoSize	.T. – 真
	Caption	住址：
标签 Label22	AutoSize	.T. – 真
	Caption	类别：
标签 Label23	AutoSize	.T. – 真
	Caption	性别：
标签 Label24	AutoSize	.T. – 真
	Caption	已借书数：
标签 Label25	AutoSize	.T. – 真
	Caption	请输入借此书的读者编号
文本框 Text13	ControlSource	User_table.Bh
文本框 Text14	ControlSource	User_table.Xm
文本框 Text15	ControlSource	User_table.Dwbm
文本框 Text16	ControlSource	User_table.Zz
文本框 Text17	ControlSource	User_table.Lb
文本框 Text18	ControlSource	User_table.Xb
文本框 Text19	ControlSource	User_table.Yjss

“确定”命令按钮的 Click 事件代码如图 3.22 所示。

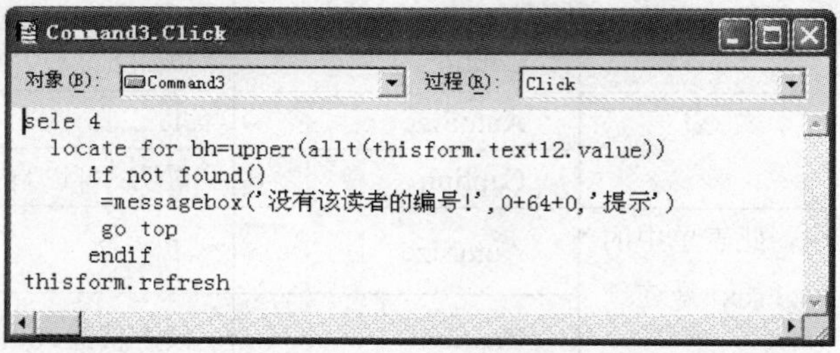


```
sele 4
  locate for bh=upper(allt(thisform.text12.value))
     if not found()
      =messagebox('没有该读者的编号!',0+64+0,'提示')
      go top
     endif
thisform.refresh
```

图 3.22 “确定”命令按钮的 Click 事件代码

“清除”命令按钮的 Click 事件代码如图 3.23 所示。⇦ 和 ⇨ 命令按钮的 Click 事件代码分别如图 3.24 和图 3.25 所示。

```
thisform.text12.value=' '
thisform.text12.setfocus
```

图 3.23 “清除”命令按钮的 Click 事件代码

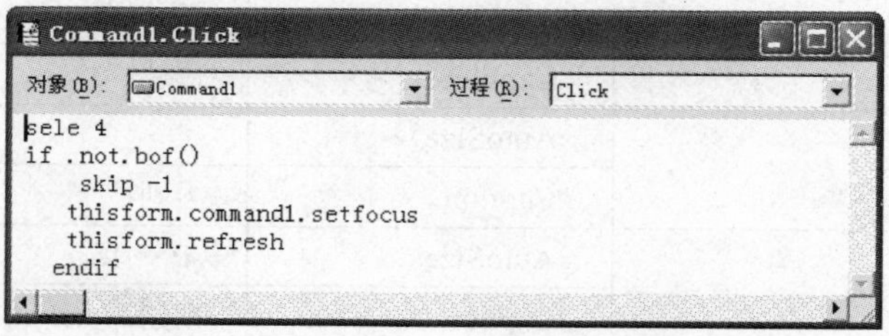


```
sele 4
if .not.bof()
    skip -1
   thisform.command1.setfocus
   thisform.refresh
  endif
```

图 3.24 ⇦ 命令按钮的 Click 事件代码

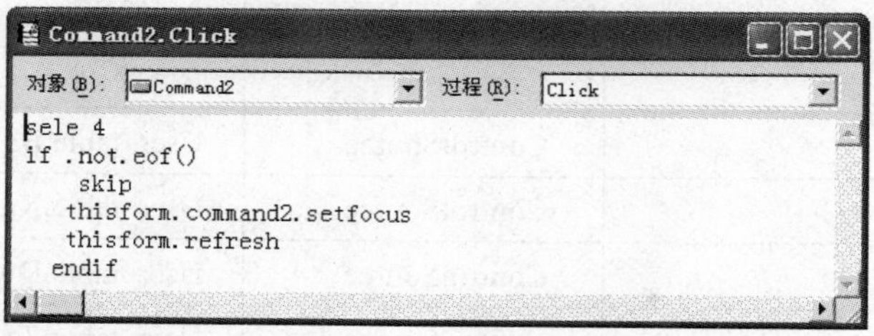


```
sele 4
if .not.eof()
    skip
   thisform.command2.setfocus
   thisform.refresh
  endif
```

图 3.25 ⇨ 命令按钮的 Click 事件代码

“删除”命令按钮的 Click 事件代码如图 3.26 所示。“增加”命令按钮的 Click 事件代码如图 3.27 所示。

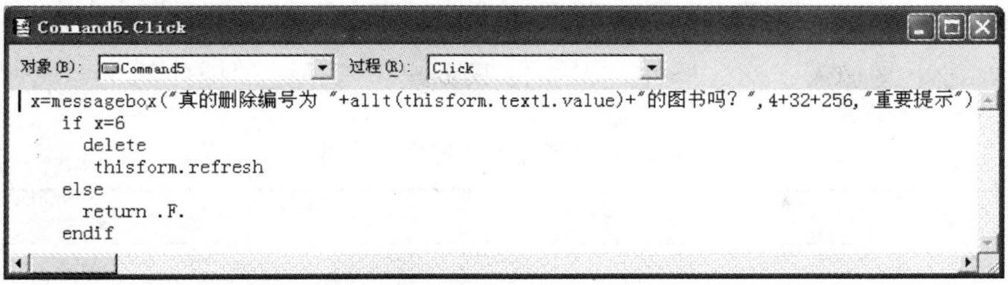

Command5.Click
对象(B): Command5
过程(R): Click
x=messagebox("真的删除编号为 "+allt(thisform.text1.value)+"的图书吗? ",4+32+256,"重要提示")
if x=6
delete
thisform.refresh
else
return .F.
endif

图 3.26 “删除”命令按钮的 Click 事件代码

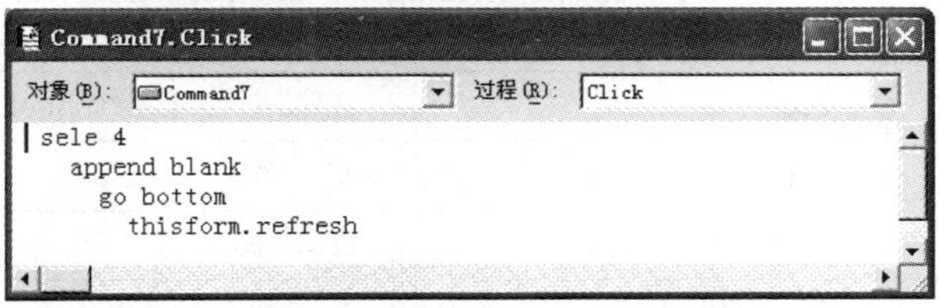

图 3.27 “增加”命令按钮的 Click 事件代码

“关闭”命令按钮的 Click 事件代码为 ThisForm.Release。

5．操作管理模块设计

此模块控制借书和还书两个子模块。在主菜单设计中，两个子模块已被设计为菜单项。选择“借书”菜单项需调用表单“jies.scx”，选择“还书”菜单项需调用表单“huans.scx”。

（1）表单 jies.scx 的设计

表单上有 27 个标签控件、20 个文本框控件、6 个形状控件、1 个选项按钮组、6 个命令按钮，执行界面如图 3.28 所示。

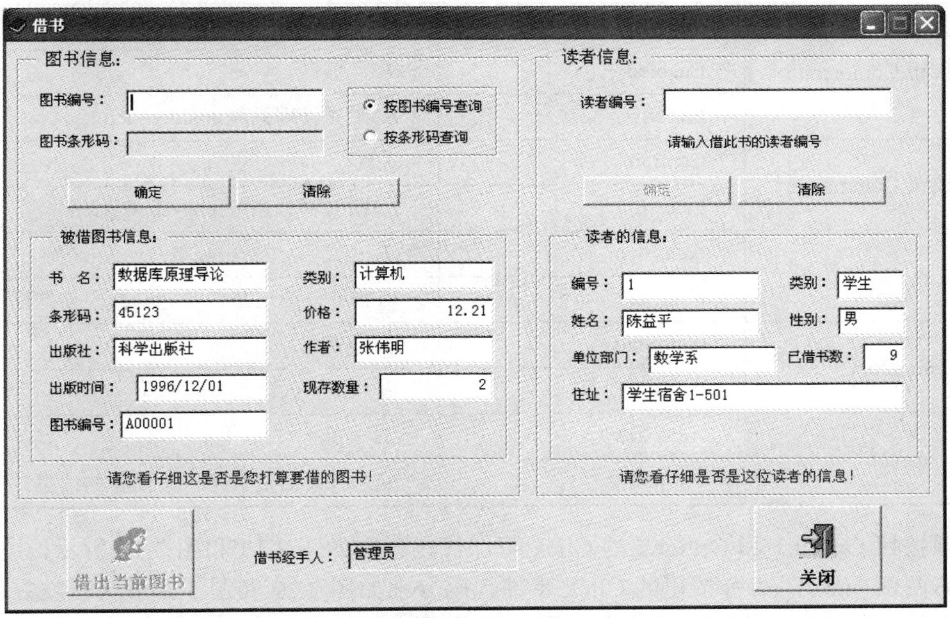

图 3.28 表单 jies.scx 的执行界面

在图 3.28 所示的表单中，包含了表单“tsgl_tsgl.scx”和“tsgl_dzgl.scx”的大部分控件。另外，在此基础上又加入了部分控件。表 3.11 只列出了修改过的控件的主要属性。

表 3.11　jies.scx 表单及其上控件的主要属性设置

对　　象	属　　性	取　　值
表单 Form2	AutoCenter	.T. – 真
	BorderStyle	2 – 固定对话框
	Caption	借书
	Icon	E:\图书管理系统\book10.ico
	MaxButton	.F. – 假
	MinButton	.T. – 真
	ShowWindow	1 – 在顶层表单中
形状 Shape5	BackStyle	0 – 透明
	BorderStyle	0 – 透明
形状 Shape6	BackStyle	0 – 透明
	BorderStyle	0 – 透明
命令按钮 Command3	Caption	确定
	Enabled	.F. – 假
命令按钮 Command4	Caption	清除
	Enabled	.F. – 假
命令按钮 Command5	Caption	借出当前图书
	Enabled	.F. – 假
	Picture	E:\图书管理系统\msident.ico
命令按钮 Command6	Caption	关闭
	Picture	E:\图书管理系统\pbsys040$13.ico
标签 Label14	AutoSize	.T. – 真
	Caption	请您看仔细这是否是您打算要借的图书！
标签 Label26	AutoSize	.T. – 真
	Caption	借书经手人：
标签 Label27	AutoSize	.T. – 真
	Caption	请您看仔细是否是这位读者的信息！

选项按钮 Option1 和 Option2 的 Click 事件代码分别如图 3.13 和图 3.14 所示。

左右两侧“确定”命令按钮的 Click 事件代码分别如图 3.29 和图 3.30 所示。左右两侧“清除”命令按钮的 Click 事件代码分别如图 3.31 和图 3.32 所示。“借出当前图书”命令按钮和

"关闭"命令按钮的 Click 事件代码分别如图 3.33 和图 3.34 所示。

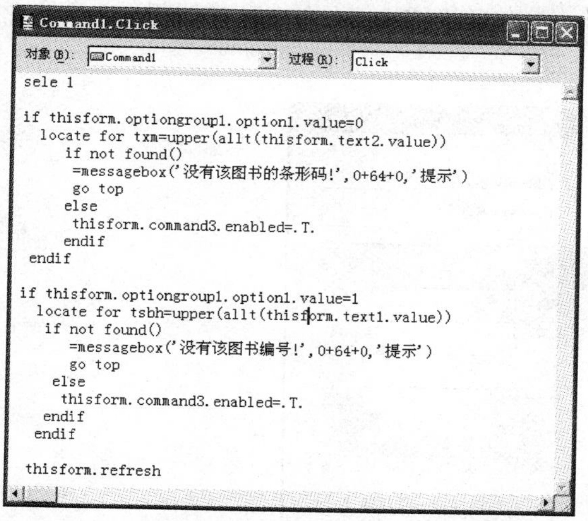

图 3.29 左侧"确定"命令按钮的 Click 事件代码

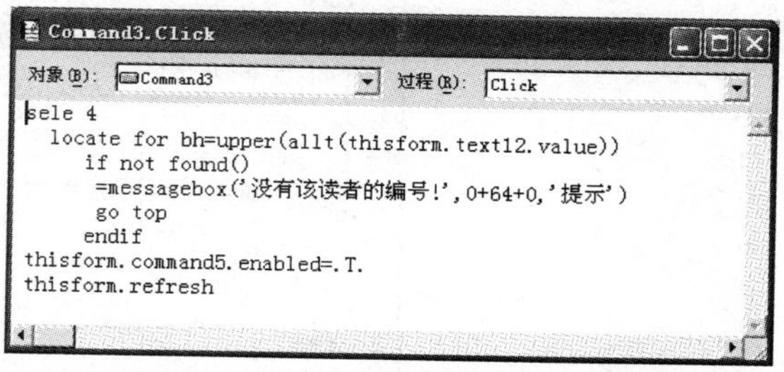

图 3.30 右侧"确定"命令按钮的 Click 事件代码

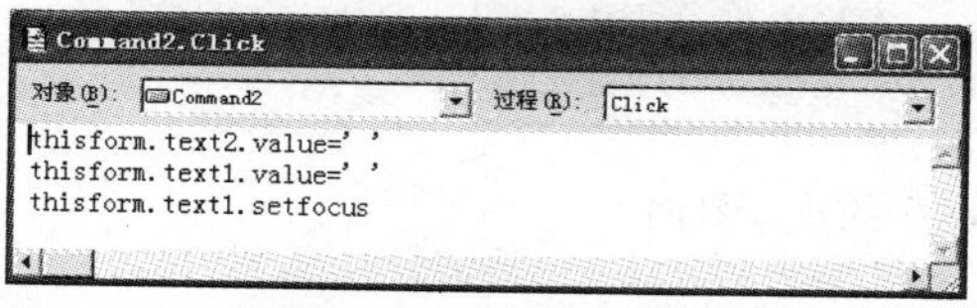

图 3.31 左侧"清除"命令按钮的 Click 事件代码

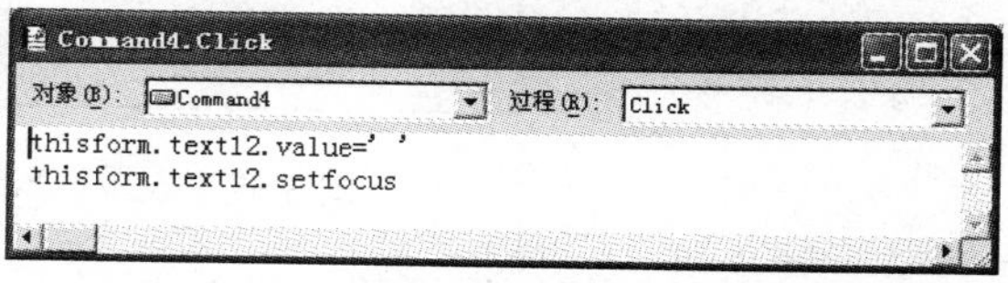

图 3.32 右侧"清除"命令按钮的 Click 事件代码

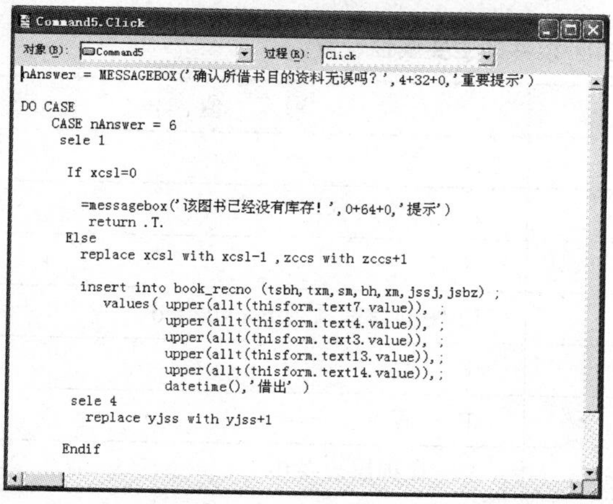

图 3.33 "借出当前图书"命令按钮的 Click 事件代码

图 3.34 "关闭"命令按钮的 Click 事件代码

表单 Form2 的 Init 事件代码和 QueryUnload 事件代码分别如图 3.35 和图 3.36 所示。

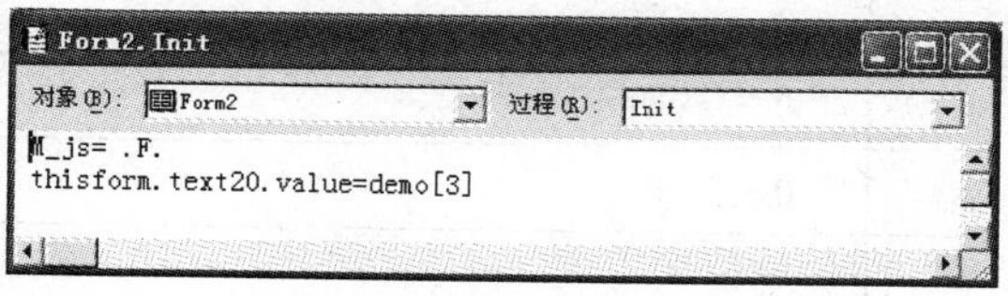

图 3.35 表单 Form2 的 Init 事件代码

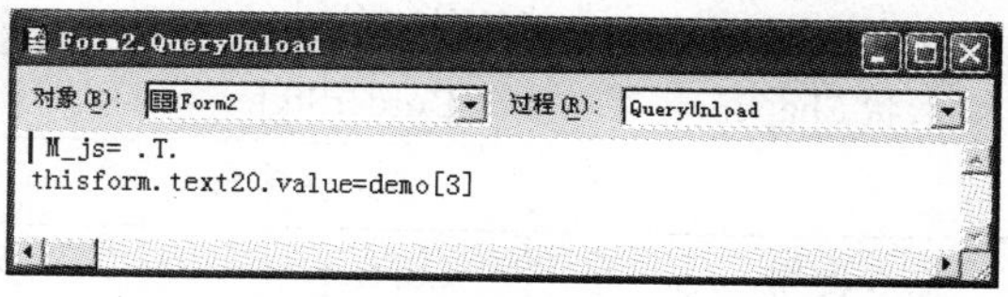

图 3.36 表单 Form2 的 QueryUnload 事件代码

（2）表单 huans.scx 的设计

表单上有 15 个标签控件、14 个文本框控件、3 个形状控件、1 个选项按钮组、6 个命令按钮、1 个容器控件，执行界面如图 3.37 所示。

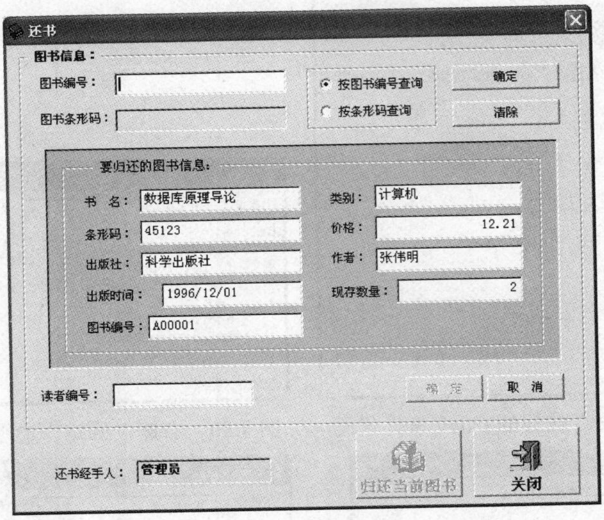

图 3.37　表单“huans.scx”的执行界面

部分对象的主要属性设置如表 3.12 所示。

表 3.12　huans.scx 表单及其上控件的主要属性设置

对　象	属　性	取　值
表单 Form1	AutoCenter	.T. – 真
	BorderStyle	2 – 固定对话框
	Caption	还书
	Icon	E:\图书管理系统\book02.ico
	MaxButton	.F. – 假
	MinButton	.F. – 假
	ShowWindow	1 – 在顶层表单中
形状 Shape3	BackStyle	0 – 透明
	Fillstyle	1 – 透明
形状 Shape6	BackStyle	0 – 透明
	BorderStyle	0 – 透明
	SpecialEffect	0 – 3 维
命令按钮 Command3	Caption	确定
	Enabled	.F. – 假

续表

对　　象	属　　性	取　　值
命令按钮 Command4	Caption	取消
命令按钮 Command5	Caption	归还当前图书
	Enabled	.F. - 假
	Picture	E:\图书管理系统\misc2030.ico
命令按钮 Command6	Caption	关闭
	Picture	E:\图书管理系统\pbsys040$13.ico
文本框 Text13	ControlSource	User_table.Xm
	ReadOnly	.T. - 真
文本框 Text20	ReadOnly	.T. - 真
容器 Container1	BackColor	193,193,255
	SpecialEffect	1 - 凹下

表单 Form1 的 Init 事件代码和 QueryUnload 事件代码分别如图 3.38 和图 3.39 所示。

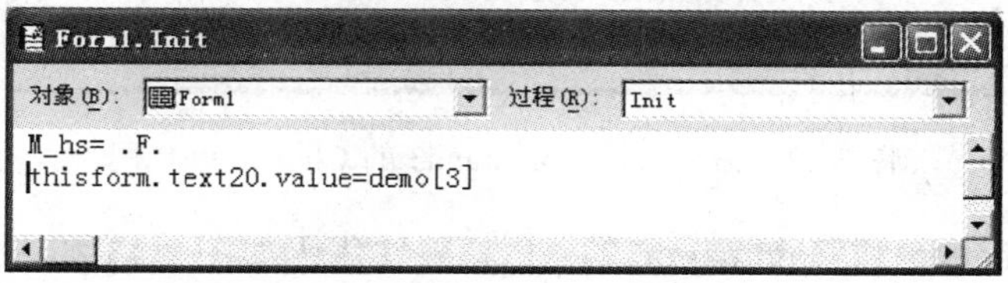

图 3.38　表单 Form1 的 Init 事件代码

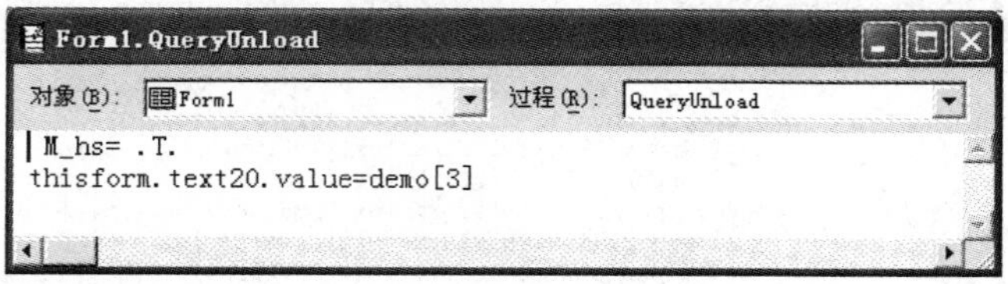

图 3.39　表单 Form1 的 QueryUnload 事件代码

选项按钮 Option1 和 Option2 的 Click 事件代码分别如图 3.40 和图 3.41 所示。

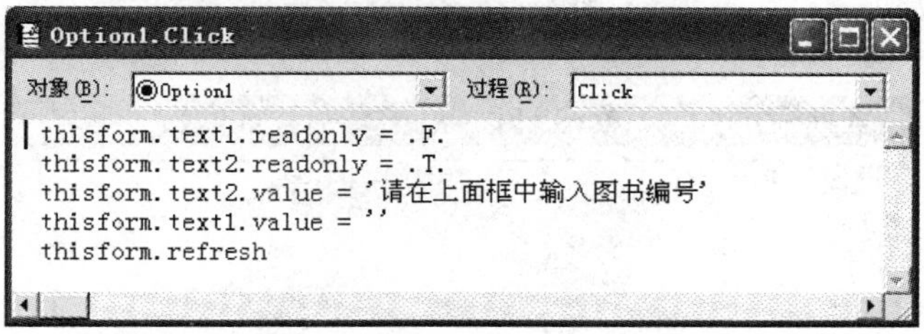

图 3.40　选项按钮 Option1 的 Click 事件代码

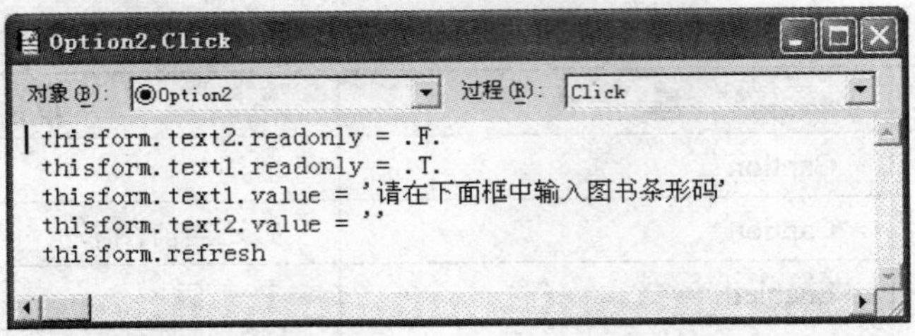

图 3.41　选项按钮 Option2 的 Click 事件代码

命令按钮 Command1 和 Command2 的 Click 事件代码分别如图 3.15 和图 3.16 所示。命令按钮 Command3 的 Click 事件代码如图 3.42 所示。

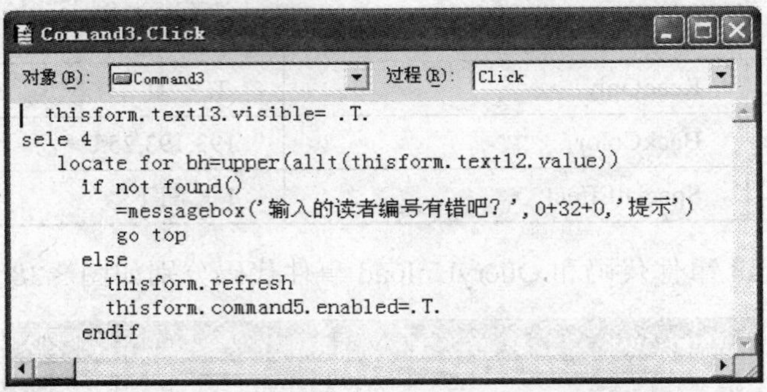

Command3.Click
对象(B): Command3
过程(R): Click
thisform.text13.visible= .T.
sele 4
locate for bh=upper(allt(thisform.text12.value))
if not found()
=messagebox('输入的读者编号有错吧？',0+32+0,'提示')
go top
else
thisform.refresh
thisform.command5.enabled=.T.
endif

图 3.42　命令按钮 Command3 的 Click 事件代码

命令按钮 Command5 和 Command6 的 Click 事件代码如图 3.43 和图 3.44 所示。

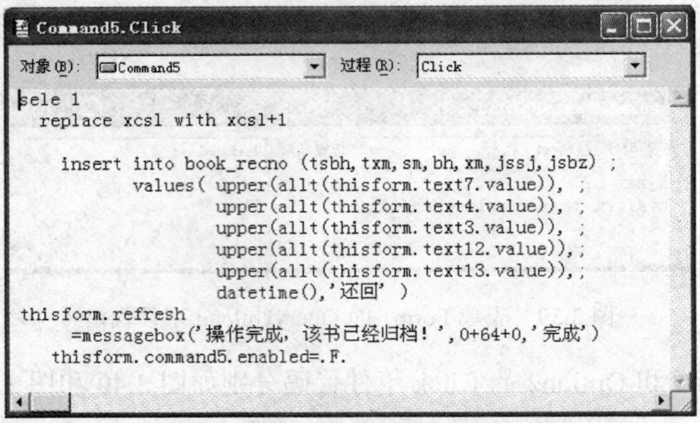

图 3.43　命令按钮 Command5 的 Click 事件代码

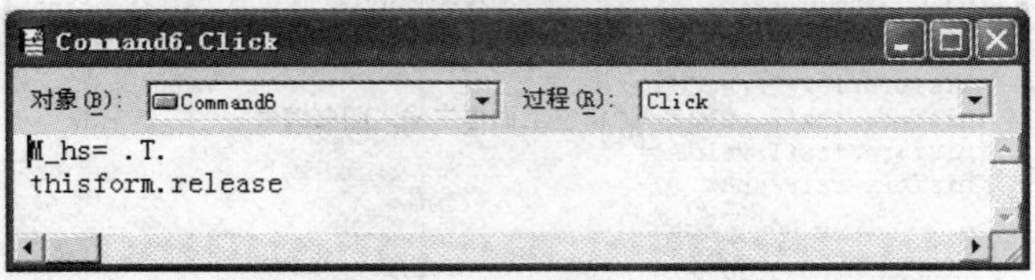

图 3.44　命令按钮 Command6 的 Click 事件代码

6. 设置模块设计

此模块包含登录密码修改、图书类别设置和读者类别设置 3 个子模块。在主菜单设计中，3 个子模块已被设计为菜单项。选择“登录密码修改”菜单项需调用表单“password.scx”，“图书类别设置”和“读者类别设置”菜单项没有设计，读者可自己思考完成。

表单 password.scx 上有 6 个标签控件、4 个文本框控件、1 个形状控件、1 个容器控件、1 个图像控件、两个命令按钮，执行界面如图 3.45 所示，主要属性设置如表 3.13 所示。

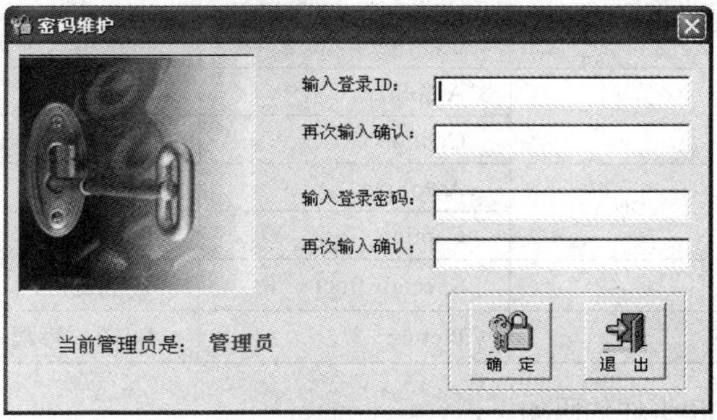

图 3.45　表单 password.scx 的执行界面

表 3.13　password.scx 表单及其上控件的主要属性设置

对　　象	属　　性	取　　值
表单 Form1	AlwaysOnTop	.T. – 真
	AutoCenter	.T. – 真
	BorderStyle	2 – 固定对话框
	Caption	密码维护
	Icon	E:\图书管理系统\pas.ico
	MaxButton	.F. – 假
	MinButton	.F. – 假
	ShowWindow	1 – 在顶层表单中
形状 Shape1	SpecialEffect	0 – 3 维
命令按钮 Command1	Caption	确　定
	Picture	E:\图书管理系统\pas.ico
命令按钮 Command2	Caption	退　出
	Picture	E:\图书管理系统\tuic.ico
4 个文本框 Text1、Text2、Text3、Text4	PasswordChar	*
标签 Label1	AutoSize	.T. – 真
	Caption	输入登录 ID:

续表

对　　象	属　　性	取　　值
标签 Label2	AutoSize	.T. – 真
	Caption	再次输入确认：
标签 Label3	AutoSize	.T. – 真
	Caption	输入登录密码：
标签 Label4	AutoSize	.T. – 真
	Caption	再次输入确认：
标签 Label5	AutoSize	.T. – 真
	Caption	当前管理员是：
标签 Label6	AutoSize	.T. – 真
	Caption	Label6
容器 Container1	SpecialEffect	1 – 凹下
图像 Image1	Picture	E:\图书管理系统\pida.jpg

表单 Form1 的 Init 事件代码如下：

ThisForm.Label6.Caption=demo[1,3]

“确定”命令按钮的 Click 事件代码如图 3.46 所示。

“退出”命令按钮的 Click 事件代码如下：

ThisForm.Release

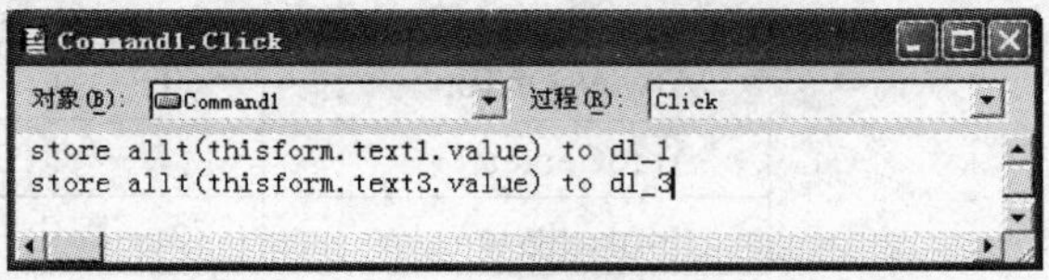

图 3.46 “确定”命令按钮的 Click 事件代码

7. 报表打印模块

报表打印模块实现打印所有图书的基本信息，由报表“book_table.frx”实现。

报表“book_table.frx”显示所有图书信息，设计界面如图 3.47 所示。

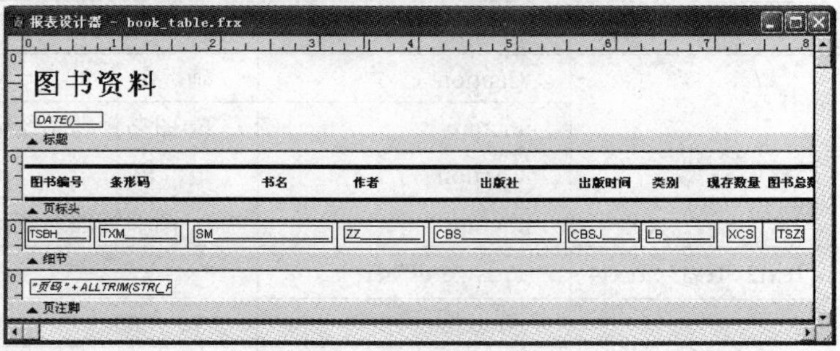

图 3.47 报表“book_table.frx”的设计界面

报表“book_table.frx”的预览界面如图 3.48 所示。

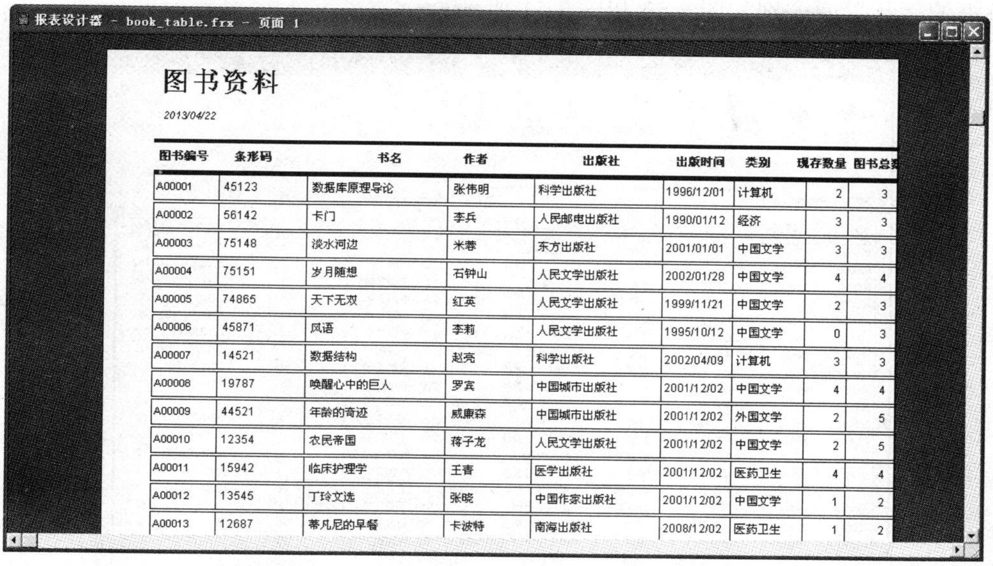

图书资料

2013/04/22

图书编号	条形码	书名	作者	出版社	出版时间	类别	现存数量	图书总
A00001	45123	数据库原理导论	张伟明	科学出版社	1996/12/01	计算机	2	3
A00002	56142	卡门	李兵	人民邮电出版社	1990/01/12	经济	3	3
A00003	75148	淡水河边	米蓉	东方出版社	2001/01/01	中国文学	3	3
A00004	75151	岁月随想	石钟山	人民文学出版社	2002/01/28	中国文学	4	4
A00005	74865	天下无双	红英	人民文学出版社	1999/11/21	中国文学	2	3
A00006	45871	风语	李莉	人民文学出版社	1995/10/12	中国文学	0	3
A00007	14521	数据结构	赵亮	科学出版社	2002/04/09	计算机	3	3
A00008	19787	唤醒心中的巨人	罗宾	中国城市出版社	2001/12/02	中国文学	4	4
A00009	44521	年龄的奇迹	威廉森	中国城市出版社	2001/12/02	外国文学	2	5
A00010	12354	农民帝国	蒋子龙	人民文学出版社	2001/12/02	中国文学	2	5
A00011	15942	临床护理学	王青	医学出版社	2001/12/02	医药卫生	4	4
A00012	13545	丁玲文选	张晓	中国作家出版社	2001/12/02	中国文学	1	2
A00013	12687	蒂凡尼的早餐	卡波特	南海出版社	2008/12/02	医药卫生	1	2

图 3.48 报表“book_table.frx”的预览界面

注意

为了正确显示数据，必须先在此报表文件的数据环境中添加表“book_table.dbf”。

8. 系统主界面

如果用户名和密码输入正确，则会进入图书管理系统的主界面，此界面是通过表单“tsgl.scx”实现的，其执行界面如图 3.49 所示。

图 3.49 表单“tsgl.scx”的执行界面

表单“tsgl.scx”上有1个容器控件、1个命令按钮组、1个图像控件、1个页框控件。其中，页框的运行界面分别如图3.50和图3.51所示。

图3.50 “资料查询”→“图书查询”界面

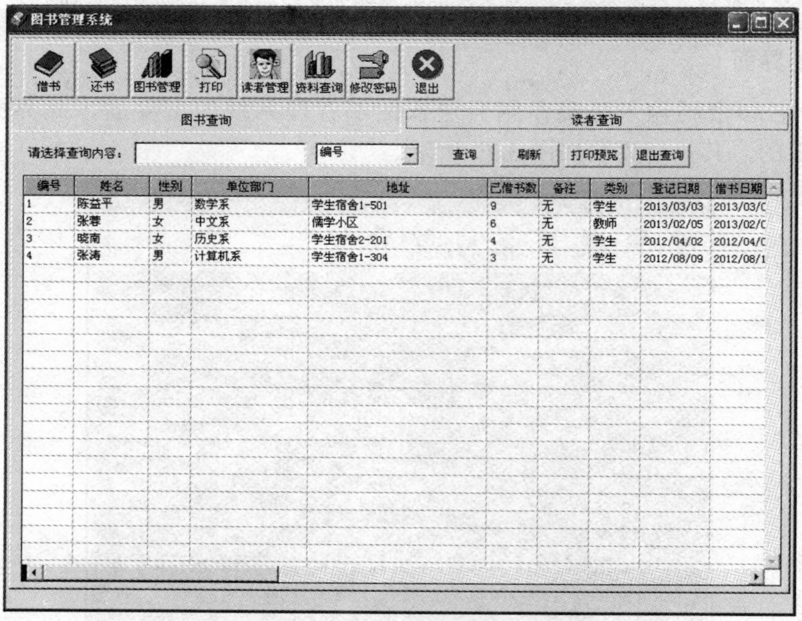

图3.51 “资料查询”→“读者查询”界面

表单“tsgl.scx”所包含对象的主要属性设置如表3.14所示。

表 3.14 tsgl.scx 表单及其上控件的主要属性设置

对象			属性	取值
表单 Form1			AlwaysOnTop	.F. – 假
			AutoCenter	.T. – 真
			BorderStyle	2 – 固定对话框
			Caption	图书管理系统
			Icon	E:\图书管理系统\misc2081.ico
			ShowWindow	2 – 作为顶层表单
容器 Container1			SpecialEffect	0 – 凸起
命令按钮组 CommandGroup1			ButtonCount	8
命令按钮组 CommandGroup1	命令按钮 Command1		Caption	借书
			Picture	E:\图书管理系统\book10.ico
	命令按钮 Command2		Caption	还书
			Picture	E:\图书管理系统\book02.ico
	命令按钮 Command3		Caption	图书管理
			Picture	E:\图书管理系统\book01.ico
	命令按钮 Command4		Caption	打印
			Picture	E:\图书管理系统\regdll$3.ico
	命令按钮 Command5		Caption	读者管理
			Picture	E:\图书管理系统\icon17.ico
	命令按钮 Command6		Caption	资料查询
			Picture	E:\图书管理系统\graph9.ico
	命令按钮 Command7		Caption	修改密码
			Picture	E:\图书管理系统\key02.ico
	命令按钮 Command8		Caption	退出
			Picture	E:\图书管理系统\user$3.ico
图像 Image1			Picture	E:\图书管理系统\pic1.jpg
页框 PageFrame1			PageCount	2
			Visible	.F. – 假
页框 PageFrame1	页 Page1		Caption	图书查询
	页 Page1	标签 Label1	AutoSize	.T. – 真
			Caption	请选择查询内容：
		组合框 Combo1	RowSource	group_table.china_lb
			RowSourceType	6 – 字段
		表格 Grid1	DeleteMark	.F. – 假
			ReadOnly	.T. – 真

续表

对　　象			属　　性	取　　值
页框 PageFrame1	页 Page1	表格 Grid1	RecordMark	.F. - 假
			RecordSource	book_table
			RecordSourceType	1 - 别名
		命令按钮 Command1	Caption	查询
		命令按钮 Command2	Caption	刷新
		命令按钮 Command3	Caption	打印预览
		命令按钮 Command4	Caption	退出查询
	页 Page2		Caption	读者查询
	页 Page2	标签 Label1	AutoSize	.T. - 真
			Caption	请选择查询内容：
		组合框 Combo1	RowSource	b_table.china_lb
			RowSourceType	6 - 字段
		表格 Grid1	DeleteMark	.F. - 假
			ReadOnly	.T. - 真
			RecordMark	.F. - 假
			RecordSource	user_table
			RecordSourceType	1 - 别名
		命令按钮 Command1	Caption	查询
		命令按钮 Command2	Caption	刷新
		命令按钮 Command3	Caption	退出查询

表单 Form1 的 Init 事件代码如下：

```
ThisForm.PageFrame1.Page1.Combo1.ListIndex=1
ThisForm.PageFrame1.Page2.Combo1.ListIndex=1
```

表单 Form1 的 QueryUnload 事件代码如下：

```
ThisForm.Release
Clear Events
```

表单 Form1 的 Resize 事件代码如图 3.52 所示。

命令按钮组的命令按钮 Command1 的 Click 事件代码如下：

```
If M_js= .T.
    DO FORM jies
ENDIF
```

命令按钮组的命令按钮 Command2 的 Click 事件代码如下：

```
If M_hs= .T.
```

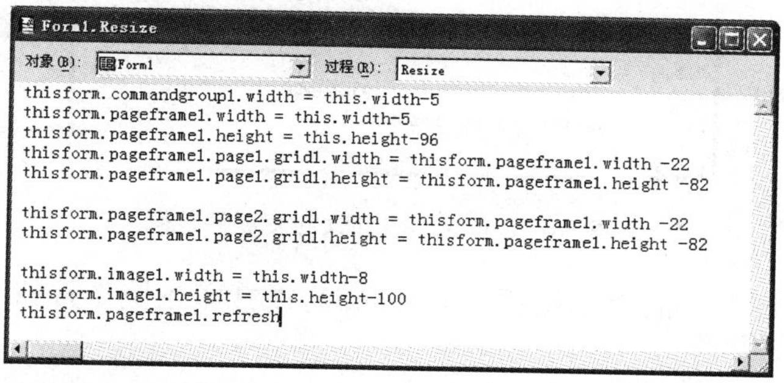

Form1.Resize

对象(B): Form1　过程(R): Resize

```
thisform.commandgroup1.width = this.width-5
thisform.pageframe1.width = this.width-5
thisform.pageframe1.height = this.height-96
thisform.pageframe1.page1.grid1.width = thisform.pageframe1.width -22
thisform.pageframe1.page1.grid1.height = thisform.pageframe1.height -82

thisform.pageframe1.page2.grid1.width = thisform.pageframe1.width -22
thisform.pageframe1.page2.grid1.height = thisform.pageframe1.height -82

thisform.image1.width = this.width-8
thisform.image1.height = this.height-100
thisform.pageframe1.refresh
```

图 3.52　表单 Form1 的 Resize 事件代码

```
    DO FORM huans
ENDIF
```

命令按钮组的命令按钮 Command3 的 Click 事件代码如下：

```
DO FORM tsgl_tsgl
```

命令按钮组的命令按钮 Command4 的 Click 事件代码如下：

```
REPORT FORM book_table PREVIEW
```

命令按钮组的命令按钮 Command5 的 Click 事件代码如下：

```
DO FORM tsgl_dzgl
```

命令按钮组的命令按钮 Command6 的 Click 事件代码如下：

```
ThisForm.PageFrame1.Visible = .T.
```

命令按钮组的命令按钮 Command7 的 Click 事件代码如下：

```
DO FORM password
```

命令按钮组的命令按钮 Command8 的 Click 事件代码如下：

```
ThisForm.Release
Clear Events
```

Page1“图书查询”页的命令按钮 Command1（“查询”按钮）的 Click 事件代码如图 3.53 所示。

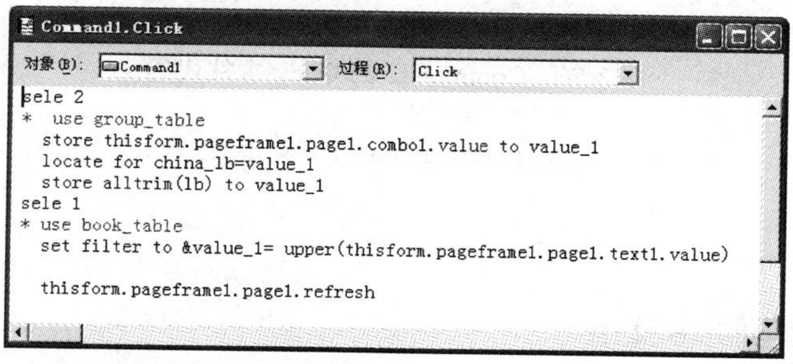

Command1.Click

对象(B): Command1　过程(R): Click

```
sele 2
*  use group_table
  store thisform.pageframe1.page1.combo1.value to value_1
  locate for china_lb=value_1
  store alltrim(lb) to value_1
sele 1
* use book_table
  set filter to &value_1= upper(thisform.pageframe1.page1.text1.value)

  thisform.pageframe1.page1.refresh
```

图 3.53　Command1 的 Click 事件代码

Page1“图书查询”页的命令按钮 Command2（“刷新”按钮）的 Click 事件代码如图 3.54 所示。

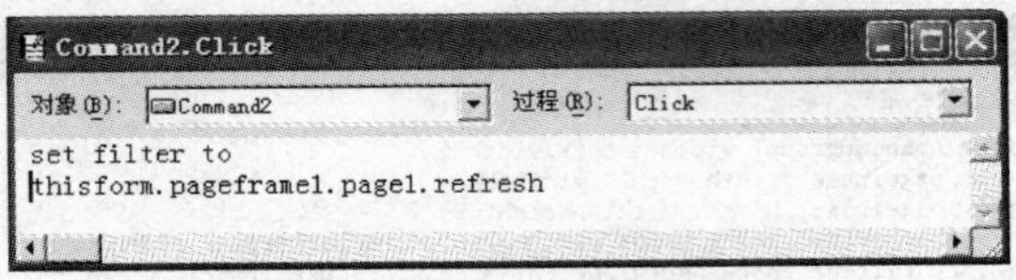

图 3.54　Command2 的 Click 事件代码

Page1“图书查询”页的命令按钮 Command3（“打印预览”按钮）的 Click 事件代码如下：

=messagebox('请选择工具档中打印模块！',0+64+0,'提示')

Page1“图书查询”页的命令按钮 Command4（“退出查询”按钮）的 Click 事件代码如下：

ThisForm.PageFrame1.Visible = .F.

Page2“读者查询”页的命令按钮 Command1（“查询”按钮）的 Click 事件代码如图 3.55 所示。

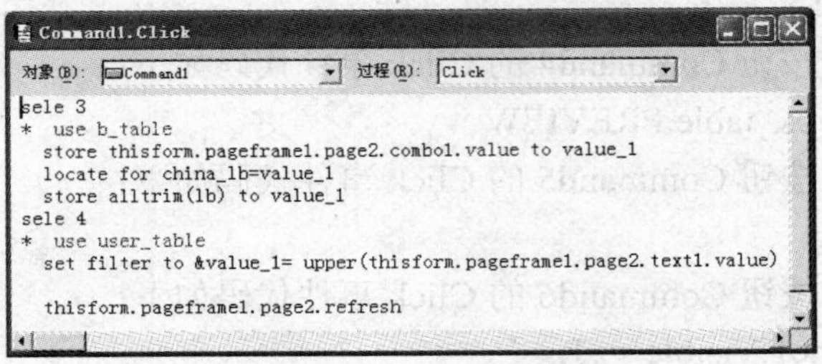

图 3.55　Command1 的 Click 事件代码

Page2“读者查询”页的命令按钮 Command2（“刷新”按钮）的 Click 事件代码如图 3.56 所示。

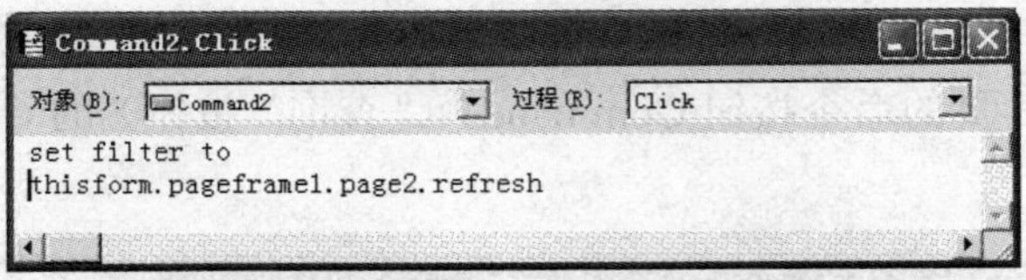

图 3.56　Command2 的 Click 事件代码

Page2“读者查询”页的命令按钮 Command3（“退出查询”按钮）的 Click 事件代码如下：

ThisForm.PageFrame1.Visible = .F.

四、项目管理与程序发布

1．项目建立

Visual FoxPro 的系统开发涉及大量文件，如数据库文件、表文件、索引文件、表单文件、报表文件、菜单文件、程序文件、图片文件、类文件等，管理起来比较麻烦。所以，在项目创建伊始，就要利用项目管理器来组织各个模块组件。

在本系统的设计过程中，首先在E盘下建立一个名为“图书管理系统”的文件夹。启动Visual FroPro 6.0后，选择“工具”→“选项”菜单命令，在打开的“选项”对话框中，选择“文件位置”选项卡，在“文件类型”列表框中找到“默认目录”项并双击，在弹出的“更改文件位置”对话框中，设置“E:\图书管理系统”为默认目录，如图3.57所示。然后建立项目文件“tsgl.pjx”。最后，在此项目中新建、添加、修改、运行和移去各模块组件，正如本项目实训中前几部分内容的介绍。

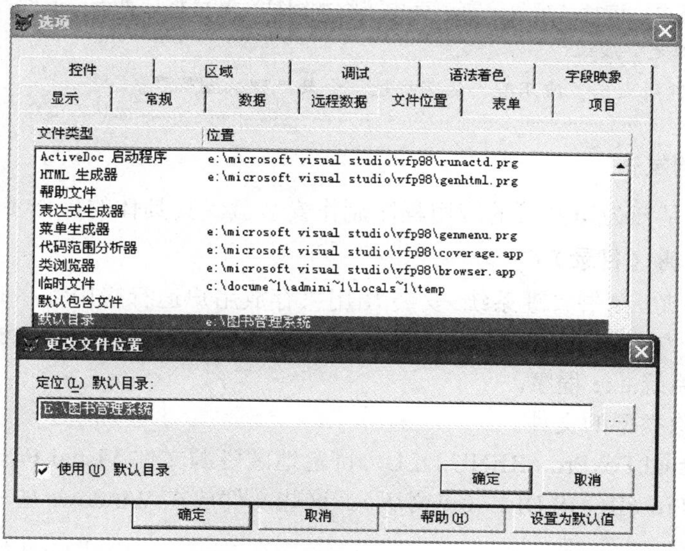

图 3.57 设置默认目录

注意

表单设计中所用到的图片文件和类文件也要置于默认文件夹中，从而保证系统的可移植性。这一点对初学者来说很重要，否则在更换工作用机后会经常发生找不到所需文件的情况。

2. 项目连编

当一个项目的各个模块组件设计完成之后，接下来的任务就是项目连编和程序发布。在进行项目连编和程序发布之前，还要执行以下两个步骤。

（1）设置“主文件”

本系统指定“main_tsgl.prg”为主文件。

（2）设置文件的包含与排除关系

将项目中的数据库和表设置为排除关系，将其他查询、表单、菜单、程序等设置为包含关系。

上述两个步骤完成之后，就可以在“连编选项”对话框中连编项目了，连编后生成可执行文件“图书管理系统.exe”。

注意

如果读者想用自己设计的图标，而非 Visual FoxPro 提供的狐狸头图标作为应用系统的图标，可以按照以下步骤进行设计。

① 用“ico 图标转换.exe”程序或其他软件来创建自己的图标文件（.ico），也可复制现有的图标文件，但 Visual FoxPro 6.0 只能接收 16 色的 32×32 或 16×16 大小的图标。

② 在项目管理器中单击鼠标右键，在弹出的快捷菜单中选择【项目信息】命令。

③ 打开信息窗口，选择“项目”页，选中“附加图标”复选框，单击“图标”按钮，选定自己的图标文件，单击“确定”按钮。

这样，在项目连编之后，应用程序的图标就不会是狐狸头图标了。

3．应用程序的发布

发布应用程序是指为所开发的应用程序制作安装盘。其具体的操作步骤如下。

（1）创建发布树（目录）

新建一个文件夹“图书管理系统-安装”，用来存放用户运行应用程序时所需的全部文件，这些文件包括以下内容。

① 图书管理系统.exe 程序。

② 设置为排除类型的文件。

③ 支持库 Visual FoxPro 6RENU.DLL、特定地区资源文件 Visual FoxPro 6R.DLL（中文版）或 Visual FoxPro 6RCHS.DLL（英文版）。这些文件放在 Windows 的 system32（XP 操作系统下）目录中。

（2）创建发布磁盘

在本系统的“说明”中输入“图书管理系统”，作为程序项的显示文本。注意，“说明”文字不得超过 30 个字符；在命令行中，输入了“%s\图书管理系统.exe”，其中，“%s”表示应用程序的目录，而且 s 规定为小写字母；单击“图标”按钮，可为应用程序设置图标，“程序组菜单项”对话框如图 3.58 所示。

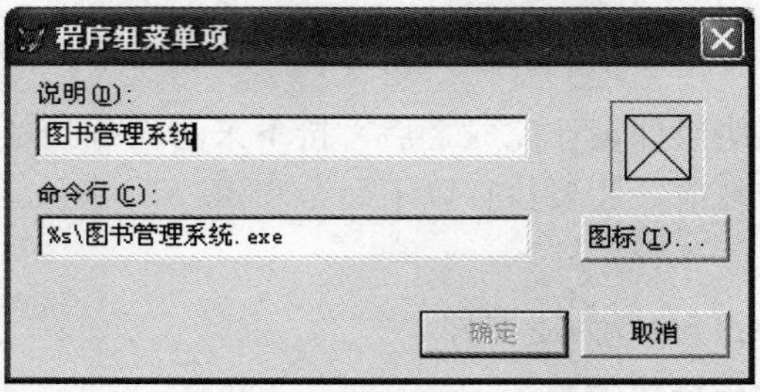

图 3.58 “程序组菜单项”对话框

第四部分　试题及试题解析

内容导学

本部分是针对主教材各章内容安排的大量试题及部分试题解析，该部分内容同时兼顾等级考试的需要，贯穿了大量考试真题，题型包括选择、填空、简答等，力求把知识点融入具体的试题练习中。侧重点在于对知识点的理解与技巧方法的掌握，目的是通过大量的试题练习，达到帮助读者在加深理解与巩固所学基础知识和技能的同时，能进行自我复习检测并顺利通过各种考试。

第 1 章　Visual FoxPro 概述试题

一、选择题

1. 数据库系统中对数据库进行管理的核心软件是____。

A）DBMS　　B）DB　　C）OS　　D）DBS

2. 关系运算中的选择运算是____。

A）从关系中找出满足给定条件的元组的操作

B）从关系中选择若干个属性并组成新的关系的操作

C）从关系中选择满足给定条件的属性的操作

D）A 和 B 都对

3. Visual FoxPro 是一种关系型数据库管理系统，这里的关系通常是指____。

A）数据库文件（.dbc 文件）　　B）一个数据库中的两个表之间有一定的关系

C）表文件（.dbf 文件）　　D）一个表文件中的两条记录之间有一定的关系

4. 在下列 4 个选项中，不属于基本关系运算的是____。

A）连接　　B）投影　　C）选择　　D）排序

5. 如果一个班中只能有一个班长，而且一个班的班长不能同时担任其他班的班长，则班长和班级两个实体之间的关系属于____。

A）一对一联系　　B）一对二联系　　C）多对多联系　　D）一对多联系

6. 采用二维表结构来表示实体及实体之间联系的模型称为____。

A）层次模型　　B）关系模型　　C）网状模型　　D）链状模型

7. 数据库系统与文件系统的主要区别是____。

A）数据库系统复杂，而文件系统简单

B）文件系统不能解决数据冗余和数据独立性问题，而数据库系统可以

C）文件系统只能管理程序文件，而数据库系统能够管理各种类型的文件

D）文件系统管理的数据量较少，而数据库系统可以管理庞大的数据量

8. 在关系模型中，“关系中不允许出现相同元组”的约束是通过____实现的。

A）临时关键字　　B）主关键字　　C）外部关键字　　D）索引关键字

9. 关系的概念是指____。

A）元组的集合　　B）属性的集合　　C）字段的集合　　D）实例的集合

10. 在 Visual FoxPro 6.0 中，以下的_____菜单用于设置工具栏的相关功能。

A）显示　　B）文件　　C）工具　　D）窗口

11. 如果将添加到项目中的文件标记为“排除”，则表示____。

A）此类文件不是应用程序的一部分

B）生成应用程序时不包括此类文件

C）生成应用程序时包括此类文件，用户可以修改

D）生成应用程序时包括此类文件，用户不能修改

12．项目管理器的运行按钮用于执行选定的文件，这些文件可以是____。

A）查询、视图或表单　　B）表单、报表和标签

C）查询、表单或程序　　D）以上文件都可以

13．扩展名为.pjx 的文件是____。

A）数据库表文件　　B）表单文件

C）数据库文件　　D）项目文件

14．在 Visual FoxPro 的项目管理器中，不包括的选项卡是____。

A）数据　　B）文档　　C）类　　D）表单

15．连编应用程序，不能生成的文件是____。

A）.app 文件　　B）.exe 文件　　C）.dll 文件　　D）.prg 文件

16．退出 Visual FoxPro 6.0，可以通过选择____菜单命令实现。

A）【文件】→【退出】　　B）【文件】→【关闭】

C）【程序】→【退出】　　D）【程序】→【关闭】

17．如果用户要建立一个新的工具栏，需使用“工具栏”设置窗口中的____按钮。

A）确定　　B）取消　　C）定制　　D）新建

18．如果希望 Visual FoxPro 6.0 的系统配置对现在的设置保持不变，则在“选项”对话框中设置结束后应单击____按钮。

A）确定　　B）取消　　C）帮助　　D）设置为默认值

二、填空题

1．在 Visual FoxPro 中，BUILD__________命令连编生成的程序可以脱离开 Visual FoxPro，在 Windows 环境下运行。

2．对关系进行选择、投影或连接运算之后，运算的结果仍然是__________。

3．在关系数据模型中，属性的取值范围称为属性的__________。

4．在奥运会游泳比赛中，一个游泳运动员可以参加多项比赛，一个游泳比赛项目可以有多个运动员参加，游泳运动员与游泳比赛项目两个实体之间的联系是__________联系。

5．自然联接是去掉重复属性的__________联接。

第 1 章　Visual FoxPro 概述试题答案及解析

1.1　参考答案

一、选择题

1．A　2．A　3．C　4．D　5．A　6．B　7．B　8．B　9．A　10．A

11．C　12．C　13．D　14．D　15．D　16．A　17．D　18．D

二、填空题

1．EXE
2．关系
3．域
4．多对多
5．等值

1.2 试题解析

一、选择题

1．DBMS 的中文名称为数据库管理系统；DB 的中文名称为数据库；DBS 的中文名称为数据库系统；OS 的中文名称为操作系统。DBS 包括 DBMS 和 DB，其核心为 DBMS。

2．常用的 3 种关系运算为选择、投影及连接。选择运算是选择满足条件的元组（水平选）；投影运算是选择若干个属性（垂直选）。

3．Visual FoxPro 支持采用的数据模型为关系模型。所谓关系，就是指二维表格。

4．基于关系的 3 种专门关系运算为选择、投影、连接。

5．实体集之间的联系有 3 种：一对一、一对多及多对多，班长与班级这两个实体集之间的联系应为一对一。

6．关系模型是以关系数学理论为基础的。在关系模型中，操作的对象和结果都是二维表，这种二维表就是关系。

7．文件系统在数据管理方面存在着数据冗余大、数据独立性差、文件之间的联系弱、数据缺少统一管理等缺点，这些缺点是文件系统不能克服的。只有在数据库系统中，用 DBMS 对数据进行统一管理、维护，才具有数据冗余小、数据独立性较高、数据共享等特点。

8．实体完整性是保证关系中的元组不重复的特性，而主关键字具有唯一和非空值的特性，所以通过主关键字来实现“关系中不允许出现相同元组”的约束。

9．在关系模型中，记录称为元组，元组的集合称为关系，字段称为属性，属性的集合为属性集。

10．“显示”菜单可以控制改变各种控件和设计器相关工具的显示。

11．项目进行连编时，有些文件编译后用户是可以修改的，如数据库表等。可以修改的文件状态应为“排除”，编译后的应用程序包含此文件，用户可以修改；如果为“包含”状态，应用程序中也包含此文件，但用户不能修改此类文件。

12．查询文件可以运行，运行命令为 DO；视图是虚表，只能用于浏览；表单是窗口界面，可以运行，运行命令为 DO FORM；报表不能运行，只能预览，预览命令为 REPORT FORM；程序可以运行，运行命令为 DO。

13．建立项目文件时将在磁盘上产生项目文件，其扩展名为.pjx，同时会自动产生一个与项目同名的.pjt 文件（项目的备注文件）。数据库表的扩展名为.dbf；数据库文件的扩展名为.dbc；表单文件的扩展名为.scx。

14．项目管理器共有 6 个选项卡，依次为全部、数据、文档、类、代码及其他。

15．项目文件连编后可以生成的文件包括应用程序（.app 文件）、可执行文件（.exe）及动态链接文件（.dll 文件）。

16．通过“文件”→“退出”菜单命令可以退出整个环境；通过“文件”→“关闭”菜单命令可以隐藏“命令”窗口；“程序”→“退出”菜单命令和“程序”→“关闭”菜单命令是错误的。

17．用户可以随时创建一个适合自己工作需要的新工具栏，方法是，选择“显示”→“工具栏”菜单命令，在“工具栏”对话框中单击“新建”按钮即可。

18．在“选项”对话框中设置结束后，若单击“确定”按钮，会将参数保存为仅在当前工作期有效；若单击“设置为默认值”按钮，再单击“确定”按钮，可以将参数永久性地保存。

二、填空题

1．命令 BUILD EXE 可以生成可执行文件（可以脱离 Visual FoxPro 运行）；BUILD APP 命令可以生成应用程序（不能脱离 Visual FoxPro 运行）。

2．关系运算的操作对象是关系，得到的结果仍是一个关系。

3．属性取值范围在关系中称为域。

4．联系类型有一对一、一对多及多对多，运动员与比赛项目之间的关系为多对多。

5．在联接运算中，按照字段值对应相等为条件进行的联接称为等值联接。自然联接是去掉重复属性的等值联接。

第 2 章　Visual FoxPro 编程基础试题

一、选择题

1．在 Visual FoxPro 中，下面 4 个关于日期或日期时间的表达式中，错误的是____。

A）{^2012.09.01 11:10:10:AM}-{^2011.09.01 11:10:10AM}

B）{^01/01/2012}+20

C）{^2012.02.01}+{^2011.02.01}

D）{^2012/02/01}-{^2011/02/01}

2．在默认状态下，表达式"WinWord"="Win"结果为____。

A）1　　B）.T.　　C）.F.　　D）0

3．设 M="30"，执行命令?&M+20 后，其结果是____。

A）3020　　B）50　　C）20　　D）出错信息

4．已知 D=5>6，则函数 VARTYPE(D)的结果是____。

A）L　　B）C　　C）N　　D）D

5．下列 4 个表达式中，运算结果为数值的是____。

A）30+28=58　　B）"30"+"28"

C）{^2012/12/20}-10　　D）LEN(SPACE(3))-1

6．下列连接表示“科学技术□”的是（说明：□表示一个空格）____。

A）"科学□"+"技术"　　B）"科学"+"□技术"

C）"科学□"-"技术"　　D）"科学"-"□技术"

7．有如下赋值语句，结果为“大家好”的表达式是____。

a=“你好”

b=“大家”

A）b+AT(a,1)　　B）b+RIGHT(a,1)

C）b+ LEFT(a,3,4)　　D）b+RIGHT(a,2)

8．表达式 LEN(SPACE(0))的运算结果是____。

A）NULL　　B）1　　C）0　　D）" "

9．下列表达式中，表达式的返回结果为.F.的是____。

A）AT("A","BCD")　　B）" [信息] "$"管理信息系统"

C）ISNULL(.NULL.)　　D）SUBSTR("计算机技术",3,2)

10．假设“职员”表已在当前工作区打开，当前记录的“姓名”字段值为“张三”（字符型，宽度为 6）。在“命令”窗口中输入并执行如下命令：

姓名="您好"+姓名

?姓名

那么主窗口中将显示____。

A）张三　　B）您好张三　　C）张三您好　　D）出错

11．在 Visual FoxPro 6.0 中，创建程序文件正确的命令方式是____。

A）MODIFY COMMAND <程序文件名>

B）DO <程序文件名>

C）MODIFY STRUCTURE <表文件名>

D）MODIFY PROGRAME <程序文件名>

12．命令? LEN(SPACE(3)-SPACE(2))的结果是____。

A）1　　B）2　　C）3　　D）5

13．设 X="11"，Y="1122"，则下列表达式结果为假的是____。

A）NOT(X==Y) AND (X$Y)　　B）NOT(X$Y) OR (X<>Y)

C）NOT(X>=Y)　　D）NOT(X$Y)

14．函数 SUBSTR("Visual FoxPro 6.0",8,6)的返回值是____。

A）Visual FoxPro　　B）FoxPro

C）FoxPro6　　D）FoxPro 6.0

15．下面两条命令的执行结果是____。

TJ=80

?IIF(TJ>=70,IIF(TJ>=85, "优秀","良好"),"不及格")

A）优秀　　B）良好　　C）不及格　　D）80

16．如果一个表为空，则执行以下命令后的显示结果为____。

?EOF()

?BOF()

A）.T.和.T.　　B）.F.和.F.　　C）.T.和.F.　　D）.F.和.T.

17．设 A=6，执行命令?A=A+1 后，结果是____。

A）7　　B）6　　C）.T.　　D）.F.

18．已知字符串 S1="ABCD "，S2=" EF GH"，则下列表达式的运算结果是.T.的是____。

A）S1-S2=ALLTRIM(S1)+S2　　B）S1+S2=S1-S2

C）ALLTRIM(S1)+S2=S2　　D）S1-S2="ABCDEFGH"

19．在 Visual FoxPro 6.0 中，执行下列交互命令后的结果是____。

STORE "A+B" TO X

STORE 2 TO A

STORE 8 TO B

?&X

A）10　　B）X　　C）A+B　　D）10&2

20．执行命令“?3**2%4+7”后，显示结果为____。

A）错误！　　B）9　　C）14　　D）8

21．函数 ROUND(125 623.122 3,-3)的运算结果为____。

A）125 623　　B）126 000　　C）125 623.122　　D）-125 623.122 3

22．下列 Visual FoxPro 6.0 表达式中，不正确的是____。

A）04/05/13-2　　B）CTOD('04/11/13')-DATE()

C）YEAR(CTOD('04/05/13'))-3　　D）DATE()+"04/05/13"

23．以下两条命令执行后，显示结果是____。

A="Good morning!"

? LOWER(SUBSTR(A,1,1))+UPPER(SUBSTR(A,2))

A）GOOD MORNING!　　B）gOOD MORNING!

C）good morning!　　D) Good morning!

24．设 X="A"，Y=65，则下列合法的表达式是____。

A）X+Y　　B）ASC(A)+Y　　C）CHR(Y)+X　　D）ASC(X)+ CHR(Y)

25．下面 4 组函数中，全部返回逻辑值的一组是____。

A）TYPE()、BOF()、RECNO()、EOF()

B）DELETE()、FOUND()、EOF()、INLIST()

C）FILE()、YEAR()、INLIST()、TYPE()

D）DELETE()、RECNO()、INLIST()、YEAR()

26．以下表达式的运算结果是____。

VAL(SUBSTR('A123',2,3)+RIGHT(STR(YEAR({^2013/04/06})),2))+3

A）12316.00　　B）123+2004　　C）123043　　D）出错信息

27．执行下列命令后，显示结果有可能是____。

?RAND(-1.2)

A）0.02　　B）-1.2　　C）3.4　　D）出错信息

28．下列表达式中，运算结果为数值型的是____。

A）CHR(65)　　B）AT("CD","CDEFCD",2)

C）TYPE("3>2")　　D）DATE()-10

29．下列是计算 1+2+3+…+100 的和 S 的程序清单，正确的是____。

A）
```
S=0
FOR I=1 TO 100
S=S+I
ENDFOR
? "S=",S
```

B）
```
S=0
FOR I=1 TO 100
S=S+I
ENDDO
? "S=",S
```

C）
```
S=0
DO WHILE I=1 TO 100
S=S+I
ENDFOR
? "S=",S
```

D）
```
S=0
WHILE I=1 TO 100
S=S+I
ENDDO
? "S=",S
```

30．函数 MAX(MOD(SQRT(36),INT(-3.5)),ABS(-1))的运算结果为____。

A）1　　B）2　　C）-4　　D）36

二、填空题

1．在 Visual FoxPro 6.0 中，可以使用菜单方式和__________运行程序文件。

2．在 Visual FoxPro 6.0 中，根据__________类型的不同，函数可分为__________、日期型函数、__________、逻辑型函数和__________。

3．函数 BETWEEN(40,30,50)的运算结果是__________。

4．LEFT("123456789",LEN("数据库"))的计算结果是__________。

5．执行命令 A=2005/4/2 之后，内存变量 A 的数据类型是__________型。

6．在 Visual FoxPro 6.0 中，函数由__________、参数、__________构成。其中，__________起标识作用；__________用于在程序之间传递信息，__________是函数运算结束后的返回值。

7．Visual FoxPro 6.0 的货币型常量以__________或__________符号开头，并四舍五入到小数点后__________位。

8．Visual FoxPro 6.0 的变量有__________和__________两种。

9．在自由表中，字段名的定义可用英文字母或汉字定义，但不超过__________个字符。

10．Visual FoxPro 6.0 中的命令__________区分大小写，但是为了程序的可读性，一般变量采用__________，系统关键字采用__________。

第 2 章　Visual FoxPro 编程基础试题答案及解析

2.1　参考答案

一、选择题

1．C　2．B　3．B　4．A　5．D　6．C　7．D　8．C　9．B　10．A

11．A　12．D　13．D　14．B　15．B　16．A　17．D　18．A　19．A　20．D

21．B　22．D　23．B　24．C　25．B　26．A　27．A　28．B　29．A　30．A

二、填空题

1．命令方式

2．返回值，数值型函数，字符型函数，其他函数

3．.T.

4．123456

5．数值

6．函数名，函数返回值，函数名，参数，函数返回值

7．￥，$，4

8．字段变量，内存变量

9．10

10．不，小写，大写

2.2 试题解析

一、选择题

1．在日期（日期时间）表达式中，可以加上（减去）一个数值，结果是对应日期加（减）相应的天数（日期时间加（减）相应的秒数）；两个日期（日期时间）相减，结果是相差的天数（秒数）。

2．“=”号用于比较两个字符串（非精确比较）是否相等，若“=”右边的所有字符与左边的前若干个字符相等，则结果为“真”，否则为“假”。

3．宏替换函数&<内存变量>用来替换内存变量的内容，即&的值是变量中的内容，&M+20 相当于 30+20，结果为 50。

4．函数 VARTYPE()用于返回自变量数据的类型，用一个字母来表示。5>6 是一个关系表达式，其值为逻辑假，D=5>6，则 D 为逻辑型变量，这样 VARTYPE(D)的结果为逻辑型，即 L。

5．A 是一个关系表达式，用来判断 30+28 的和与 58 是否相等，结果是逻辑型；B 是字符表达式，结果是字符型；C 是日期型；D 使用的是求字符串长度函数 LEN( )，结果是 3，然后减去 1，结果仍然是数值型数据，即 2。

6．C 中应用的是空格移位连接符，前一个字符串的尾部的空格被转移到结果字符串的尾部。

7．RIGHT()函数用于取右子串，LEFT()用于取左子串。

8．LEN()用于返回字符串长度；SPACE()用于生成空格字符串。

9．AT()用于判断子串出现位置，结果为 0；ISNULL()用于判断是否为不确定的值，结果为.T.；SUBSTR()为取子串，结果为“算”。

10．职员表中的“姓名”为字段变量，在“命令”窗口中输入的“姓名”为内存变量。字段变量与内存变量同名时，系统优先使用字段变量的值。

11．创建程序文件的命令为 MODIFY COMMAND；DO 为运行命令；MODIFY STRUCTURE 命令用来打开表设计器。

12．函数 SPACE(n)表示 *n* 个空格构成的长度为 *n* 的字符串，“-”用在字符型数据中表示两个字符串的连接。

13．关系运算符“==”表示精确比较，故 X==Y 为假，符号“$”表示左边字符串是否包含在右边字符串中，故 X$Y 为真，故 A 结果为真；X<>Y 为真，故 B 结果为真；X<Y，故 C 结果为真。

14．SUBSTR("Visual FoxPro 6.0",8,6)表示从字符串"Visual FoxPro 6.0"中左起第 8 个字符“F”开始取长度为 6 的子串。

15．TJ>=70 为真，则计算 IIF(TJ>=85, "优秀","良好")，TJ>=85 为假，则结果取“良好”。

16．函数 BOF()和 EOF()分别测试记录指针是否指向表头与表尾。打开一个空表，则认为记录指针既指向表头又指向表尾。

17．A=A+1 为一个关系表达式，其结果为.F.。

18．ALLTRIM()用于删除字符串前后的空格；若“=”右边的所有字符与左边的前若干个字符相等，则结果为“真”，否则为“假”。

19．&为宏代换函数，它的功能是去掉字符变量的定界符，取出其内容，则&X=A+B=2+8=10。

20．根据运算符的优先级规定，3**2=9、9%4=1、1+7=8。

21．ROUND()为四舍五入函数。

22．两个日期常量不能相加。

23．LOWER()函数完成大写转换成小写；UPPER()函数完成小写转换成大写。

24．ASC()用于取字符串首字符的 ASCII 码值，返回值为数值型；CHR()用于将 ASCII 码值转换成相应字符，返回值为字符型。

25．TYPE()用于返回字符型，YEAR()用于返回数值型。

26．SUBSTR('A123',2,3)= '123'，YEAR({^2013/04/06}=2013，STR(YEAR({^2013/04/06}))='2013'，RIGHT(STR(YEAR({^2013/04/06})),2)='13'，SUBSTR('A123',2,3)+RIGHT(STR(YEAR({^2013/04/06})),2)= '12313'。

27．RAND()用于生成 0～1 之间的随机数。

28．CHR()的返回值为字符型；AT()的返回值为数值型；TYPE()的返回值为字符型；DATE()的返回值为日期型。

29．FOR 与 ENDFOR 或 NEXT 成对使用，循环体内部不需要写循环变量的变化语句；DO WHILE 与 ENDDO 成对使用，循环体内部必须写循环变量的变化语句。

30．MOD(SQRT(36),INT(−3.5))=−2，ABS(−1)=1。

二、填空题

1．在 Visual FoxPro 6.0 中，主要提供了菜单操作方式和命令操作方式运行程序文件。

2．函数的返回值决定了函数的类型。

3．函数 BETWEEN()用来判断一个表达式的值是否介于另外两个表达式的值之间，返回值为逻辑真或逻辑假。在本题中，数值 40 介于 30 和 50 之间，因此表达式返回值为逻辑真。

4．LEFT()用于取左子串，LEN()用于取字符串长度。

5．2005/4/2 没有放在{}中，故/为除的意思，结果为 250.625。

6．一个函数有 3 个要素：函数名、参数、返回值。

7．货币型常量常用￥和$分别表示人民币和美元单位，默认小数位数为 4 位。

8．Visual FoxPro 6.0 中主要有字段变量和内存变量两种变量，字段变量是针对表中字段值的，若二者同名，则字段变量的优先级高。

9．在 Visual FoxPro 6.0 中，自由表的字段名最多为 10 个字符。

10．在 Visual FoxPro 6.0 中，命令的书写不区分大小写，但为了区分变量和关键字，一般不成文规定关键字大写，变量小写。

第 3 章　表的创建与基本操作试题

一、选择题

1．执行下列一组命令之后，选择“职工”表所在工作区的错误命令是____。

CLOSE ALL

USE 仓库 IN 0

USE 职工 IN 0

A）SELECT 职工　　B）SELECT 0

C）SELECT 2　　D）SELECT B

2．在 Visual FoxPro 中，字段的数据类型不可以指定为____。

A）日期型　　B）时间型　　C）通用型　　D）备注型

3．扩展名为.dbf 的文件是____。

A）表文件　　B）表单文件　　C）数据库文件　　D）项目文件

4．表结构中的空值（NULL）表示的意义是____。

A）空值等同于空格　　B）空值表示字段或变量还没有确定值

C）默认值　　D）空值等同于数值 0

5．下列字段中，在.dbf 文件中仅保存标记，其具体内容存放在.fpt 文件中的是____。

A）字符型　　B）通用型　　C）逻辑型　　D）日期型

6．下列关于字段名的命名规则，不正确的是____。

A）字段名必须以字母或汉字开头

B）字段名可以由字母、汉字、下画线、数字组成

C）字段名中可以包含空格

D）字段名可以是汉字或者西文标识符

7．在 Visual FoxPro 中，对于自由表叙述正确的是____。

A）自由表和数据库表是完全相同的　　B）自由表不能建立字段级规则和约束

C）自由表不能建立候选索引　　D）自由表不可以加入到数据库中

8．以下关于索引的叙述中正确的是____。

A）使用索引可以提高数据查询速度和数据更新速度

B）使用索引可以提高数据查询速度，但会降低数据更新速度

C）使用索引可以提高数据查询速度，对数据更新速度没有影响

D）使用索引对数据查询速度和数据更新速度均没有影响

9．用 LIST STRUCTURE 命令显示表中各字段的总宽度为 50，则用户可使用的字段总宽度为____。

A）51　　B）50　　C）49　　D）48

10．表文件 CJ.dbf 已经打开，共有 10 条记录，按关键字 XM 排序，执行命令 SORT

ON XM TO CJ 后，屏幕将显示____。

A）10 条记录排序完成　　B）CJ.dbf 已存在，覆盖它吗（Y/N）?

C）文件正在使用　　D）出错信息

11．BROWSE 命令的作用是____。

A）只能浏览记录

B）只能修改记录

C）修改一条记录

D）打开一个可在其中查看和编辑数据记录的窗口

12．关于索引的叙述，下列选项不正确的是____。

A）Visual FoxPro 支持两种索引文件：复合索引文件和独立索引文件

B）实现索引查询必须满足以下条件：打开表文件；打开索引文件；确定主控索引文件；对于复合索引文件还需确定主控索引

C）打开和关闭索引文件均可使用 SET INDEX TO 命令

D）索引文件不随表文件的关闭而关闭

13．对“XS”表进行下列操作，其结果为____。

```
USE XS
?BOF()
SKIP -1
?BOF()
GO BOTTOM
?EOF()
SKIP
?EOF()
```

A）.T.、.T.、.T.、.T.　　B）.F.、.F.、.F.、.F.

C）.F.、.T.、.F.、.T.　　D）.F.、.F.、.T.、.T.

14．对某一表中“职称”为“教授”和“副教授”的记录的“工资总额”进行统计，并将其结果赋给变量 PAYING，可以使用的命令为____。

A）SUM 工资 TO PAYING FOR 职称="教授" AND "副教授"

B）SUM 工资 TO PAYING FOR 职称="教授" OR "副教授"

C）SUM 工资 TO PAYING FOR 职称="教授" AND 职称="副教授"

D）SUM 工资 TO PAYING FOR 职称="教授" OR 职称="副教授"

15．在已打开的表文件中有“姓名”，此外又定义了一个内存变量“姓名”。要把内存变量“姓名”的值传送给当前记录的“姓名”字段，应使用命令____。

A）姓名=M→姓名

B）REPLACE 姓名 WITH M→姓名

C）STORE M→姓名 TO 姓名

D）GATHER FROM M→姓名 FIELDS 姓名

16．建立数据库结构时，由系统自动设定宽度的字段类型有____。

A）C 型、M 型、L 型　　B）D 型、N 型、C 型
C）L 型、M 型、D 型　　D）F 型、D 型、L 型

17．关于 Visual FoxPro 6.0 表的操作中，不是<范围>选项中的内容是____。

A）NEXT N　　B）RECORD N　　C）REST　　D）GO N

18．在 Visual FoxPro 6.0 中执行 LIST 命令，要想在屏幕和打印机上同时输出，应使用的命令是____。

A）LIST ON PRINT　　B）LIST TO PRINT
C）PRINT LIST　　D）LIST PRINT

19．以下 4 条命令中，对执行结果相同的说法正确的是____。

（1）AVERAGE 基本工资 FOR 职称="助教"
（2）AVERAGE 基本工资 WHILE 职称="助教"
（3）AVERAGE 基本工资 FOR !职称="助教"
（4）AVERAGE 基本工资 WHILE 职称<>"助教"

A）（1）和（4）相同、（2）和（3）相同
B）（1）和（3）相同、（2）和（4）相同
C）（1）和（2）相同、（3）和（4）相同
D）都不相同

20．修改表结构的命令是____。

A）EDIT　　B）CHANGE　　C）BROWSE　　D）MODI STRU

21．把某表中所有 2004 年以前出生的工程师的工资提高 10%的命令是____。

A）REPLACE ALL 工资*1.1 FOR YEAR(出生年月)<=2004 .AND. 职称="工程师"
B）REPLACE ALL 工资 WITH 工资*1.1 FOR 出生年月<=2004 .AND. 职称="工程师"
C）REPLACE ALL 工资 WITH 工资*1.1 FOR YEAR(出生年月)<=2004 .AND. 职称="工程师"
D）CHANGE 工资 WITH 工资*1.1 FOR YEAR(出生年月)<=2004 .AND. 职称="工程师"

22．执行命令 SET DELETED OFF 后，则____。

A）执行记录删除命令时，不提示信息
B）显示记录时不忽略带删除标记的记录
C）取消表文件记录的删除标记
D）禁止表文件的删除

23．某表文件有 10 条记录，当前记录是 5，执行命令 LIST NEXT 4 后，所显示的记录号是____。

A）5～8　　B）6～10　　C）5～10　　D）6～9

24．当前表中有 10 条记录，在第 1 条记录后添加一条空记录的正确操作是____。

A）GO TOP
INSERT BEFORE BLANK

B）GO TOP
APPEND BEFORE BLANK

C）GO TOP
   APPEND BLANK

D）GO TOP
   INSERT BLANK

25. 删除表 BM.dbf 中的数据，但保留其结构的操作是____。

A）USE BM
   DELE ALL
   PACK

B）USE BM
   DELE BM.DBF
   PACK

C）USE BM
   ERASE
   PACK

D）USE BM
   DELE

26. Visual FoxPro 6.0 的 ZAP 命令可以删除当前表文件中的____。

A）满足条件的所有记录　　B）带有删除标记的记录

C）结构　　D）全部记录

27. 若对已建立索引文件的表文件进行 INSERT、APPEND 等操作，能够自动更新索引文件的前提条件是____。

A）索引文件应预先打开

B）索引文件应预先关闭

C）索引文件预先打开和关闭都可以

D）索引文件应预先关闭，操作后再打开

28. 执行下列命令，在执行到最后一个命令 LIST 时显示的记录顺序是____。

USE 职工
INDEX ON 工资 TO GZ
INDEX ON 姓名 TO XM
LIST

A）按原记录顺序显示　　B）按姓名索引顺序显示

C）按工资记录顺序显示　　D）按结构复合索引顺序显示

29. 独立索引文件的扩展名是____。

A）.cdx　　B）.dbf　　C）.prg　　D）.idx

30. 在表设计器的“字段”选项卡中定义字段时，从某个字段的排序处选定升序，则建立的索引为____。

A）主索引　　B）候选索引　　C）普通索引　　D）唯一索引

31. 如果数值型字段的宽度为 10，小数位数为 2，则其整数部分的最大取值是____。

A）99 999 999　　B）9 999 999　　C）999 999　　D）99 999

32. 下列关于 SEEK 命令和 LOCATE 命令的叙述中，正确的是____。

A）SEEK 命令可以一次找到全部记录，LOCATE 命令不能

B）SEEK 命令必须打开索引文件才能使用，LOCATE 命令不需要索引文件

C）SEEK 命令只能查找字符串，LOCATE 命令可以查找任何字段

D）SEEK 命令可以和 CONTINUE 连用，LOCATE 命令则不能

33. 一个表的全部备注型字段的内容存储在____。

A）不同的备注文件中　　　　　　B）同一个数据库文件中
C）同一个备注文件中　　　　　　D）同一个表文件中

34．可以伴随表的打开而打开的索引是____。
A）独立索引文件　　　　　　　　B）复合的索引文件
C）结构化的复合索引文件　　　　D）非结构化的复合索引文件

35．在建立唯一索引时出现重复字段，则只存储重复出现的记录的____。
A）第一个　　　　B）最后一个　　　　C）全部　　　　D）几个

二、填空题

1．设在打开的“学生”表中有一个“年龄”字段，若要自动将每条记录中的年龄增加 1 岁，应执行的命令是__________，若反复执行的这条命令本身没有错误，但系统出现错误信息而不予执行，则错误的原因很可能是__________。

2．在 Visual FoxPro 中，自由表名最长为__________个字符。

3．一个工作区可以打开__________个数据表文件。

4．Visual FoxPro 6.0 共提供了__________个工作区。

5．在执行命令 SEEK、FIND、LOCATE、TOTAL 和 JOIN 时，不用首先对表文件进行索引的命令是__________和__________。

6．一个数据库表只能有一个__________索引。

7．同一个表的多个索引可以创建在一个索引文件中，索引文件名与相关的表同名，索引文件的扩展名是__________，这种索引称为__________。

8．逻辑删除表中的第 10～14 条记录的命令序列为__________。

9．在打开的“学生”表中，若要统计“数学”分数大于 80 分的女生人数并列入内存变量 FS，应使用命令__________。

10．在表设计器的字段有效性中有__________、信息和默认值 3 项内容需要设定。

11．设在打开的“图书”表文件中有字符型字段“分类号”，若要求将分类号中以字母 A 开头的图书记录标上删除标记，应使用的命令是__________。

12．将“学生”表中所有外语在 85 分以上的男同学记录复制到一个新文件 NEW.dbf 中，应执行的命令为__________。

第 3 章　表的创建与基本操作试题答案及解析

3.1　参考答案

一、选择题

1．B　2．B　3．A　4．B　5．B　6．C　7．B　8．C　9．C　10．C
11．D　12．D　13．C　14．D　15．B　16．C　17．D　18．B　19．D　20．D
21．C　22．B　23．A　24．D　25．A　26．D　27．A　28．B　29．D　30．C

31．B　32．B　33．C　34．C　35．A

二、填空题

1．REPLACE ALL 年龄 WITH 年龄+1　　年龄字段应为数值型或者整型

2．10

3．1

4．32 767

5．LOCATE，JOIN

6．主

7．.cdx，结构复合索引

8．GO 10

DELETE　NEXT 5

9．COUNT　FOR 性别＝"女".AND. 数学>80 TO FS

10．规则

11．DELETE FOR　LEFT(分类号,1)="A"

12．COPY TO NEW　FOR 性别="男" .AND. 外语>=85

3.2　试题解析

一、选择题

1．Visual FoxPro 6.0 一共提供了 32 767 个工作区，区号从 1 开始，前 10 个工作区有别名（A～J），选择工作区的命令为 SELECT，其中 SELECT 0 表示选择未用的最小工作区。

2．数据类型中没有时间型。

3．表文件的扩展名为.dbf；表单文件的扩展名为.scx；数据库文件的扩展名为.dbc；项目文件的扩展名为.pjx。

4．空值（NULL）是指尚未输入的值或还没有确定的值。在提供的选项中，空格是有效的字符串，即只有一个空格字符的字符串；数值 0 是有确定意义的值；而默认值则是在有效性规则中定义的输入数据时默认的值。

5．在 Visual FoxPro 中，当数据表中有备注型或通用型字段时，其具体内容存放在备注文件.fpt 中，在.dbf 文件中仅保存标记。

6．在 Visual FoxPro 中，字段名的命名规则为，字段名可以由字母、汉字、数字、下画线组成，字段名必须以字母或汉字开头。本题选项 A、B、D 都符合字段名命名规则，只有选项 C 错误，因为字段名中不能包含空格。

7．自由表是不属于任何数据库的表，它可以添加到某一数据库中，但它与数据库表相比，不能建立主索引、字段有效性规则等。

8．索引的根本目的就是加快查询速度。

9．在 Visual FoxPro 6.0 的表中，记录是由各字段的值构成的数据序列，但记录的长度要比各字段宽度之和多一个字节，这个字节是用来存放删除标记的。

10．使用 SORT 命令排序后必须生成新的表文件，不能在原表上面排序。

11．BROWSE 命令可以打开浏览窗口，可以浏览或修改当前数据表的记录数据。

12．索引文件会随着表文件的关闭而关闭。

13．初始打开表文件时，记录指针指向第一条记录，但不是表首，表首是第一条记录的前一条；GO BOTTOM 命令会使记录指针指向表中的最后一条记录，但不是表尾，表尾是最后一条记录的后一条；函数 BOF()或 EOF()分别测试当前表文件中的记录指针是否指向表首或表尾。

14．正确的命令是 SUM 工资 TO PAYING FOR 职称="教授" OR 职称="副教授"。

15．当字段变量（即字段名）与内存变量同名时，引用内存变量的方式为 M→内存变量名或 M .内存变量名；命令 REPLACE 用来修改表中记录的值。

16．建立数据库结构时，由系统自动设定宽度的字段类型有日期（D）型、逻辑（L）型、备注（M）型、通用（G）型、日期时间（T）型、整（I）型。

17．在 Visual FoxPro 6.0 中，表示范围的词有 NEXT、REST、ALL、RECORD。

18．LIST 命令默认的输出是屏幕，若想同时在打印机上输出，则应使用 TO PRINT。

19．FOR 子句表示满足条件的所有记录；WHILE 子句表示到条件不成立时为止，后面即使还有满足条件的记录也不再参与计算。所以 4 条语句的结果都不会一样。

20．修改表结构可以通过打开表设计器完成，命令是 MODIFY STRUCTURE。可以缩写为前 4 个字母。

21．该题主要考核 REPLACE 命令，正确的命令为 REPLACE 工资 WITH 工资*1.1 FOR YEAR(出生年月)<=2004 .AND. 职称="工程师"。

22．SET DELETED 命令指定是否处理带有删除标记的记录，OFF 为不忽略带有删除标记的记录。

23．范围词 NEXT *n*，表示处理包括当前记录及之后的总共 *n* 条记录。

24．INSERT BEFORE BLANK 用于在当前记录之前插入空白记录；APPEND BLANK 用来在表尾插入空白记录；INSERT BLANK 用于在当前记录之后插入空白记录。

25．DELETE 命令用来逻辑删除当前记录，要逻辑删除所有记录，应使用 ALL。PACK 命令用来物理删除所有带有删除标记的记录。

26．ZAP 命令可以清空打开的表，只留下表的结构。

27．索引文件在打开的情况下，才能保证改变表内容时系统自动更新索引文件。

28．最新建立的索引即为当前索引，所以应该是按姓名索引顺序显示。

29．Visual FoxPro 6.0 支持两种索引类型：单索引文件和结构索引文件。二者的扩展名分别为.idx 和.cdx。

30．在表设计器的“字段”选项卡中定义字段时，从某个字段的排序处选定升序，则建立的索引为普通索引。

31．若数值型字段的宽度为 10，小数位数为 2，则整数位数为 7 位。

32．SEEK 命令是索引定位命令，只有对应的索引打开时才能使用，可以查找任意类型。使用 SEEK 命令可以查找到满足条件的第一条记录，若想继续查找满足条件的记录，可以使用 SKIP 命令。LOCATE 命令不需要打开索引文件，配合 CONTINUE 命令可以查找到所有满足条件的记录。

33．一个表文件只有一个与之匹配的备注文件，故所有的备注型字段和通用型字段的内容存储在同一个备注文件中。

34．Visual FoxPro 6.0 支持两种索引类型：单索引文件和结构索引文件。其中，结构化的复合索引文件会随着表的打开而打开。

35．对于唯一索引，系统只在索引文件中保留第一次出现的索引关键字值。

二、填空题

1．成批修改记录内容可以使用 REPLACE 命令。系统不执行，可能是因为“年龄”字段的类型不匹配。

2．自由表表名最长为 10 个字符。

3．在一个工作区中只能打开一个表。

4．Visual FoxPro 6.0 一共有 32 767 个工作区，系统默认使用 1 号。

5．LOCATE 和 JOIN 命令不需要表中建立索引。查找命令 SEEK 和 FIND、分类汇总命令 TOTAL 必须以相应字段或者表达式建立索引。

6．Visual FoxPro 的主索引的概念等同于一般数据库的主关键字的概念，所以在一个表上只能有一个。另外，在一个表上可以建立多个候选索引、多个唯一索引和多个普通索引。

7．与表名同名的是.cdx 索引，是结构复合索引。

8．表示范围的关键词 NEXT *n* 表示包括当前记录指针在内的之后的 *n* 条记录。

9．应使用统计命令 COUNT。

10．对于数据库表，可以在表设计器中设置某个字段的有效性，其中包括规则、信息和默认值。

11．判断一个字符型字段内容的首字符可以借助于函数 LEFT。

12．使用命令 COPY TO 新表名 FOR 条件。

第4章　数据库和多表操作试题

一、选择题

1．数据库中除了包含存储数据的表之外，还包含____。

A）连接、视图和字段　　B）视图、字段和存储过程

C）连接、视图和存储过程　　D）连接、字段和存储过程

2．下列有关表的叙述中，正确的是____。

A）Visual FoxPro 6.0 中的表必须依附于某一个数据库

B）每个数据库表和自由表都是一个独立的文件

C）自由表是一个独立的文件，而数据库表不是一个独立的文件

D）数据库表是一个独立的文件，而自由表不是一个独立的文件

3．设有两个数据库表，父表和子表之间是一对多的联系，为控制子表和父表的关联，可以设置“参照完整性规则”，为此要求____。

A）在父表连接字段上建立普通索引，在子表连接字段上建立主索引

B）在父表连接字段上建立主索引，在子表连接字段上建立普通索引

C）在父表连接字段上不需要建立任何索引，在子表连接字段上建立普通索引

D）在父表和子表的连接字段上都要建立主索引

4．在指定字段或表达式中不允许出现重复值的索引是____。

A）唯一索引　　B）唯一索引和候选索引

C）唯一索引和主索引　　D）主索引和候选索引

5．打开数据库“ABC”的正确命令是____。

A）OPEN DATABASE ABC　　B）USE ABC

C）USE DATABASE ABC　　D）OPEN ABC

6．在 Visual FoxPro 中，下列关于表的描述中正确的是____。

A）在数据库表和自由表中，都能给字段定义有效性规则和默认值

B）在自由表中，能给表中的字段定义有效性规则和默认值

C）在数据库表中，能给表中的字段定义有效性规则和默认值

D）在数据库表和自由表中，都不能给字段定义有效性规则和默性值

7．数据库表的字段可以定义默认值，默认值是____。

A）逻辑表达式　B）字符表达式　C）数值表达式　D）前3种都可能

8．在 Visual FoxPro 的“参照完整性”中，“插入规则”包括的选择是____。

A）“级联”和“忽略”　　B）“级联”和“删除”

C）“级联”和“限制”　　D）“限制”和“忽略”

9．在 Visual FoxPro 中，使用 LOCATE FOR 命令按条件查找记录时，当查找到满足条件的第一条记录后，如果还需要查找下一条满足条件的记录，应使用____。

A）LOCATE FOR 命令　　　　B）SKIP 命令
C）CONTINUE 命令　　　　D）GO 命令

10．在 Visual FoxPro 中，如果在表之间的联系中设置了“参照完整性”规则，并在删除规则中选择了“限制”，则删除父表中的记录时，系统的反应是____。

A）不做参照完整性检查
B）不准删除父表中的记录
C）自动删除子表中的所有相关记录
D）若子表中有相关记录，则禁止删除父表中记录

11．下列关于表间永久联系和关联的描述中错误的是____。

A）永久联系中的父表一定有索引，关联中的父表不需要有索引
B）无论是永久联系还是关联，子表一定有索引
C）永久联系中，子表的记录指针会随父表记录指针的移动而移动
D）关联中，父表的记录指针会随子表记录指针的移动而移动

12．有一个“学生”表文件，通过表设计器已经为该表建立了若干个普通索引，其中一个索引的索引表达式为“姓名”字段，索引名为 XM。现假设“学生”表已经打开，且处于当前工作区中，那么可以将上述索引设置为当前索引的命令是____。

A）SET INDEX TO 姓名　　　　B）SET INDEX TO XM
C）SET ORDER TO 姓名　　　　D）SET ORDER TO XM

13．在关系数据库中，表与表之间的联系是通过____实现的。

A）“实体完整性”规则　　　　B）“参照完整性”规则
C）用户自定义的完整性　　　　D）值域

14．在“命令”窗口中输入并执行命令“LIST 名称”后，在主窗口中显示：

记录名	名称
1	电视机
2	计算机
3	电话线
4	电冰箱
5	电线

假定名称字段为字符型，宽度为 6，那么，下列程序段的输出结果是____。

```
GO 2
SCAN NEXT 4 FOR LEFT(名称,2)="电"
IF RIGHT(名称,2)="线"
LOOP
ENDIF
??名称
ENDSCAN
```

A）电话线　　B）电冰箱　　C）电冰箱电线　　D）电视机电冰箱

15．在 Visual FoxPro 中，下列描述错误的是____。

A）关系也被称作表 B）数据库文件不存储用户数据

C）表文件的扩展名是.dbf D）多个表存储在一个物理文件中

16．数据库表可以设置字段有效性规则，字段有效性规则属于____。

A）“实体完整性”范畴 B）“参照完整性”范畴

C）数据一致性范畴 D）“域完整性”范畴

17．字段或记录的有效性规则在____设置。

A）项目管理器 B）数据库菜单 C）表设计器 D）表单设计器

18．在 Visual FoxPro 6.0 中，在两个表的主索引之间建立的联系是____。

A）一对一联系 B）一对多联系

C）一对一联系与一对多联系都可以 D）以上都不正确

19．对数据库表中的记录进行插入、删除或修改时所激活的事件代码称为____。

A）触发器 B）字段级有效性规则

C）记录级有效性规则 D）参照完整性

20．建立表间临时关联操作使用的命令是____。

A）CALL B）JOIN C）SELECT D）SET RELATION

二、填空题

1．在 Visual FoxPro 中，建立“学生”表时，将年龄字段值限制在 18～25 岁的这种约束属于__________。

2．在 Visual FoxPro 中，主索引可以保证数据的__________完整性。

3．如果表之间的关系是一对多的，那么“一”端方一般建立__________。

4．在 Visual FoxPro 中，数据库表 S 中的通用型字段的内容将存储在__________文件中。

5．在 Visual FoxPro 中，可以在表设计器中为字段设置默认值的表是__________表。

第 4 章 数据库和多表操作试题答案及解析

4.1 参考答案

一、选择题

1．C 2．B 3．B 4．D 5．A 6．C 7．D 8．D 9．C 10．D

11．D 12．D 13．B 14．C 15．D 16．D 17．C 18．A 19．A 20．D

二、填空题

1．域完整性约束

2．实体

3．主索引或候选索引

4．S.fpt

5．数据库

4.2 试题解析

一、选择题

1．数据库由一个以上相互关联的数据表组成，可以包含一个或多个表、视图、到远程数据的连接和存储过程。

2．在 Visual FoxPro 6.0 中，数据库表和自由表都是各自独立的文件，自由表可以添加至某一数据库中，成为数据库表。相反，数据库表从某数据库中移去，即成为自由表。

3．在 Visual FoxPor 中，为了建立参照完整性，必须首先建立表之间的联系。在数据库设计器中设计表之间的联系时，要在父表建立主索引，在子表建立普通索引，然后通过父表的主索引和子表的普通索引建立两个表之间的关系。

4．主索引是对主关键字建立的索引，字段中不允许有重复值。候选索引也是不允许在指定字段和表达式中出现重复值的索引。唯一索引和普通索引允许关键字值重复出现。

5．打开数据库的命令格式为 OPEN DATABASE <数据库文件名>。

6．只有数据库表中的字段才能定义字段的有效性规则，自由表不可以。

7．字段的默认值是固定的，数据的类型只与字段的类型有关。

8．插入规则规定了，当插入子表中的记录时，是否进行参照完整性检查；更新规则规定了，当更新父表的主关键字时如何处理相关子表的记录，包括的选择是级联，故排除选项 A、B、C。

9．与 LOCATE FOR 配套使用的命令是 CONTINUE。

10．删除规则规定，当删除父表中的记录时如何处理子表中的记录。如果选择了“限制”，则限制删除子表中存在相关记录的对应的父表中的记录。

11．在 Visual FoxPro 中，永久联系中的父表一定有索引，而子表不需要；建立关联时，关键字必须是两个表文件的共同字段，且子表按关键字建立主索引，父表不需要；无论建立永久联系还是关联，建立后，父表文件的记录指针移动时，子表文件的记录指针也将自动相应移动。

12．可以用排除法。选项 A、C 中出现的“姓名”是字段而不是索引名，可排除；选项 B 是打开索引文件命令；选项 D 可把 XM 设置为当前索引，所以选项 D 为正确答案。

13．“参照完整性”规则通过定义表的外部关键字和主关键字之间的引用规则来约束两个关系之间的联系；“实体完整性”规则要求关系中的元组在组成主键的属性上不能有空值；“域完整性”规则是指数据库表中的列必须满足某种特定的数据类型或约束。

14．“GO 2”是指将指针移动到第二条记录；接下来 SCAN 语句扫描下面的 4 条记录；根据 SCAN 语句的循环条件 LEFT(名称,2)="电"可知，只要名称字段中的第一个字是

“电”，就执行循环语句；在 SCAN 循环语句内部，IF 语句表示如果记录的最后一个字是“线”，就跳到循环的开始。也就是说，程序从第二条记录开始查找第一个字是“电”且最后一个字不是“线”的记录并显示，符合显示条件的只有“电冰箱”和“电线”两条记录。这道题容易出错的原因是，误认为“电线”的最后一个字是“线”，字段宽度也是 6，但因从右边开始的两个字节是空格。正确答案为 C。

15. 在 Visual FoxPro 中，用二维表来表示实体以及实体之间的联系的模型称为关系模型。在关系模型中，操作的对象和结果都是二维表，这种二维表就是关系。在关系数据库中，将关系称作表。建立数据库后，用户可以在磁盘上看到文件名相同的但扩展名分别为.dbc、.dct 和.dcx 的 3 个文件。这 3 个文件是供 Visual FoxPro 数据库管理系统管理数据库使用的，用户一般不能直接使用。在 Visual FoxPro 中，表文件的扩展名为.dbf。一般，一个表对应于磁盘上的一个扩展名为.dbf 的文件，如果有备注型或通用型字段，则磁盘上还会有一个对应扩展名为.fpt 的文件。

16. “实体完整性”主要确保记录唯一，一般通过建立索引实现；“域完整性”是指字段的取值范围，一般通过设置字段有效性规则实现。

17. 对于数据库表，打开表设计器，可以在“字段”选项卡中设置对应字段的有效性，可以在“表”选项卡中设置记录的有效性。

18. 实体与实体间的联系有一对一、一对多和多对多 3 种，其中，两表若同时建立了主索引，则在它们之间可以建立一对一联系。

19. 触发器是在某些事件发生时触发执行的一个表达式或一个过程，这些事件包括插入记录、修改记录和删除记录。当发生这些事件时，将引发触发器中所包含的事件代码。

20. 当需要在不同的工作区中同时打开两表时，SET RELATION 命令可以建立两个表之间的临时关联。

二、填空题

1. 限制字段值的取值范围，应该设置字段的有效性规则，属于域完整性约束。

2. 实体完整性是保证表中记录唯一的特性，即在一个表中不允许有重复的记录。在 Visual FoxPro 中利用主关键字或候选关键字来保证表中的记录唯一，即保证实体唯一性。在 Visual FoxPro 中将主关键字称作主索引，所以主索引可以保证数据的实体完整性。

3. “一”端方唯一，不允许重复，一般建立主索引或候选索引。

4. 数据库表中的备注型字段和通用型字段的值存储在和数据库表同名的扩展名为.fpt 的备注文件中。

5. 因为自由表不能建立字段级规则和约束，所以能够设置默认值的表只能是数据库表。

第5章　查询与视图试题

一、选择题

1．视图设计器中含有但“查询设计器”中却没有的选项卡是____。

A）筛选　　B）排序依据　　C）分组依据　　D）更新条件

2．下面关于查询描述正确的是____。

A）可以使用 CREATE VIEW 打开查询设计器

B）使用查询设计器可以生成所有的 SQL 查询命令

C）使用查询设计器产生的 SQL 语句存盘后，将存放在扩展名为.qpr 的文件中

D）使用 DO 语句执行查询时，可以不带扩展名

3．在 Visual FoxPro 中，关于视图的叙述正确的是____。

A）视图与数据库表相同，用来存储数据

B）视图不能同数据库表进行连接操作

C）在视图上不能进行更新操作

D）视图是从一个或多个数据库表导出的虚拟表

4．在查询设计器中，“联接”选项卡对应的 SQL 短语是____。

A）WHERE　　B）JOIN　　C）SET　　D）ORDER BY

5．以下关于查询的描述正确的是____。

A）不能根据自由表建立查询　　B）只能根据自由表建立查询

C）只能根据数据库表建立查询　　D）可以根据数据库表和自由表建立查询

6．在 Visual FoxPro 中，当一个查询基于多个表时，要求表____。

A）之间不需要有联系　　B）之间必须有联系

C）之间一定不要有联系　　D）之间可以有联系也可以没联系

7．在查询设计器中，选择“杂项”选项卡中的“无重复记录”复选框，与执行 SQL 的 SELECT 命令中的____等效。

A）WHERE　　B）JOIN ON　　C）ORDER BY　　D）DISTINCT

8．远程视图可以访问____上的数据。

A）局域网服务器　　B）网络服务器

C）本地服务器　　D）远程服务器

9．在查询设计器环境中，【查询】→【查询去向】菜单命令指定了查询结果的输出去向，输出去向不包括____。

A）临时表　　B）表　　C）文本文件　　D）屏幕

10．在 Visual FoxPro 中，要运行查询文件 query1.qpr，可以使用命令____。

A）DO query1　　B）DO query1.qpr

C）DO QUERY query1　　D）RUN query1

二、填空题

1．在视图和查询中，利用__________可以修改数据，利用__________可以定义输出去向，但不能修改数据。

2．在查询设计器中，系统默认的查询结果输出去向是__________。

3．查询设计器的结果是将“查询”以__________为扩展名的文件保存在磁盘中；而视图设计完后，在磁盘上找不到类似的文件，视图的结果保存在__________中。

4．在 Visual FoxPro 中，为了通过视图修改源表中的数据，需要在视图设计器的__________选项卡中设置有关属性。

5．删除视图 MyView 的命令是__________。

第5章　查询与视图试题答案及解析

5.1　参考答案

一、选择题

1．D　2．C　3．D　4．B　5．D　6．B　7．D　8．D　9．C　10．B

二、填空题

1．视图，查询

2．浏览

3．.qpr、数据库

4．更新条件

5．DROP VIEW MyView

5.2　试题解析

一、选择题

1．视图设计器共 7 个选项卡，查询设计器共 6 个选项卡，区别在于，视图有一个特殊的选项卡“更新条件”。

2．建立查询的命令为 CREATE QUERY，查询设计器只能生成 SQL 中的 SELECT 命令，并不能生成 SQL 的定义与操纵命令，查询文件的扩展名为.qpr，运行查询的命令为 DO 查询.qpr，扩展名不能省略。

3．视图是虚拟表，只有结构没有记录。在视图上可以更新源表。

4．“联接”选项卡用于指定多表操作，与 SQL 语句的 JOIN 命令对应。

5．查询设计器可以对数据库表、自由表、视图进行查询。

6．在 Visual FoxPro 中，当一个查询基于多个表时，要求表之间必须存在联系。

7．在 Visual FoxPro 中，DISTINCT 短语对应查询设计器上的“杂项”选项卡中的“无重复记录”，都是用来指定查询中没有重复项的。

选项 A 用于指定查询条件，与“筛选”选项卡对应。选项 B 用于编辑联接条件，与“联接”选项卡对应。选项 C 用于指定排序字段和排序方式，与“排序依据”选项卡对应。选项 D 用于指定是否要重复记录，与“杂项”选项卡上的“无重复记录”项对应。

8．由于远程视图是使用当前数据之外的数据源中的表建立的，因此，远程视图可以访问远程服务器上的数据。

9．查询设计器环境中的“查询去向”对话框共有 7 个选项供输出，分别是“浏览”、“临时表”、“表”、“图形”、“屏幕”、“报表”和“标签”，并不包括文本文件。

10．运行查询文件命令的命令格式为 DO<查询文件名>，查询文件名需要带扩展名。

二、填空题

1．视图和查询是 Visual FoxPro 中的两个基本的检索和操作数据库的工具。它们都是根据表来定义的，从普通检索数据方面来说，查询和视图的作用差不多。但两者之间的区别是，查询可以定义输出去向，可以将查询的结果应用于表单、报表等各种形式中，但是不能更改数据；利用视图可以修改数据，可以利用 SQL 将对视图的修改发送到源表，因此它可以对表实施操作，便于使用。

2．在查询设计器中，查询结果可以有多种去向，系统默认的输出去向是浏览，其他去向可以在“输出去向”对话框中指定。

3．查询以独立的文件形式保存，文件扩展名是.qpr，文件的内容主体是 SQL 的 SELECT 命令；而视图并不以文件形式存储，定义的视图直接存储在数据库中，所以只有在数据库中才能使用视图。

4．在视图设计器中，“更新条件”选项卡控制对数据源修改（如更改、删除、插入）后应发送回数据源的方式，而且还可以控制对表中特定字段的定义是否为可修改字段，并能对用户的服务器设置合适的 SQL 更新方法。

5．删除视图的命令格式为 DROP VIEW <视图名>。

第 6 章　关系数据库标准语言 SQL 试题

一、选择题

1．SQL 的查询命令是____。

A）INSERT　　B）UPDATE　　C）DELETE　　D）SELECT

2．下列与修改表结构相关的命令是____。

A）INSERT　　B）ALTER　　C）UPDATE　　D）CREATE

3．对于表 SC(学号 C(8),课程号 C(2),成绩 N(3),备注 C(20))，可以插入的记录是____。

A）('20110101','c1','90',NULL)

B）('20110101','c1',90,'成绩优秀')

C）('20110101','c1','90','成绩优秀')

D）('20110101','c1','79','成绩优秀')

4．在 Visual FoxPro 中，下列关于 SQL 的表定义命令 CREATE TABLE 的说法错误的是____。

A）可以定义一个新的基表结构

B）可以定义表中的主关键字

C）可以定义表的域完整性、字段有效性规则等

D）对自由表，同样可以实现其完整性、有效性规则等信息的设置

5．在 SELECT 命令中，“HAVING <条件表达式>”用来筛选满足条件的____。

A）列　　B）行　　C）关系　　D）分组

6．在 Visual FoxPro 中，假设在教师表 T（教师号、姓名、性别、职称、研究生导师）中，性别是 C 型字段，研究生导师是 L 型字段。若要查询“是研究生导师的女老师”信息，那么，在 SQL 中的命令“SELECT * FROM T WHERE <逻辑表达式>”中，<逻辑表达式>应是____。

A）研究生导师 AND 性别="女"　　B）研究生导师 OR 性别="女"

C）性别="女" AND 研究生导师=.F.　　D）研究生导师=.T. OR 性别=女

以下第 7～11 题，基于学生表 S 和学生选课表 SC 两个数据库表，它们的结构如下。

S（学号，姓名，性别，年龄），其中，学号、姓名和性别为 C 型字段，年龄为 N 型字段。

SC（学号，课程号，成绩），其中，学号和课程号为 C 型字段，成绩为 N 型字段（初值为空值）。

7．查询学生选修课程成绩小于 60 分的学号，以下正确的命令是____。

A）SELECT DISTINCT 学号 FROM SC WHERE "成绩"<60

B）SELECT DISTINCT 学号 FROM SC WHERE 成绩<"60"

C）SELECT DISTINCT 学号 FROM SC WHERE 成绩<60

D）SELECT DISTINCT "学号" FROM SC WHERE "成绩"<60

8．查询学生表 S 的全部记录并存储于临时表文件 one 中，以下正解的命令是____。

A）SELECT * FROM 学生表 INTO CURSOR one

B）SELECT * FROM 学生表 TO CURSOR one

C）SELECT * FROM 学生表 INTO CURSOR DBF one

D）SELECT * FROM 学生表 TO CURSOR DBF one

9．查询成绩在 70 分至 85 分之间学生的学号、课程号和成绩，以下正确的命令是____。

A）SELECT 学号,课程号,成绩 FROM SC WHERE 成绩 BETWEEN 70 AND 85

B）SELECT 学号,课程号,成绩 FROM SC WHERE 成绩>=70 OR 成绩<=85

C）SELECT 学号,课程号,成绩 FROM SC WHERE 成绩>=70 OR <=85

D）SELECT 学号,课程号,成绩 FROM SC WHERE 成绩>=70 AND <=85

10．查询有选修记录但没有考试成绩的学生的学号和课程号，以下正确的命令是____。

A）SELECT 学号,课程号 FROM SC WHERE 成绩=" "

B）SELECT 学号,课程号 FROM SC WHERE 成绩=NULL

C）SELECT 学号,课程号 FROM SC WHERE 成绩 IS NULL

D）SELECT 学号,课程号 FROM SC WHERE 成绩

11．查询选修 C2 课程号的学生姓名，以下错误的命令是____。

A）SELECT 姓名 FROM S WHERE EXISTS(SELECT * FROM SC WHERE 学号=S.学号 AND 课程号='C2')

B）SELECT 姓名 FROM S WHERE 学号 IN (SELECT 学号 FROM SC WHERE 课程号='C2')

C）SELECT 姓名 FROM S JOIN SC ON S.学号=SC.学号 WHERE 课程号='C2'

D）SELECT 姓名 FROM S WHERE 学号=(SELECT 学号 FROM SC WHERE 课程号='C2')

第 12～16 题基于两个表："职工"表和"仓库"表。"职工"表如表 4.6.1 所示，"仓库"表如表 4.6.2 所示。

表 4.6.1 "职工"表

仓库号	职工号	工资
WH2	E1	1220
WH1	E3	1210
WH2	E4	1250
WH3	E6	1230
WH1	E7	1250

表 4.6.2 “仓库”表

仓库号	城市	面积
WH1	北京	370
WH2	上海	500
WH3	广州	200
WH4	武汉	400

12．如下的 SELECT 命令，查询结果有____条记录。

SELECT 仓库号,MAX(工资) FROM 职工 GROUP BY 仓库号

A）0　　B）1　　C）3　　D）5

13．如下的 SELECT 命令，查询结果是____。

SELECT 城市 FROM 仓库 WHERE 仓库号 IN;

(SELECT 仓库号 FROM 职工 WHERE 工资=1250)

A）北京、上海　　B）上海、广州　　C）北京、广州　　D）上海、武汉

14．如下的 SELECT 命令，查询结果的第一条记录的“工资”字段值是____。

SELECT * FROM 职工 ORDER BY 工资 DESC

A）1 210　　B）1 220　　C）1 230　　D）1 250

15．如下的 SELECT 命令，查询结果有____条记录。

SELECT DISTINCT 仓库号 FROM 职工 WHERE 工资>1210

A）1　　B）3　　C）5　　D）7

16．下列关于 SELECT 命令的 HAVING 子句的叙述中，错误的是____。

A）HAVING 子句给出对分组结果进行筛选的条件

B）使用 HAVING 子句的同时可以使用 WHERE 子句

C）HAVING 子句与 GROUP BY 子句无关

D）HAVING 子句与 ORDER BY 子句无关

17．“奖学金”表有学号、姓名、奖学金等字段，要将“奖学金”表中李红的奖学金提高 200 元，以下正确的命令是____。

A）UPDATE 奖学金 TO 奖学金=奖学金+200 WHERE 姓名="李红"

B）UPDATE 奖学金 TO 奖学金=奖学金+200 FOR 姓名="李红"

C）UPDATE 奖学金 SET 奖学金=奖学金+200 WHERE 姓名="李红"

D）UPDATE 奖学金 SET 奖学金=奖学金+200 FOR 姓名="李红"

18．表 STUD.dbf 存放学生的基本情况，字段有学号（字符型）、姓名（字符型）、地址（字符型）、出生日期（日期型）。要把学号为“S0601”、姓名为“张三”的记录添加到该表中，正确的命令是____。

A）INSERT INTO STUD (学号,姓名,地址,出生日期) VALUES ("S0601","张三")

B）INSERT INTO STUD VALUES ("S0601","张三")

C）INSERT INTO STUD (学号,姓名) = ("S0601","张三")

D）INSERT INTO STUD (学号,姓名) VALUES ("S0601","张三")

二、填空题

1．利用 SQL 的定义功能建立一个课程表，并且为课程号建立主索引，命令为：

CREATE TABLE 课程表(课程号 C(5) __________,课程名 C(30))

2．在 Visual FoxPro 中，SELECT 命令能够实现投影、选择和__________3 种专门的关系运算。

3．使用 SQL 语言的 SELECT 命令进行分组查询时，如果希望去掉不满足条件的分组，应当在 GROUP BY 中使用__________子句。

4．设有 SC(学号,课程号,成绩)表，下面的 SELECT 命令用于检索成绩高于或等于平均成绩的学生的学号。

SELECT 学号 FROM sc WHERE 成绩>=(SELECT__________FROM sc)

以下 5～10 题基于两个表，即“学生成绩”表和“学生基本情况”表，其结构如下。

学生成绩.dbf 的结构如下。

班级（C,2），学号（C,6），数学（N,3），物理（N,3），计算机（N,3），总分（N,3）

学生基本情况.dbf 的结构如下。

学号（C,6），姓名（C,8），性别（C,2），年龄（N,2），政治面貌（C,8）

5．用 SQL 命令对“学生基本情况”表中所有记录中的年龄加 1，完整的命令是__________。

6．用 SQL 命令查询“学生成绩”表中每个班数学成绩的最高分、最低分、平均分和总分，完整的命令是__________。

7．对“学生成绩”表文件增加字段“外语（N,3）”，可使用的 SQL 命令是__________。

8．用 SQL 所提供的命令求出“学生成绩”表中的班级数目，可以使用的完整命令是__________。

9．用 SQL 所提供的命令查询“学生成绩”表中 3 班计算机不及格的记录，完整的命令是__________。

10．使用 SQL 所提供的命令对“学生基本情况”表按年龄降序排列所有学生的信息，应输入__________命令。

第 6 章　关系数据库标准语言 SQL 试题答案及解析

6.1　参考答案

一、选择题

1．D　2．B　3．B　4．D　5．D　6．A　7．C　8．A　9．A　10．C

11．D　12．C　13．A　14．D　15．B　16．C　17．C　18．D

二、填空题

1．PRIMARY KEY

2．连接

3．HAVING

4．AVG(成绩)

5．UPDATE 学生基本情况 SET 年龄=年龄+1

6．SELECT MAX(数学),MIN(数学),AVG(数学),SUM(数学) FROM 学生成绩 GROUP BY 班级

7．ALTER TABLE 学生成绩 ADD 外语 N(3)

8．SELECT COUNT(DISTINCT 班级) FROM 学生成绩

9．SELECT * FROM 学生成绩 WHERE 班级="3" AND 计算机<60

10．SELECT * FROM 学生基本情况 ORDER BY 年龄 DESC

6.2 试题解析

一、选择题

1．SQL 的查询语句也称作 SELECT 命令。选项 A～C 的命令依次为 SQL 语言的插入数据命令、修改数据命令及删除数据命令。

2．ALTER TABLE 命令用来修改表的结构。通过 ALTER 命令，可以对表的字段名、字段类型、精度、比例、是否允许空值及引用完整性规则等内容进行修改。

3．根据题意，此操作应当使用 INSERT 命令插入记录。INSERT 命令的基本格式为 INSERT INTO TableName[(字段名 1[,字段名 2,…])]VALUES(表达式 1[,表达式 2,…])，题目中所列的为 VALUES 短语后面的表达式列表，应当注意的是，“学号”字段为字符型（C(8)），所以要插入的数值必须用定界符（" "或' '或[ ]）括起来；“成绩”字段为数值型（N(3)），所以要插入的数值不能用引号（"）括起来，否则会出现“数据类型不匹配”的错误。

4．对于表的完整性、有效性规则等信息的设置，只能针对数据库表进行，而对自由表，则不能进行这些信息的设置。

5．HAVING 用来指定包括在查询结果中的组必须满足的筛选条件。在分组查询时，有时要求用分组删除满足某个条件的记录的检索，这时可以用 HAVING 子句实现。

6．本题要求选择的记录需同时满足两个条件，即研究生导师的字段值应为.T.，并且“性别”字段值应为“女”，之间要用 AND 逻辑符号进行连接。

7．本题中的选项 A 和 D，均错误地为字段变量加上了引号（"成绩"和"学号"），为错误选项；而选项 B 则为数字 60 加上了引号（"60"），使其变为字符串，这将造成数据

类型不匹配的错误。

8．将使用 SQL 的查询语句的结果存放到临时表文件的正确命令格式为 SELECT <字段列表> FROM <表名> INTO CURSOR <临时表文件名>。

9．BETWEEN <表达式 1> AND <表达式 2>用来检索表达式 1 到表达式 2 值范围内的信息，在此“成绩 BETWEEN 70 AND 85”等价于“成绩>=70 AND 成绩<=85”，也就是成绩在 70 分到 85 分之间，符合题意，故 A 为正确选项。选项 B、C 均使用了错误的逻辑符“OR”。选项 D 的“AND”后面没有标明字段变量“成绩”，为错误的逻辑表达式，故 B、C、D 均为错误选项。

10．在没有考试成绩的学生记录中，“成绩”字段值为空（NULL），判断某个字段是否为空，不能使用该字段“=NULL”或“<>NULL”，而要使用“IS NULL”或“IS NOT NULL”。

11．EXISTS 是谓词，EXISTS 或 NOT EXISTS 可用来检查在子查询中是否有结果返回，选项 A 正确。嵌套查询或子查询可以使用 IN 和 NOT IN 运算符，选项 B 正确。选项 C 使用了连接查询，JOIN 表示连接，与之配合使用的关键字应该是 ON，ON 后面跟随连接查询的条件，选项 C 正确。选项 D 也使用了子查询，但使用了错误的运算符“=”，因此是错误的。

12．这里是带 GROUP BY 的分组查询，所以看“职工”表的分组情况，按仓库号可以分为 3 组，所以查询结果有 3 条记录。

13．参照“职工”表和“仓库”表，在“职工”表中有两个工资为 1 250 的职工记录，它们的仓库号分别是 WH1 和 WH2，这两个仓库号对应的城市是北京和上海。

14．SELECT 命令中的“ORDER BY 工资 DESC”命令说明是按工资降序排序的，因此找表中存在的最大值，这里是 1 250。

15．这是带 WHERE 的条件查询，查询工资大于 1 210 的仓库号，又因带 DISTINCT 短语，所以仓库号是唯一的，即去掉仓库号重复的记录。

16．HAVING 子句必须配合 GROUP BY 子句使用，用来对组进行筛选。

17．SQL 的更新命令为 UPDATE 表名 SET 字段名=表达式 WHERE 条件。

18．SQL 的插入语句为 INSERT INTO 表名 (字段名 1，字段名 2，...) VALUES (对应的值)（注意，类型不同，有时需要使用不同的定界符）。

二、填空题

1．在 SQL 中，使用短语 PRIMARY KEY 将字段规定为主索引字段。

2．关系运算有 3 种，分别是选择、投影和连接。投影运算是指从关系模式中指定若干个属性来组成新的关系。选择是从关系中找出满足给定条件的元组。以上两种运算的对象只能是一个表。而连接是将两个关系模式拼接成一个更宽的模式，生成的新关系包含满足连接条件的元组，该运算的对象是两个或两个以上的表。

3．在分组查询时，有时要求用分组实现满足某个条件记录的检索，这时可以用 HAVING 子句来实现。HAVING 子句总是跟在 GROUP BY 子句之后，不可以单独使用。利用 HAVING 子句可设置当分组满足某个条件时检索，在查询中，首先利用 WHERE 子句限定元组，然后进行分组，最后利用 HAVING 子句限定分组。

4．由于题目要求检索成绩高于或等于平均成绩的记录，所以要在子查询中计算出学生的平均成绩，而函数 AVG()则用来计算平均值。

5．更新表中的数据，应使用 UPDATE 命令。命令格式为 UPDATE <表名> SET <字段名>=<表达式>[WHERE <条件>]，通过 WHERE 可仅对满足条件的记录进行更新，没有 WHERE 时，表示对表中的所有记录进行更新。

6．分别查询每个班的数据，属于分组计算查询，要用 GROUP BY 短语。最高分、最低分、平均分和总分则可以分别使用 SQL 的函数 MAX()、MIN()、AVG()和 SUM()。

7．修改表结构应使用 ALTER TABLE 命令。其中，添加字段时要用 ADD 短语，并在其后添加字段名及属性，属性包括类型的宽度，数值型还包括小数位数。

8．统计数目用 COUNT()函数，显然表中班级字段的值是允许重复的，因此在统计班级数目时，应加上 DISTINCT 短语以去掉重复值，否则变成了统计记录个数。

9．用 SELECT 查询记录时，WHERE 用来指定查询条件，其后是选择条件的逻辑表达式，由于班级字段是字符型，故其值要用定界符。

10．本题考查的知识点是 SQL 中排序命令的使用。排序短语为 ORDER BY。系统默认按升序排列，本题要求按降序排列，需要加上降序排列的短语 DESC。

第7章　面向过程的程序设计试题

一、选择题

1．在 Visual FoxPro 中，如果希望内存变量只能在本模块（过程）中使用，不能在上层或下层模块中使用，则说明该种内存变量的命令是____。

A）PRIVATE　　B）LOCAL

C）PUBLIC　　D）不用说明，在程序中直接使用

2．在 Visual FoxPro 中，过程的返回语句是____。

A）GOBACK　　B）COMEBACK　　C）RETURN　　D）BACK

3．下面的程序用于计算一个整数的各位数字之和，在下画线处应填写的语句是____。

```
SET TALK OFF
INPUT "x="TO x
s=0
DO WHILE x!=0
    s=s+MOD(x,10)
    ____
ENDDO
?s
SET TALK ON
```

A）x=int(x/10)　　B）x=int(x%10)　　C）x=x-int(x/10)　　D）x=x-int(x%10)

4．有如下赋值语句：a='计算机'，b='微型'，则结果为"微型机"的表达式是____。

A）b+LEFT(a,3)　　B）b+RIGHT(a,1)　　C）b+LEFT(a,5,2)　　D）b+RIGHT(a,2)

5．下列程序段的输出结果是____。

```
ACCEPT TO a
IF a=[123]
s=0
ENDIF
s=1
?s
```

A）0　　B）1　　C）123　　D）由 A 的值决定

6．如果内存变量和字段变量均有变量名“姓名”，那么引用内存变量的正确方法是____。

A）M.姓名　　B）M→姓名　　C）姓名　　D）A 和 B 都可以

7．下列程序段执行以后，内存变量 X 和 Y 的值是____。

```
CLEAR
```

```
STORE 3 TO x
STORE 5 TO y
PLUS((x),y)
?x,y
PROCEDURE PLUS
  PARAMETERS a1,a2
  a1=a1+a2
  a2=a1+a2
ENDPROC
```

A）8　13　　B）3　13　　C）3　5　　D）8　5

8．下列程序段执行后，内存变量 s1 的值是____。

```
s1="network"
s1=STUFF(s1,4,4,"BIOS")
```

A）network　　B）netBIOS　　C）net　　D）BIOS

9．说明数组后，数组元素的初值是____。

A）整数 0　　B）不定值　　C）逻辑真　　D）逻辑假

10．执行下列程序后的显示结果是____。

```
b=0
FOR a=10 TO 1   STEP-1
  b=b+1
ENDFOR
?a,b
```

A）0　10　　B）0　11　　C）1　10　　D）1　11

11．下列程序段执行时，在屏幕上显示的结果是____。

```
DIME a (6)
a(1)=1
a(2)=1
FOR i=3 TO 6
a(i)=a(i-1)+a(i-2)
NEXT
?a(6)
```

A）5　　B）6　　C）7　　D）8

12．下列程序段执行时，在屏幕上显示的结果是____。

```
x1=20
x2=30
SET UDFPARMS TO VALUE
DO test WITH x1,x2
?x1,x2
```

```
PROCEDURE test
PARAMETERS a,b
x=a
a=b
b=x
ENDPRO
```

A）30　30　　B）30　20　　C）20　20　　D）20　30

二、填空题

1．?AT("EN",RIGHT("STUDENT",4)) 的执行结果是__________。

2．执行下列程序后的显示结果是__________。

```
one="WORK"
two=""
a=LEN(one)
i=a
DO WHILE i>=1
two=two+SUBSTR(one,i,1)
i=i-1
ENDDO
?two
```

3．在 Visual FoxPro 中，使用 LOCATE ALL 命令按条件对表中的记录进行查找，若查不到记录，则函数 EOF()的返回值应是__________。

4．在 Visual FoxPro 中，程序文件的扩展名是__________。

5．有如下程序 TEST.prg：

```
SET TALK OFF
PRIVATE x,y
x= "数据库"
y= "管理系统"
DO sub1
?x+y
RETURN
*子程序：sub1
PROCEDU sub1
LOCAL x
x= "应用"
y= "系统"
x= x+y
RETURN
```

执行命令 DO TEST 后，屏幕显示的结果应是__________。

三、面向过程程序设计题

1．现有一堆物体，不知道其数目。它的数目被 3 除余 2，被 5 除余 3，被 7 除余 2。请编程求出这堆物体的数目。

2．编程输出 Fibonacci（斐波那契）数列的前 10 项。

3．“百鸡问题”。公鸡每只五钱，母鸡每只三钱，小鸡每只三钱。试编程实现用百钱买百鸡的各种买法。

4．已知三角形的三边（从键盘输入），求其面积。

5．请用实验的办法找出 5 000 以内的完全数。

6．有 20 个数，已知它们之间成等差数列，而且偶数项之和与奇数项之和都为 330，请编程求这 20 个数。

第 7 章　面向过程的程序设计试题答案及解析

7.1　参考答案

一、选择题

1．B　2．C　3．A　4．D　5．B　6．D　7．C　8．B　9．D　10．A
11．D　12．B

二、填空题

1．2
2．KROW
3．.T.
4．.prg
5．数据库系统

三、面向过程程序设计题

1．

```
set talk off
clear
wait "            按任一键继续…"
clea
store 0 to a,b,c
@3,2 say "请输入除以 3 所得的余数：" get a picture "9" valid a>0 .and. a<3
@5,2 say "请输入除以 5 所得的余数：" get b picture "9" valid b>0 .and. b<5
```

```
@7,2 say "请输入除以 7 所得的余数：" get c picture "9" valid c>0 .and. c<7
read
y=0
do while .t.
    if mod(y,3)=a .and. mod(y,5)=b .and. mod(y,7)=c
        @14,16 say "结果为"+str(y)
        exit
    endif
    y=y+1
enddo
wait "          按任一键退出…"
clear
return
```

2.

```
Clear
Dimension a(10)
a(1)=1
a(2)=1
For i=3 to 10
   a(i)=a(i-1)+a(i-2)
Endfor
For i=1 to 10
   ??A(i)
Endfor
```

3.

```
set talk off
clear
store 1 to x1,y1
stor 18 to x2
stor 79 to y2
j=y2/2
do while j>=0
    set colo to w+/6
    @x1,j clea to x2,j+1
    @x1,79-j clea to x2,80-j
    j=j-1
enddo
set colo to 4/3
```

```
@2,20 clea to 8,59
@4,21 say "用百钱买百鸡，鸡公一值钱五，鸡母一值钱三"
@5,21 say "鸡雏一值钱三，问公、母、雏各几？"
@10,20 say "按任一键继续…"
wait ""
set colo to 2/5,1/6,7
@9,12 clea to 16,67
nc=0
i=1
do while nc<=20
np=int((7*nc)/4)
if 4*np<>7*nc
    nc=nc+1
else
    if np<=25
        nh=25-np
        ch=75-nc+np
        @10,35 say "答    案"
        @i+10,12 say i
        @i+10,27 say "鸡公"+str(nc,2)
        @i+10,41 say "鸡母"+str(nh,2)
        @i+10,55 say "鸡雏"+str(ch,2)
        i=i+1
    endif
    nc=nc+1
  endif
enddo
set colo to
return
```

4.

```
Clear
input 'a=' to a
input 'b=' to b
input 'c=' to c
if a+b>c and a+c>b and b+c>a
    p=(a+b+c)/2
    s=sqrt(p*(p-a)*(p-b)*(p-c))
    ?s
```

```
else
    ?'三边不能组成三角形'
Endif
```

5.

```
Clear
for i=3 to 5000
    s=0
    for j=1 to i-1
       if mod(i,j)==0
          s=s+j
       endif
    endfor
    if i= =s
       ?i
    endif
endfor
```

6.

```
set talk off
clear
wait "按任一键开始…"
set color to B/G,W/G,W
dimension a(20)
i=0
sum1=0
n=0
do while i<=9
   n=2*i+1
   sum1=sum1+n
   i=i+1
enddo
j=0
sum2=0
p=0
do while j<=9
   p=2*j
   sum2=sum2+p
   j=j+1
enddo
```

```
d=(330-300)/(sum1-sum2)
a=(300-sum2*d)/10
i=1
do while i<=20
   a(i)=a+(i-1)*d
   i=i+1
enddo
m=4
set color to
clear
set colo to G/B,W/B
@1,29 say "等差数列值表"
set color to B/BR+
m=3
k=1
do while m<12
   n=22
   do while n<=50
      @m,n say "A("+ltrim(str(k))+")="+ltrim(str(a(k)))
      n=n+9
      k=k+1
   enddo
   m=m+2
enddo
return
```

7.2 试题解析

一、选择题

1．公共变量：在任何模块中都使用，可使用 PUBLIC 进行声明公共内存变量。

私有变量：可以在程序中直接使用，作用域为建立它的模块及其下属的各层模块。

局部变量：只能在建立它的模块中使用，不能在上层或下层模块中使用，可使用 LOCAL 命令建立。

2．在 Visual FoxPro 中，定义过程的命令格式为：

PROCEDURE|FUNCTION<过程名>

<命名序列>

[RETURN[<表达式>]

[ENDPROC|ENDFUNC]

当过程执行到 RETURN 时，将返回到调用程序，并返回表达式的值。

3．此程序运行步骤如下。首先等待用户输入一个数字，由变量 x 保存该数字。将 0 赋值给变量 s，此变量用于计算各位数字和。使用一个 DO WHILE 循环语句，首先判断 x 是否等于 0。如果等于 0，则退出循环；如果不等于 0，则使用 MOD()（取余）函数取出 x 除以 10 的余数（数字的个位数），并累加到变量 s 中。接下来，程序应当将变量 x 除以 10 并取整，使之缩小 10 倍，以便将 x 的十位数字变为个位数字。

4．要截取字符串 a 中的最后一个“机”字，可以用函数 RIGHT(a,2)。要得到“微型机”的字符串，则应把字符串 b 和截取处理的字符串用字符串连接运算符“+”连接起来，即 b+RIGHT(a,2)。

5．在本题中，不论 a 为多少都要执行 ENDIF 后的语句，输出结果始终为 s=1。

6．当内存变量和字段变量同名时，如果直接用变量名访问，则系统默认为字段变量。这时，如果要访问内存变量，则必须在变量名前加上前缀 M.或者 M→。

7．题目中，生成了两个变量 x 和 y，然后调用过程 PLUS，并把 x 和 y 作为实参传递给过程，因此 a1 和 a2 的值分为是 3 和 5。然后执行 a1=a1+a2，则 a1 的值为 3+5，即 8，再执行 a2=a1+a2，则 a1 的值为 8+5，即 13。由于在传递函数时，x 用括号括起来，表示是按值传递的，则过程 PLUS 中的 a1 的初始值来自于 x，变量 x 和形参 a1 是两个独立的对象，也就是说，a1 的改变不能影响 x。而 y 是按地址传递，因此实参 y 和形参 a2 是同一个内存变量，也就是说，在过程 PLUS 中改变了 a2 的值也就同时改变了 y 的值。

8．STUFF(s1,4,4,"BIOS")是用“BIOS”替换“network”中从第 4 个位置开始的长度为 4 的子串，因此，该函数的返回值是“NetBIOS”。

9．数组在使用之前一般要用 DIMENSION 或 DECLARE 命令显示创建，数组创建后，系统自动给每个数组元素赋以逻辑假.F.。

10．在本题的 FOR 循环语句中，循环变量由 10 逐次减一，直到 1（包括 1），所以循环体语句 b=b+1 执行了 10 次，最后，当 a 的值为 0 时退出循环。

11．在本题中，程序首先定义了一个数组 a(6)，并将 a(1)及 a(2)赋值为 1。在程序循环中，依次为该数组的后面几个元素赋值。赋值方法为，该元素值为其前两个元素值之和，也就是 a(3)=a(1)+a(2)、a(4)=a(3)+a(2)、a(5)=a(4)+a(3)、a(6)=a(5)+a(4)，其值依次为 2、3、5、8，即 a(6)的值为 8。

12．此题设置了参数按值传递，但用 DO 命令调用时，该设置不起作用，故仍为按引用传递参数。在调用的过程“test”中，x1 及 x2 的值进行了交换，故显示的结果为“30　20”。

二、填空题

1．RIGHT()函数返回字符串的右子串，返回值为字符型；AT()函数求子字符串在母串中第一次出现的位置，返回值为数值型；RIGHT("STUDENT",4)="DENT"，则 AT("EN", RIGHT ("STUDENT",4))=2。

2．该程序完成字符串的逆序输出。

3．使用 LOCATE ALL 命令按条件对表中的记录进行查找，若查不到记录，则函数 EOF()的返回值是.T.。

4．在 Visual FoxPro 中，程序文件的扩展名是.prg。

5．子程序中，变量 x 被说明为局部变量，返回主程序后其值就会失效。子程序执行完毕返回主程序后，x 的值仍然为“数据库”，y 的值变成“系统”。故 $x+y$ 的值为“数据库系统”。

三、面向过程程序设计题

1．略。

2．Fibonacci（斐波那契）数列的基本特征是，第一项和第二项都是 1，从第三项开始，其值为前两项的和。

3．略

4．在本题中，任意从键盘输入 3 个数，只有当这 3 个数满足任意两数的和大于第三边，或任意两数的差小于第三边的条件时才能构成三角形。求面积的公式为 $s=\sqrt{p(p-a)(p-b)(p-c)}$，其中，$p=(a+b+c)/2$。

5．完全数的基本特征是，此数所有因子的和等于它自身。如 6=1+2+3，28=1+2+4+7+14。

6．略。

第8章　面向对象的程序设计基础试题

一、选择题

1．Visual FoxPro 6.0 不但支持传统的面向过程的编程方法，而且全面引入了____的程序设计方法，将 FoxPro 提升到真正的关系数据库世界。

A）结构化　　B）非过程化　　C）面向数据库　　D）面向对象

2．从可视化编程角度看，对象是一个具有属性和方法的实体。一旦对象建立以后，其操作就通过与对象有关的____来描述。

A）属性、事件和方法　　B）实体、类

C）封装性、继承性　　D）数据

3．____也是一种对象，其可将一些特殊的对象进行更严格的封装，定制成用于显示数据、执行操作的一种图形对象。

A）类　　B）父类　　C）子类　　D）控件

4．调用对象方法的正确格式是____。

A）Object.Method　　B）Method Object

C）Parent.Object.Method　　D）Parent.Method

5．若某表单中有一个文本框 Text1 和一个命令按钮组 CommandGroup1。其中，命令按钮组包含了 Command1 和 Command2 两个命令按钮。如果要在命令按钮 Command1 的某个方法中访问文本框 Text1 的 Text 属性值，则下列式子中正确的是____。

A）This.Text1.Text　　B）This.Parent.Text1.Text

C）Parent.Text1.Text　　D）This.Parent.Parent.Text1.Text

6．在表单中编写 Command1 命令按钮的 Click 事件的过程代码，下列____可以在单击命令按钮时退出表单。

A）Clear ThisForm　　B）ThisForm.Hide

C）ThisForm.Unload　　D）ThisForm.Release

7．在 Visual FoxPro 6.0 控件中，编辑框的默认名称为____。

A）List　　B）Edit1　　C）Label　　D）Text

8．在表单中加入两个命令按钮 Command1 和 Command2，编写 Command2 的 Click 事件代码如下，则当单击 Command2 后，____。

Thisform.Parent.Command2.Visible=.F.

A）命令按钮组中的第二个命令按钮不可见

B）Command1 命令按钮不可见

C）事件代码无法执行

D）Command2 命令按钮不可见

9．用 DEFINE CLASS 命令定义了一个名为“7_1”的 FORM 类，若要为该类添加一个

Label1 标签对象，应当使用的基本代码是____。

A）AddObject("Label1", "Label")

B）MyForm.AddObject("Label1", "Label")

C）Add Object Label1 AS Label

D）Add Object 7_1.Label1 AS Label

10．如果要提供对当前对象的引用，可以用____关键字来设置对象的属性。

A）This　　B）ThisForm　　C）ThisFormSet　　D）Parent

二、填空题

1．一个对象建立以后，其操作就通过与对象有关的属性、________和________来描述。

2．面向对象程序设计的 3 个基本特征是继承性、________和________。

3．Visual FoxPro 6.0 中的基类有两大类型，分别是________和________；相应的，对象也分为________和________。

4．________不能被直接调用，由类创建的________才可以被直接调用。

5．引用对象的两种方式是________和________。

第 8 章　面向对象的程序设计基础试题答案及解析

8.1　参考答案

一、选择题

1. D　2. A　3. D　4. C　5. D　6. D　7. B　8. C　9. C　10. A

二、填空题

1．事件，方法

2．封装性，多态性

3．容器类，控件类，容器对象，控件对象

4．类，对象

5．绝对引用，相对引用

8.2　试题解析

一、选择题

1．Visual FoxPro 在支持传统的结构化程序设计的同时，扩展了面向对象程序设计的新特点。

2．对象是对现实世界中实体的一种模拟工具，需要使用一组特征数据（即属性）和一组行为规则（即事件与方法）来模拟其静态特征和动态特征。

3．控件是对数据和方法的封装。控件可以有自己的属性和方法。属性是控件数据的简单访问者。方法则是控件的一些简单而可见的功能。

4．调用对象的属性方法时，需标明对象的层次关系，格式为 Parent.Object.Method。

5．设置对象属性值需引用对象，需标明对象的层次关系，This 指 Command1，This.Parent 指 CommandGroup1，This.Parent.Parent 指表单，而 Text1 直接在表单上。

6．ThisForm.Hide 能隐藏表单；ThisForm.Unload 是在表单被释放时发生的事件；ThisForm.Release 表示从内存中主动释放表单。

7．List1 为列表框的默认名称；Edit1 为编辑框的默认名称；Label1 为标签的默认名称；Text1 为文本框的默认名称。

8．ThisForm.Parent 为本表单所属的表单集，而在表单集上没有命令按钮，故代码错误。若要使得 Command2 命令按钮不可见，可编写代码 Thisform.Command2.Visible=.F.。

9．在定义类的过程中添加对象的命令为 Add Object 对象名 AS 类名。

10．ThisForm 表示对象所在的表单；ThisFormSet 表示对象所在的表单所属的表单集；Parent 表示对象的父容器对象。

二、填空题

1．对象是对现实世界中实体的一种模拟工具，需要使用一组特征数据（即属性）和一组行为规则（即事件与方法）来模拟其静态特征和动态特征。

2．继承性指能够直接获得已有的性质和特征，而不必重复定义它们；封装性指用户不必了解对象的相关行为过程是怎么编写的，只需调用即可；多态性指同一个操作可以是不同对象的行为。

3．Visual FoxPro 6.0 中的基类分成容器类和控件类，容器类可以包含其他对象，控件类不能再容纳其他对象。

4．类是对象的抽象和综合；对象是类的实例。后者可以被直接调用。

5．在编写程序代码时，要引用其中的某个对象，必须指明对象在嵌套层次中的位置（即包容关系），这就是对象的引用。对象引用有两种类型，即绝对引用和相对引用。

第 9 章　设计和使用表单试题

一、选择题

1．将表单设置为顶层表单的 ShowWindow 的属性值应为____。

A）2　　B）3　　C）0　　D）1

2．下列关于类、对象、属性和方法的描述中错误的是____。

A）类是对一类相似对象的描述，这些对象具有相同种类的属性和方法

B）属性用于描述对象的状态，方法用于表示对象的行为

C）基于同一类产生的两个对象可以分别设置自己的属性值

D）通过执行不同对象的同名方法，其结果必然是相同的

3．扩展名为.scx 的文件是____。

A）备注文件　　B）项目文件　　C）表单文件　　D）菜单文件

4．表格控件的数据源可以是____。

A）视图　　B）表　　C）SELECT 命令　　D）以上 3 种都可以

5．假设表单上有一组选项按钮：⊙男 〇女。其中，第一个选项按钮“男”被选中，请问该选项组的 Value 属性值为____。

A）.T.　　B）"男"　　C）1　　D）"男"或1

6．下列各项属于命令按钮事件的是____。

A）Parent　　B）This　　C）ThisForm　　D）Click

7．在表单设计器界面中，移动鼠标指针发生的事件是____。

A）MouseMove　　B）MouseDown　　C）MouseClick　　D）MouseUp

8．下列关于设置控件是否“可用”的说法，正确的是____。

A）属性 Visible 为真时不可用　　B）属性 Visible 为假时不可用

C）属性 Enabled 为真时不可用　　D）属性 Enabled 为假时不可用

9．假设表单 MyForm 被隐藏，让该表单在屏幕上显示的命令是____。

A）MyForm.List　　B）MyForm.Display

C）MyForm.Show　　D）MyForm.ShowForm

10．在 Visual FoxPro 中调用表单文件 mf1 的正确命令是____。

A）DO mf1　　B）DO FROM mf1

C）DO FORM mf1　　D）RUN mf1

11．在 Visual FoxPro 中，释放表单时会引发的事件是____。

A）UnLoad 事件　　B）Init 事件

C）Load 事件　　D）Release 事件

12．在表单设计器环境下，表单中有一个文本框且已经被选定为当前对象。现在从属性窗口中选择 Value 属性，然后在设置框中输入“={^2012-9-10}-{^2012-8-20}”。请问执行

以上操作后，文本框 Value 属性值的数据类型为____。

A）日期型　　B）数值型　　C）字符型　　D）以上操作出错

13．下列表单的____属性设置为真时，表单运行时将自动居中。

A）AutoCenter　　B）AlwaysOnTop　　C）ShowCenter　　D）FormCenter

14．下面关于命令 DO FORM xx NAME yy LINKED 的陈述中，正确的是____。

A）产生表单对象引用变量 xx，在释放变量 xx 时自动关闭表单

B）产生表单对象引用变量 xx，在释放变量 xx 时并不关闭表单

C）产生表单对象引用变量 yy，在释放变量 yy 时自动关闭表单

D）产生表单对象引用变量 yy，在释放变量 yy 时并不关闭表单

15．名为 myForm 的表单中有一个页框 myPageFrame，将该页框第 3 页（Page3）的标题设置为“修改”，可以使用代码____。

A）myForm.Page3.myPageFrame.Caption="修改"

B）myForm.myPageFrame.Caption.Page3="修改"

C）ThisForm.myPageFrame.Page3.Caption="修改"

D）ThisForm.myPageFrame.Caption.Page3="修改"

16．设置表单标题的属性是____。

A）Title　　B）Text　　C）Biaoti　　D）Caption

17．页框控件也称作选项卡控件，在一个页框中可以有多个页面，页面个数的属性是____。

A）Count　　B）Page　　C）Num　　D）PageCount

18．打开已经存在的表单文件的命令是____。

A）MODIFY FORM　　B）EDIT FORM

C）OPEN FORM　　D）READ FORM

19．下面关于数据环境和数据环境中两个表之间关联的陈述中，正确的是____。

A）数据环境是对象，关系不是对象

B）数据环境不是对象，关系是对象

C）数据环境是对象，关系是数据环境中的对象

D）数据环境和关系都不是对象

20．创建一个名为 student 的新类，保存新类的类库名称是 mylib，新类的父类是 Person，正确的命令是____。

A）CREATE CLASS mylib OF student AS Person

B）CREATE CLASS student OF Person AS mylib

C）CREATE CLASS student OF mylib AS Person

D）CREATE CLASS Person OF mylib AS student

21．关于表单和菜单的调用，以下说法正确的是____。

A）表单可以调用其他表单文件或菜单文件

B）表单只能调用其他表单文件，不能调用菜单文件

C）菜单文件不能调用表单文件

D）表单只能调用菜单文件，不能调用其他表单文件

22．连续两次单击鼠标左键并释放后发生的事件是____。

A）DblClick B）Click C）DownClick D）MouseDown

23．选择【程序】→【运行】菜单命令，以下可以执行的文件是____。

A）表单文件、程序文件和数据库表文件

B）表单文件、菜单文件和自由表文件

C）视图文件、表单文件和程序文件

D）表单文件、程序文件和菜单文件

24．在“组合框”控件的属性中，用于保存用户选择或输入值的表字段属性的是____。

A）RowSourceType B）RowSource

C）ControlSource D）ControlSourceType

25．一个包含 5 个页面的页框控件，开始运行就显示第三个页面，则正确的设置应该为____。

A）ActivePage=3 B）PageCount=3

C）PageCount=6 D）ActivePage =6

26．在表单设计中调用菜单命令，正确的是____。

A）DO 菜单文件名 B）DO menu 菜单文件名

C）MODIFY 菜单文件名 D）MODIFY menu 菜单文件名

27．设置“表格”控件中显示数据源的类型属性是____。

A）ControlSource B）RecordSource

C）RecordSourceType D）ControlSourceType

28．以下控件不是容器类控件的是____。

A）标签 B）命令按钮组 C）表格 D）页框

29．下列关于“复选框”和“选项按钮组”的说法，错误的是____。

A）选项按钮组可认为是单选按钮 B）复选框可以选择多项

C）选项按钮组只可以选一项 D）在选项按钮组中可添加复选框

30．用于控制表单是否总在其他打开窗口之上的属性是____。

A）AlwaysOnTop B）AlwaysOnBottom

C）ShowWindow D）WindowState

二、填空题

1．在 Visual FoxPro 中，若要改变表单上表格对象中当前显示的列数，应设置__________属性值。

2．在表单设计器中，可以通过__________工具栏中的工具快速对齐表单中的控件。

3．在表单中设计一组复选框控件是为了可以选择__________个或__________个选项。

4．为了在文本框输入时隐藏信息（如显示“*”），需要设置该控件的__________属性。

5．表单的“数据环境”记录了与表单相关的__________或__________以及__________的关系。

6．设置对象属性时，如果要打开函数按钮，则可以在__________中设置属性值。

7．在调色板工具栏中可以调整表单或控件对象的__________和__________。

8．可以利用“控件生成器”添加的控件包括文本框、__________、选项组、__________、组合框、__________和__________。

9．若要精确移动表单控件，可以修改控件的__________和__________属性。

10．ThisForm.Refresh 的含义是__________。

三、操作题

1．设计一个如图 4.9.1 所示的登录表单，以系统日期的月、日及时间构成动态账号，如果 3 次输入口令错误，则退出；如果口令正确，则显示“欢迎使用本系统！”。

2．设计一个如图 4.9.2 所示的表单，实现一个简单的计算器。要求：可以进行简单的加、减、乘、除运算。

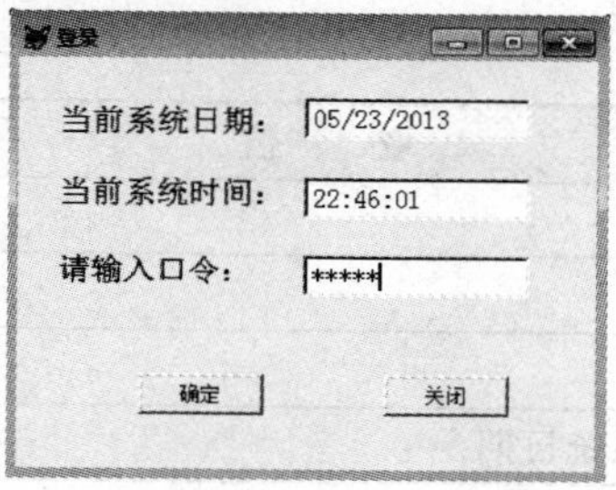

图 4.9.1　登录表单

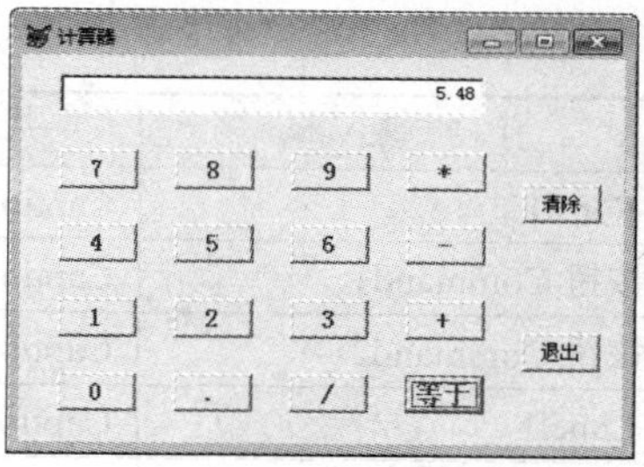

图 4.9.2　计算器表单

第 9 章　设计和使用表单试题答案及解析

9.1　参考答案

一、选择题

1．A　2．D　3．C　4．D　5．D　6．D　7．A　8．D　9．C　10．C

11．A　12．B　13．A　14．C　15．C　16．D　17．D　18．A　19．C　20．C

21．A　22．A　23．D　24．C　25．A　26．A　27．C　28．A　29．D　30．A

二、填空题

1．ColumnCount

2．布局

3．一，多

4．PasswordChar

5．表，视图，表间

6．表达式生成器

7．前景色，背景色

8．编辑框，命令按钮组，列表框，表格

9．Left，Top

10．刷新表单

三、操作题

注意，各题只写操作步骤。

1．

（1）在命令窗口中执行 MODIFY FORM Form1 命令。

（2）从表单控件工具栏中拖入 3 个标签、3 个文本框和两个命令按钮，并调整其大小和位置。

（3）设置各对象的属性，如表 4.9.1 所示。

表 4.9.1　各对象属性

对　　象	属　　性	取　　值
表单 Form1	Caption	登录
命令按钮 Command1	Caption	确定
命令按钮 Command2	Caption	关闭
标签 Label1	Caption	当前系统日期：
标签 Label2	Caption	当前系统时间：
标签 Label3	Caption	请输入口令：
文本框 Text1	PasswordChar	*

（4）在相应的事件过程中编写代码。

① 在表单 Form1 的 Activate 事件中编写如下代码。

```
ThisForm.Text3.SetFocus
PUBLIC n
n=0
```

② 在文本框 Text1 的 Click 事件中编写如下代码。

```
This.Value=Date()
```

③ 在文本框 Text2 的 Click 事件中编写如下代码。

```
This.Value=Time()
```

④ 在命令按钮 Command1 的 Click 事件中编写如下代码。

```
ma=ThisForm.Text3.Value
k1=STR(MONTH(DATE()),2)+STR(DAY(DATE()),2)
k2=SUBS(TIME(),1,2)
k=k1+k2
k=ALLT(k)
        IF ALLT(ma)=k
```

```
    ThisForm.Label3.Caption="欢迎使用本系统！"
  ELSE
    n=n+1
    IF n=3
      ThisForm.Label3.Caption="您无权使用本系统！"
      ThisForm.Text3.Enabled=.f.
      ThisForm.Command1.Enabled=.f.
    ELSE
      ThisForm.Label3.Caption="口令错，请重新输入口令！"
      ThisForm.Text3.Value=""
      ThisForm.Text3.Setfocus
    ENDIF
  ENDIF
```

⑤ 在命令按钮 Command2 的 Click 事件中编写如下代码。

ThisForm.Release

2.

(1) 在命令窗口中执行 MODIFY FORM Form2 命令。

(2) 从表单控件工具栏中拖入一个文本框和 18 个命令按钮，并调整其大小和位置。

(3) 设置各对象的属性，如表 4.9.2 所示。

表 4.9.2 各对象属性

对 象	属 性	取 值
表单 Form2	Caption	计算器
命令按钮 Command1～Command16	Caption	7……等于
命令按钮 Command17	Caption	清除
命令按钮 Command18	Caption	退出

设置完成后的界面如图 4.9.3 所示。

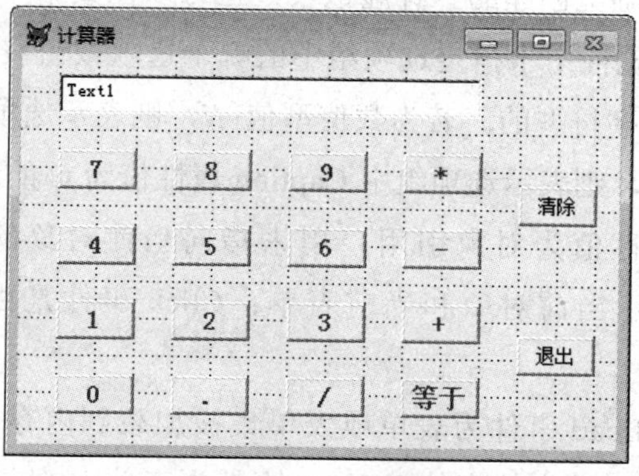

图 4.9.3 计算器表单设计界面

（4）在相应的事件过程中编写代码。

① 在按键“0”的Click事件中编写如下代码。

```
ThisForm.Text1.Value=ThisForm.Text1.Value+"0"
```

② 在按键“1”的Click事件中编写如下代码。

```
ThisForm.Text1.Value=ThisForm.Text1.Value+"1"
```

③ 用同样的方法，分别设置好除“等于”按钮外的其他各个按钮的Click事件代码。

④ 在按钮“等于”的Click事件中编写如下代码。

```
r=ThisForm.Text1.Value
rr=&r
ThisForm.Text1.Value=rr
```

⑤ 在按钮“清除”的Click事件中编写如下代码。

```
ThisForm.Text1.Value=""
```

⑥ 在按钮“关闭”的Click事件中编写如下代码。

```
ThisForm.Release
```

9.2 试题解析

一、选择题

1．将表单设置为顶层表单的ShowWindow的属性值应为2。

2．类是具有相同属性和相同操作的对象的集合。对每个基类，系统都规定了应具有的属性，指定了可使用的方法和驱动事件。同一类产生的不同对象的属性可以分别设置。属性也称特性，用于描述类的性质、状态；而方法则用于表示对象的行为。

3．备注文件的扩展名为.dct，项目文件的扩展名为.pjx，表单文件的扩展名为.scx，菜单文件的扩展名为.mnx。

4．表格控件的数据源属性类型为RecordSourceType。其取值有0—表、1—别名、2—提示、3—查询、4—SQL说明。

视图是在数据表的基础上创建的一种虚拟表，也可以在数据库中应用。

5．选项组的Value属性用于指定选项组中的哪个选项按钮被选中。该属性值的类型可以是数值型的，也可以是字符型的。若为数值型值*N*，则表示选项组中的第*N*个选项按钮被选中；若为字符型值C，则表示选项组中Caption属性值为C的选项按钮被选中。

6．Parent属性的属性值为对象引用，用来指向当前对象的直接容器对象；This和ThisForm关键字用来表示当前对象和当前表单；Click事件是由鼠标单击对象时引发的事件。

7．对于表单来说，Load事件为表单或表单集被加载到内存中（尚未创建）发生的事件，Init事件为创建表单时发生的事件；Error事件为表单中的方法程序发生错误时触发的事件；Click 事件为鼠标单击时触发的事件。

8．Visible 属性指定对象可见还是隐藏；Enabled 属性指定对象是否可用。

9．MyForm 表单被隐藏，该表单的 Visible 属性为“假”（.F.），可使用 Show 来重新使之显示。

10．在 Visual FoxPro 中调用表单的正确命令如下：

DO FORM <表单文件名> [NAME<变量>] [LINKED] [WITH<实参 1><,实参 2>,…] [TO <变量>] [NOSHOW]

11．表单中的 Unload 事件在表单释放时引发，是表单对象释放时需要引发的事件。Init 事件在表单创建时引发；Load 事件在表单对象建立之前引发，也就是在运行表单时，先引发表单的 Load 事件，再引发表单的 Init 事件；Release 方法可将表单从内存中释放。

12．两个日期型常量相减，所得出的结果为两个日期之间所相差的天数，为一个数值型结果。

13．AlwaysOnTop 属性为真时，表单运行时窗口总在最前面；AutoCenter 属性为真时，运行表单时窗口自动居中。选项 C 和选项 D 均为不存在的属性。

14．表单在命令窗口的运行命令为“DO FORM <表单文件名> [NAME <变量名>] WITH <实参 1> [,<实参 2>,…] [LINKED] [NOSHOW]。如果包含 NAME 子句，系统将建立指定名称的变量，并使它指向表单对象；如果包含 LINKED 关键字，则表单对象将随指向它的变量的清除而关闭释放。

15．开始引用的是表单，然后是表单中的容器控件，最后才是容器所包含的基本型控件。另外要注意的是，在引用表单对象时要使用 ThisForm。

16．表单的 Caption 属性用来设置表单的标题。

17．在选项卡控件属性中，PageCount 属性用来控制选项页面的数量。

18．通过命令方式打开已存在表单的命令为 MODIFY FORM <表单文件名>。

19．数据环境是一个对象，它有自己的属性、方法和事件。关联也是数据环境中的对象，它也有自己的属性、方法和事件。

20．创建新类的命令是：CREATE CLASS 类名 OF 类库名 AS 父类。

21．表单文件可以调用其他表单文件或菜单文件，菜单文件也能调用表单文件。

22．DblClick 事件为双击鼠标事件；Click 事件为单击鼠标事件；MouseDown 事件为按下鼠标左键事件；没有 DownClick 事件。

23．视图文件和表文件不能运行。

24．ControlSource 属性指定用于保存选择或输入值的表字段；RowSource 属性指定组合框中项的来源；RowSourceType 属性指定组合框中数据源的类型。

25．ActivePage 属性返回页框中活动页的页码；PageCount 属性指定页框中的页数。

26．运行菜单文件的命令是 DO 菜单文件名（扩展名为.mpr）。

27．RecordSourceType 属性指定表格中数据源的类型。

28．容器类控件可以包含其他控件。标签控件上面不能再包含其他控件。

29．“复选框”可以选择多项；在“选项按钮组”中只能选择一项。

30．AlwaysOnTop 属性用于控制是否被其他窗口覆盖；AlwaysOnBottom 属性用于控制是否覆盖其他窗口；ShowWindow 属性用于指定在创建过程中表单窗口中显示表单或工具栏；WindowState 属性用于指定表单窗口在运行时刻是最小化还是最大化。

二、填空题

1．ColumnCount 用来改变表单上表格对象中当前显示的列数。

2．在表单设计器中，可以打开“布局”工具栏对表单中的控件进行对齐操作，其中包括“左对齐”、“右对齐”、“顶边对齐”、“底边对齐”、“居中”等按钮。

3．复选框控件是一个简单的控件，选项按钮组是一个可以包含多个选项按钮的容器对象，用来显示多个选项，可以选择其中的一项或多项。

4．文本框控件的 PasswordChar 属性用于指定文本框控件内是显示用户输入的字符还是显示占位符。

5．在表单“数据环境”中可以添加、编辑和删除表、视图及表与表之间的关系。

6．在 Visual FoxPro 中，对象属性设置时若用到函数，会自动打开表达式生成器进行相关设置。

7．调色板工具主要用来改变对象的前景色和背景色。

8．在 Visual FoxPro 中，系统提供了一系列的生成器工具，在设计表单时，会用到的控件生成器有文本框、编辑框、选项组、命令按钮组、组合框、表格和列表框。

9．表单或者其他对象的位置可以通过属性 Left 和 Top 一起完成。

10．表单常用的方法有 Show（显示）、Hide（隐藏）、Refresh（刷新）等。

三、操作题

略。

第 10 章　报表设计试题

一、选择题

1．报表的数据源可以是____。

A）表或视图　B）表或查询　C）表、查询或视图　D）表或其他报表

2．在 Visual FoxPro 中，可以用 DO 命令执行的文件不包括____。

A）.prg 文件　B）.mpr 文件　C）.frx 文件　D）.qpr 文件

3．在项目管理器中为项目建立一个新报表，应该使用的选项卡是____。

A）数据　B）文档　C）类　D）代码

4．在 Visual FoxPro 中，在屏幕上预览报表的命令是____。

A）PREVIEW　REPORT　B）REPORT FORM … PREVIEW

C）DO REPORT … PREVIEW　D）RUN REPORT… PREVIEW

5．下列不属于报表布局类型的是____。

A）行报表　B）列报表　C）一对多报表　D）多对多报表

6．要在报表中打印当前时间，这时应该插入一个____。

A）表达式控件　B）域控件　C）标签控件　D）文本控件

7．“快速报表”默认的基本带区是____。

A）标题、总结、列注脚　B）页标头、细节、页注脚

C）页标头、细节、列注脚　D）标题、细节、页注脚

8．____用于打印表或视图中的字段、变量和表达式的计算结果。

A）报表标签　B）域控件　C）标签控件　D）图片/绑定控件

9．一个表中有“职称”、“性别”、“部门”字段，如果要连续显示同一部门中同一性别的不同职称的记录，可按关键字____来建立索引。

A）部门　B）部门+性别

C）部门+性别+职称　D）职称+性别+部门

10．对报表进行数据分组后，报表会自动包含的带区是____。

A）“细节”带区

B）“组标头”和“组注脚”带区

C）“细节”、“组标头”和“组注脚”带区

D）“标题”、“细节”、“组标头”和“组注脚”带区

11．打开报表设计器的命令是____。

A）MODIFY REPORT <报表文件名>　B）OPEN REPORT <报表文件名>

C）CREATE REPORT <报表文件名>　D）DO REPORT <报表文件名>

12．在 Visual FoxPro 的报表设计中，为报表添加标题的正确操作是____。

A）在“页标头”带区添加一个标签控件

B）在“细节”带区添加一个标签控件

C）在“组标头”带区添加一个标签控件

D）选择【标题/总结】菜单命令添加一个标题带区，再在其中加一个标签控件

13．打印报表的命令是____。

A）REPORT FORM TO PRINT　　B）PRINT FORM

C）DO REPORT　　D）RUN REPORT

14．若要将一个报表以表的形式打印输出，应该将表记录的各个字段项放在报表设计器的____内。

A）“页标头”带区　　B）“页注脚”带区

C）“细节”带区　　D）“标题”带区

15．在报表设计器窗口的某个带区内添加一个域控件之后，系统将弹出____对话框。

A）域控件　　B）报表表达式　　C）计算字段　　D）打印条件

二、填空题

1．为了在报表中插入一个文字说明，应该插入一个__________控件。

2．在报表设计器中设计报表时，带区的作用是控制数据在页面上的__________。

3．多栏报表的数目可以通过__________来设置。

4．Visual FoxPro 6.0 提供了3种创建报表的方法，分别是__________、__________和__________。

5．在利用报表向导创建报表时，可以在“向导选取”对话框中选取__________向导和__________向导。

第10章　报表设计试题答案及解析

10.1　参考答案

一、选择题

1．C　2．C　3．B　4．B　5．D　6．B　7．B　8．B　9．C　10．B

11．A　12．D　13．A　14．C　15．B

二、填空题

1．标签

2．打印位置

3．列数

4．“报表向导”，“报表设计器”，“快速报表”

5．报表，一对多报表

10.2 试题解析

一、选择题

1．报表的数据源可以是自由表、数据库表、查询或视图。

2．.prg 文件为程序文件，.mpr 为生成的菜单程序文件，.frx 为报表文件，.qpr 则为生成的查询程序文件。在这 4 种文件中，程序文件、菜单源程序文件及查询程序文件可以使用 DO 命令来执行，而报表文件.frx 则需要使用 REPORT FORM <报表文件名>来执行。

3．在 Visual FoxPro 的项目管理器中，共有“数据”、“文档”、“类”、“代码”、“其他”和“全部”几个选项卡。其中，“数据”选项卡包含了一个项目中的所有数据，即数据库、自由表、查询和视图。“文档”选项卡包含了处理数据时所用的 3 类文件：输入和查看数据所用的表单、打印表和查询结果所用的报表及标签。在“类”选项卡中，可使用 Visual FoxPro 基类创建一个可靠的面向对象的事件驱动程序。“代码”选项卡包括 3 类程序：扩展名为.prg 的程序文件、函数库 API 和应用程序.app 文件。“其他”选项卡包括文本文件、菜单文件和其他文件。

4．在 Visual FoxPro 中，调用报表预览的命令格式如下：

REPORT FORM <报表文件名> <PREVIEW> [IN SCREEN]/[WINDOW 表单名] [范围] [FOR 条件表达式]

5．常规报表布局有行报表、列报表、一对多报表、多栏报表、标签。

6．在报表中插入“域控件”后，能够更改该控件的数据类型和打印格式。其中，数据类型可以是字符型、数值型或日期型。

7．页标头、细节、页注脚是“快速报表”默认的基本带区。

8．标签控件用于显示与记录有关的数据；“域控件”用于显示或打印字段、内存变量或其他表达式的内容；图片/绑定控件用于显示图片或通用型字段的内容。

9．多级分组报表的数据源必须分出级来，本题中需要创建一个数据三级分组报表。另外，如何建立索引应根据实际的应用需要而定。为了使一个部门中同一种性别的不同职称记录连续显示，必须对该表建立基于关键字表达式的多重索引，即部门+性别+职称。

10．分组之后，报表布局就自动包含了“组标头”和“组注脚”带区。通常，把分组所用的域控件从“细节”带区复制或移动到“组标头”带区。“组注脚”带区通常包含组总计和其他组总结性带区，但是“细节”带区和“标题”带区不是报表布局在分组之后自动生成的。

11．在 Visual FoxPro 中，打开报表设计器的命令是 MODIFY REPORT <报表文件名>。选项 B 有语法错误，选项 C 用来创建报表，选项 D 用来执行报表。

12．在报表中设置“标题”的操作如下：选择【报表】→【标题/总结】菜单命令，系统会显示“标题/总结”对话框。在该对话框中选择“标题带区”复选框，则在报表中添加一个“标题”带区。系统会自动把“标题”带区放在报表的顶部，如果希望把标题的内容单独打印一页，应选择“新页”复选框。

13．打印报表的命令是 REPORT FORM TO PRINT。

14．“细节”带区中一般包含来自表中的一行或多行记录，所以要添加表中的相关字段到该带区。

15．在报表中添加一个域控件后，会马上弹出“报表表达式”对话框。

二、填空题

1．在报表中，可以插入标签控件、域控件、线条及图形等，对于文字说明应当使用“标签”控件。

2．报表通过分各种带区以及在带区中合适的位置添加控件来控制页面上内容的打印位置。

3．多栏报表可以通过改变“页面设置”对话框中的“列数”来实现。

4．Visual FoxPro 6.0 提供了 3 种创建报表的方法：使用报表向导、利用快速报表和利用报表设计器。

5．报表向导有两种，如果数据源是一个表，选择“报表向导”选项，如果数据源包括父表和子表，则选择“一对多报表向导”选项。

第 11 章　菜单和工具栏设计试题

一、选择题

1．扩展名为.mnx 的文件是____。

A）备注文件　　B）项目文件　　C）表单文件　　D）菜单文件

2．以纯文本形式保存设计结果的设计器是____。

A）查询设计器　　B）表单设计器　　C）菜单设计器　　D）以上 3 种都不是

3．为一个表单建立了一个快捷菜单，要打开这个菜单，应当使用____。

A）热键　　B）快捷键　　C）菜单　　D）事件

4．在 Visual FoxPro 中运行菜单文件 menu1.mpr，需使用命令____。

A）DO menu1　　B）DO menu1 .mpr

C）DO MENU menu1　　D）RUN menu1

5．在 Visual FoxPro 中，菜单程序文件的默认扩展名是____。

A）.mnx　　B）.mnt　　C）.mpr　　D）.prg

6．在菜单设计中，可以在定义菜单名称时为菜单项指定一个访问键。规定菜单项的访问键为“x”的菜单名称的定义是____。

A）综合查询\<(x)　　B）综合查询/<(x)

C）综合查询(\<x)　　D）综合查询(/<x)

7．在“命令”窗口中执行____命令可以启动菜单设计器。

A）MODIFY MENU <菜单文件名>　　B）OPEN MENU <菜单文件名>

C）CREATE MENU <菜单文件名>　　D）DO <菜单文件名>

8．不带参数的____命令将屏蔽系统菜单，使系统菜单不可用。

A）SET SYSMENU NOSAVE　　B）SET SYSMENU SAVE

C）SET SYSMENU TO　　D）SET SYSMENU TO DEFAULT

9．在菜单设计器中，根据各菜单项功能的相似性或相近性，将弹出式菜单的菜单项分组，系统提供的分组手段是在两组之间插入一条水平线，方法是在相应的“菜单名称”列上输入____。

A）“\－”两个字符　　B）“<－”两个字符

C）“>－”两个字符　　D）“－”一个字符

10．设计菜单要完成的最终操作是____。

A）创建主菜单及子菜单　　B）指定各菜单任务

C）生成程序文件　　D）浏览菜单

二、填空题

1．利用菜单设计器可以设计完成的菜单是“快捷菜单”和__________。

2．创建菜单的3种方法是利用“文件”菜单、__________和__________。

3．在菜单设计器窗口中，“结果”列的 4 个选项内容分别是__________、填充名称、__________和__________。

4．进入菜单设计器后，系统的“显示”菜单将增加的子菜单项是__________和__________。

5．要可以激活菜单可使用“菜单设计器”提供的键盘访问键，一般是同时按下__________和设置的键盘“访问键”。

第11章 菜单和工具栏设计试题答案及解析

11.1 参考答案

一、选择题

1．D 2．A 3．D 4．B 5．C 6．C 7．A 8．C 9．A 10．C

二、填空题

1．下拉菜单

2．项目管理器，命令 CREATE MENU

3．命令，子菜单，过程

4．常规选项，菜单选项

5．Alt 键

11.2 试题解析

一、选择题

1．在 Visual FoxPro 中，菜单文件的扩展名为.mnx，备注文件的扩展名为.fpt，表单文件的扩展名为.scx，项目文件扩展名为.pjx。

2．在查询设计器的“查询去向”中可以选择纯文本形式存储。表单是一种特殊的磁盘文件，菜单是一种菜单程序文件。

3．菜单生成后，必须用相应的代码才能使该菜单为一个表所使用。

4．菜单文件（.mnx）中存放着菜单的各项定义，但其本身是一个表文件，不能够运行。必须是根据菜单定义产生的可执行的菜单程序文件（.mpr 文件）方可运行，可使用命令“DO <文件名>”来运行菜单程序，但文件名的扩展名.mpr 不能省略。

5．在 Visual FoxPro 中，使用菜单设计器所定义的菜单保存在.mnx 文件中，系统会根据菜单定义文件，生成可执行的菜单程序文件，其扩展名为.mpr。

6．在指定菜单名称时，可以设置菜单项的访问键，方法是，在要作为访问键的字符前加上“\<”两个字符。

7．建立菜单命令 MODIFY MENU 可以打开菜单设计器，默认扩展名.mnx 可以省略。

8．不带参数的 SET SYSMENU TO 命令将屏蔽系统菜单，使系统菜单不可用。

9．系统提供的分组手段是在两组之间插入一条水平线，方法是在相应的“菜单名称”列上输入“\－”两个字符。

10．菜单定义文件存放着菜单的各项定义，但该文件不能运行，只有根据菜单定义产生菜单程序文件，才能最后被使用。

二、填空题

1．在 Visual FoxPro 中，可利用菜单设计器设计并生成“下拉菜单”与“快捷菜单”。

2．创建“菜单”可以通过【文件】→【新建】菜单命令、项目管理器中的“其他”选项卡、命令 CREATE MENU3 种方法来实现。

3．“结果”列的组合框用于定义菜单项的动作，主要有命令、填充名称、子菜单和过程。

4．进入菜单设计器后，系统的“显示”菜单将增加的子菜单项是常规选项和菜单选项。其中，在“常规选项”对话框中可以定义整个下拉菜单系统的总体属性，在“菜单项选”对话框中，用户可以为当前的弹出式菜单写入公共的过程代码。

5．同时按下 Alt 键和“访问键”，就可以激活菜单。

第 12 章　开发应用系统试题

一、选择题

1．如果添加到项目中的文件标识为“排除”，则表示____。

A）此类文件不是应用程序的一部分

B）生成应用程序时不包括此类文件

C）生成应用程序时包括此类文件，用户可以修改

D）生成应用程序时包括此类文件，用户不能修改

2．项目管理器的“运行”按钮用于执行选定的文件，这些文件可以是____。

A）查询、视图或表单　　B）表单、报表和标签

C）查询、表单或程序　　D）以上文件都可以

3．MODIFY COMMAND 命令建立的文件的默认扩展名是____。

A）.prg　　B）.app　　C）.cmd　　D）.exe

4．在 Visual FoxPro 中，编译后的程序文件的扩展名为____。

A）.prg　　B）.exe　　C）.dbc　　D）.fxp

二、填空题

1．可以在项目管理器的__________选项卡下建立命令文件（程序）。

2．连编应用程序时，如果选择“连编”生成可执行程序，则生成的文件的扩展名是__________。

第 12 章　开发应用系统试题答案及解析

12.1　参考答案

一、选择题

1．C　2．C　3．A　4．D

二、填空题

1．代码

2．.exe

12.2 试题解析

一、选择题

1．项目管理器的“文件”选项卡中包含了项目管理器的所有文件。标记为“包含”的文件在项目连编后变为只读；标记为“排除”的文件在项目连编后能够进行修改。

2．在项目管理器中不能运行的文件是视图或报表。

3．在 Visual FoxPro 的“命令”窗口中输入 MODIFY COMMAND <文件名>，可以创建或编辑 Visual FoxPro 的程序文件，所创建的文件默认扩展名为.prg。

4．编译过的程序文件的扩展名是.fxp，可执行文件的扩展名是.exe，数据库文件的扩展名是.dbc，程序文件的扩展名是.prg。

二、填空题

1．在 Visual FoxPro 的项目管理器中，有“数据”、“文档”、“类”、“代码”、“其他”和“全部”几个选项卡。其中，通过“代码”选项卡可以创建扩展名为.prg 的程序文件、函数库 API Librarise 和应用程序.app 文件。

2．在“连编选项”对话框中，选择“连编应用程序”复选框，生成一个.app 文件。选择“连编可执行文件”，生成一个.exe 文件。

反盗版举报电话 （010）58581897　58582371　58581879

反盗版举报传真 （010）82086060

反盗版举报邮箱 dd@hep.com.cn

通信地址 北京市西城区德外大街 4 号　高等教育出版社法务部

邮政编码 100120